21世纪复旦大学研究生教学用书

复旦光华青少年文库 | 科学素养系列

奇妙的科研世界

黄吉平 著

复旦大学出版社

编辑出版说明

21世纪,随着科学技术的突飞猛进和知识经济的迅速发展,世界将发生深刻变化,国际间的竞争日趋激烈,高层次人才的教育正面临空前的发展机遇与巨大挑战。

研究生教育是教育结构中高层次的教育,肩负着为国家现代化建设培养高素质、高层次创造性人才的重任,是我国增强综合国力、增强国际竞争力的重要支撑。为了提高研究生的培养质量和研究生教学的整体水平,必须加强研究生的教材建设,更新教学内容,把创新能力和创新精神的培养放到突出位置上,必须建立适应新的教学和科研要求的有复旦特色的研究生教学用书。

"21世纪复旦大学研究生教学用书"正是为适应这一新形势而编辑出版的。"21世纪复旦大学研究生教学用书"分文科、理科和医科三大类,主要出版硕士研究生学位基础课和学位专业课的教材,同时酌情出版一些使用面广、质量较高的选修课及博士研究生学位基础课教材。这些教材除可作为相关学科的研究生教学用书外,还可以供有关学者和人员参考。收入"21世纪复旦大学研究生教学用书"的教材,大都是作者在编写成讲义后,经过多年教学实践、反复修改后才定稿的。这些作者大都治学严谨,教学实践经验丰富,教学效果也比较显著。

本书则不同于上述教材,它是由一位长期工作在科研一线的复旦大学教授,从自己的视野出发,向学生们讲述一个奇妙的科研世界。由于我们对编辑工作尚缺乏经验,不足之处,敬请读者指正,以便我们在将来再版时加以更正和提高。

复旦大学研究生院

前言

很多中学生都立志成为科学家，但是，他们对科学家的研究世界里究竟有什么、需要什么，通常很不熟悉，甚至一无所知，客观上，这就给他们人生理想的实现带来了一丝迷雾。事实上，当今很多中学生已经开始参与科学研究活动了，他们参加着各种各样的科技作品竞赛，但是，相当多的中学生对于科研的现象与本质，据我所了解，仍很缺乏。目前很多高校采取自主招生，其中的面试环节对中学生的科研素养有不低的要求，可以这么说，考试成绩相当的两个学生，一个有科研素养、一个没有，有科研素养的那位，在自主招生面试的环节通常会更有优势。为什么？因为科研素养与创新意识密切相关，而创新意识（和能力）正是一个人未来事业成功的一个必要条件。

对于大学生而言，其实对科研世界也并不了解，这是因为大学生虽然已在高校学习，但是，他们的主要任务仍旧是学习课本知识，即便未来的理想是做科学家，他们对科研世界基本也是一无所知，这同样也给未来的职业选择带来一丝茫然。

那么，对于硕士、博士研究生呢？他们的情况比中学生和大学生好一些，但是，因为他们刚刚迈入科研大门，门内发生着什么，他们也只能了解与自己的研究方向密切相关的一些内容，其余的，要么道听途说，要么一知半解，可以说，他们中的大多数对科研世界的整体其实仍旧不了解。无疑，作为已经决定献身科研的一类人，他们未来还需要时间来了解科研世界，以便更好地适应这个世界，从而创造更多的新知识、新技术，改善人类的生活，造福人类。

在本书中，我作为一位长期工作在科研一线的研究人员，给出自己在科研世界中看到的一些现象，并给出一些思考。此书分为 4 个部分，即：研究目的、科研选题、研究方法和科学普及。这 4 个部分是任何一位科学家从事科学研究都必须面对的，它们在时间上有先后关系，但它们是一个有机整体。

无论是决定走科研道路，还是确定下一阶段的科研课题，研究目的本身至关重要、首当其冲，当今不少人从事科学研究活动的目的很功利，这其实有损科学事业自身的健康发展。不错，从事科学研究的人员也需养家糊口，一些功利化的目的原本情有可原，但是，如果把追求功利（如金钱和奖项等）变为科研追求的第一目的，其科研本身能够达到的层次通常不会很高。对于科研目的，我认为不以功利化为第一目的是一个最基本的目标。只有这个目标实现了，才有资格谈论其余，否则，充其量只是一个"科学家伙"，而不会成为一位"科学家"。

其后是科研选题，每一位科学家都有自己的研究课题，但是，如何选择研究课题呢？特别是对科研世界（几乎）一无所知的学生们，这是一个非常现实的问题。因为当今世界新的知识增长点通常在不同学科之间的交叉领域，所以，我推荐交叉领域的研究课题。这不是说传统领域不重要，只是从难易程度来看，交叉领域更容易出重量级的成果，而其本身对科学家自身的知识积累和自身的科研能力，要求都偏低一些，因为与一个学科一起成长，通常是在科学殿堂中捡到"珠宝"的一条捷径，或者说，在这样的新生学科方向，二流科学家也能做出一流的研究成果，而在传统科学领域，一流的科学家做出一流的研究成果，其难度系数已经很大了。

过了科研选题这关，那么用什么研究方法呢？从普遍意义上看，对所有科学而言，思考是最基本的研究方法，学会思考、擅于思考，有助于科学家永葆一颗活跃的大脑。培养科学的思考能力，对成就一位科学家非常重要。在成为真正的科学家之前，同学们可以通过思考平时常见的一些现象，来锻炼和提高自己这方面的能力。有鉴于此，在书中我也把自己的一些思考罗列于此，其内容本身的意义我不做评价，但是，其中蕴含的思考的价值，我认为值得介绍给大家。

关于科学普及，这是科研活动结束后的一个环节，这个环节很多科学家也不重视，因为他们常常认为自己的研究结果已经发表了，同行知道了，就可以了。但是，每个领域的同行通常都很少，就是国际上亦然，这就导致即便有限的同行知道了这些成果，这些成果本身的价值并不能被发挥到最大，因为这些同行自己都有大量的研究课题，他们通常都更关注自

己的研究课题。这时,如果科学家知道把自己的科研成果普及开来,其效果很可能大不一样,因为经过普及之后,更多人了解了他的科研成果,这就可能吸引更多的人关注、甚或加入他的研究,在得到更多人关注和参加后,他的研究通常可以做得更大,相应地可以影响甚至最终改善人类的生活。此举同时可以减少重复发现过程中的智力和财力的极大浪费——很多人因为不知道别人的科学进展,从而终日做着重复的研究,这种现象自古以来在学术界就很常见。至此,我还没说,科学家的研究成果是用纳税人的钱做出来的,科学家自己也应该把创造出来的新知识汇报给纳税人——而纳税人中的绝大多数并非科学家,所以,科学家就有必要采用纳税人喜闻乐见的语言,通俗易懂地把自己的成果汇报清楚。新知识的知情权,是纳税人应该得到的,对此,科学家们应该积极配合而非昂起头来清高。可见,科学普及,无论是对科学家本人,还是对社会公众,都是有益而无害的。

本书分4篇,每篇包含文章若干,这些文章,有的来自我已在网上发布的博文,有的出自我曾经在中文刊物上发表的一些文章,有的源自我指导的学生完成的论文,有的则是我和我的研究生为本书专门撰写,不一而足,但每篇文章都自成一体,换言之,读者完全可以凭借自己的兴趣,跳跃着阅读。

对于所有立志成为科学家的学子们,例如中学生和大学生,本书应该适合你们,因为从这里你们可以一窥科研世界,从而更好地规划和安排自己的未来;对于已经迈入科研大门的学子们,例如硕士或博士研究生,本书同样应该适合你们,它可以帮你们更快、更有效、全方位地了解你们已经在的这个世界。

本书大多数内容不要求读者具有专门的科学知识,虽然我是物理系的老师,书中也涉及一些专门的物理知识,但是,这些知识自成一体,读者可以方便理解。当然,书中很多内容是我自己思考后的产物,若有偏颇、偏激、甚或错误,在所难免,还望读者在阅读过程中能够做到辩证看待,需知"授人以鱼,不如授人以渔",希望读者能够从这些"鱼"中体会出"渔",接下来,留下"渔"而抛弃"鱼",——斯为阅读此书之一建议。

最后,感谢复旦大学出版社的编辑梁玲老师,这本书在成书过程中,得到了她至关重要的帮助与支持;此外,还要感谢来自复旦大学研究生院的"研究生重点课程教材建设"项目的资助,这项资助促使我比较完整地思考了本书所涉及的各方面内容并进行了系统的梳理，可以这么说，有了这项资助也才有了这本书的出版。本书涉及的一些研究内容还获得以下资助：国家自然科学基金委（项目编号：11075035、11222544 和 J1103204）、教育部（新世纪优秀人才支持计划，项目编号：NCET-12-0121）、科技部（973 计划，项目编号：2011CB922004）、霍英东教育基金会（项目编号：131008）、上海市科委（启明星计划，项目编号：12QA1400200）。在此一并致谢。

黄吉平

2014 年 6 月于复旦大学

目 录

第 1 篇

研究目的

1.0 引言:科学的邻居的邻居可以是名利

无论是决定走科研道路、还是确定下一阶段的科研课题,研究目的本身至关重要、首当其冲,当今不少人从事科学研究活动的目的比较功利,这其实是有损科学事业健康发展的。诚然,从事科学研究的人员也需养家糊口、也需衣食住行,一些功利化的目的原本情有可原,但是,如果把追求功利化(例如金钱和奖项)为科研追求的第一目的,则其科研本身能够达到的层次,通常不会很高。就是那些诺贝尔奖获得者,其当初的科学研究,若是以追求诺贝尔奖为第一目的,那么,他们的研究成果也多半不能让他们如愿,因为研究过程中缺少了必要的专注度。所以,对于科研目的,我认为不以功利化为第一目的,是一个最基本的要求。只有这个要求满足了,才有资格谈论其余,否则,充其量只是一个"科学工作者",而不是一位"科学家",此时,欲有大的建树,其可能性微乎其微。这里也不得不说的是,把科研做到极致与赚钱或获奖,并不矛盾,一个人的科研做到了极致,那些"钱"或"奖"会主动找上门的,想躲都躲不开。尽管如此,我们还是需要端正目的,以科研本身为第一要务,其后的"钱"或"奖",让之顺其自然即可,得之源于幸运,不得源于命运。如此,也就能够洒脱地应对各种来自功利性目标的困扰了。

本篇将主要以我们收集到的东汉张衡的研究经历为例,介绍这位不以名利为目的的科学家的贡献,要知道,当时是没有如今的各种各样的科技奖励的,尽管如此,张衡仍旧坚持了下来,并且乐在其中,这点值得我们所有人学习,它是做出大成果的必要条件。在整理这方面的资料时,我们试图还原张衡经历的原貌,希望此举有助读者全方位地、深入地了解这位纯粹的科学家的光辉品质,以及因之而取得的卓越成就——这些成就在那个时代是世界级的、顶尖的,虽然在今天看来,其科学价值已经落伍,但是,蕴含其中的科学精神与品质,却是亘古不灭、历久弥新的,仍然值得今天的我们借鉴和学习。这正是我觉得有必要把与张衡有关的这篇文章放在首位的原因。

本篇其余内容涉及今天的学生,例如本科生、中学生等,这些内容对读者身临其境地理解研究目的、并合理规划自己的研究目的,可能会有一些参考价值——希望如此。

追求科学的同时，顺便获得名利，实属正道；追求名利的同时，顺便做些科学，得不偿失！

科学不应以名利为邻居，但是，科学的邻居的邻居却可以是名利——因为，放眼当今世界，一位非常成功的科学家从来不缺少鲜花和掌声，也从来不缺少人民币或外汇。如果不明白我的意思，看看那些诺贝尔奖获得者，就明白我的意思了。

1.1 张衡：科学贡献与科学品质[①]

一、关于张衡

范晔《后汉书》[②]中有一篇文章是介绍张衡的。内容如下：

张衡，字平子，南阳西鄂人也。世为著姓。祖父堪，蜀郡太守。

衡少善属文，游于三辅，因入京师，观太学，遂通五经，贯六艺。虽才高于世，而无骄尚之情。常从容淡静，不好交接俗人。永元中，举孝廉不行，连辟公府不就。时天下承平日久，自王侯以下莫不逾侈。衡乃拟班固《两都》作《二京赋》，因以讽谏。精思傅会，张衡雕像，十年乃成。大将军邓骘奇其才，累召不应。

衡善机巧，尤致思于天文阴阳历算。安帝雅闻衡善术学，公车特征拜郎中，再迁为太史令。遂乃研核阴阳，妙尽璇机之正，作浑天仪，著《灵宪》、《算罔论》，言甚详明。

顺帝初，再转复为太史令。衡不慕当世，所居之官辄积年不徙。自去史职，五载复还

阳嘉元年，复造候风地动仪。以精铜铸成，圆径八尺，合盖隆起，形似酒尊，饰以篆文山龟鸟兽之形。中有都柱，傍行八道，施关发机。外有八龙，首衔铜丸，下有蟾蜍，张口承之。其牙机巧制，皆隐在尊中，覆盖周密无际。如有地动，尊则振龙，机发吐丸，而蟾蜍衔之。振

---

① 本文由复旦大学物理系2008级本科生陈迪同学依据史料整理、撰写；本文的初稿是陈迪同学在作者指导下完成的本科毕业论文。

编著本书时，作者觉得将此文放入此书甚有意义，一来可以系统梳理张衡的科学贡献，这些贡献虽然在今天看来已经过时，但是在那个时代却是世界顶尖的；二来可以了解，学习张衡在开展科学研究过程中体现出来的、对现代人仍旧有启发意义的目的、品德与素养。录于此书时，作者做了适当调整、修改和补充。

② [汉]范晔，司马彪. 后汉书. 北京：中华书局，1974.

声激扬，伺者因此觉知。虽一龙发机，而七首不动，寻其方面，乃知震之所在。验之以事，合契若神。自书典所记，未之有也。尝一龙机发而地不觉动，京师学者咸怪其无征。后数日驿至，果地震陇西，于是皆服其妙。自此以后，乃令史官记地动所从方起。

时政事渐损，权移于下，张衡因上疏陈事。后迁侍中，帝引在帷幄，讽议左右。尝问衡天下所疾恶者。宦官惧其毁己，皆共目之，张衡乃诡对而出。阉竖恐终为其患，遂共谗之。

张衡常思图身之事，以为吉凶倚伏，幽微难明。乃作《思玄赋》以宣寄情志。(《思玄赋》部分)

永和初，出为河间相。时国王骄奢，不遵典宪；又多豪右，共为不轨。张衡下车，治威严，整法度，阴知奸党名姓，一时收禽，上下肃然，称为政理。视事三年，上书乞骸骨，征拜尚书。年六十二，永和四年卒。

张衡，字平子，公元78年东汉南阳郡生人，公元139年卒。公元93年到三辅(今陕西一带)游学，公元100年赴南阳担任太守主簿掌管文书，公元111年应召进京拜为郎中，公元114年迁尚书郎，公元115年迁太史令，公元133年升为侍中，公元136年调任河间王手下为相。

他的生平可以划分为3大块：公元78—93年，居南阳郡，幼承家学；公元93—100年，“游于三辅，因入京师，观太学”，是游学阶段；公元100—139年，从政为官，同时致力于研究工作。就像现在我们通过一个人的学术成长背景来观照他的学术研究内涵，这样划分也有助于我们把其他不附着于“科学”的内容也纳入眼界。

“衡少善属文”，关于他游学之前的那段少年时光几乎没有史料记载，如果是像仲永那样神童早慧而后荒废天赋的例子，倒还有王安石为之记叙，而关于张衡的早年，除了范晔写下的这句话，只有其他一些零散的赞誉，比如张衡后来在京城太学结识的挚友崔瑗在悼文《张平子碑》里这么写：“君天姿浚哲，敏而好学，如川之逝，不舍昼夜。”这形容他聪慧勤勉，好学不倦。古时候的童年启蒙教育讲究一个“幼功”，听经诵经背经抄经，反复再反复，早早把一个古文底子捣鼓实，顺便把如何为人处事的社会价值观捋一捋。范晔在《后汉书》里有载：“世为著姓。祖父堪，蜀郡太守。”虽然后世学者对张堪究竟为何郡太守有种种考据，但张衡丰盈的家学涵养是确定的。张衡父辈败落，家世难以考证(不知道与张堪为官清廉有没有联系)，张氏的族谱到这儿有个断裂，从古代的家族传统来看，“父辈”的黯淡退场，意味着子嗣“光大门楣”的重任只增不减。

公元93年，张衡离家求学，负笈远游，首先去往古时三辅。当时的九州疆土是地广人稀（相对当代而言），游历跋涉，一览山川秀色人物风貌，苦则苦矣，可也算是人生一大快事，而张衡对具体现实的所见所闻，之后支撑、丰满了他十年《二京赋》的写作。

说到这儿，笔者认为有一个很有意思的可以探讨的点，即：在当代人看来，张衡的成就很伟大，他是天文学家，是数学家，是机械发明家，是政治家，甚至还是文学家，不能不算是博采众长天纵之才，学问之广之深让人叹为观止，正恰如诗人（当然还是文学家、历史学家、"政治家"）郭沫若所下的判语："如此全面发展之人物，在世界史中亦所罕见，万祀千龄，令人景仰。"而停驻在当时考虑一下，这个样板好像就不是那么回事儿，固然，无论是对科学、对文学、对思想理论，张衡都有贡献有成就，但在那个时代，"学问"还是一个整体——无论是写诗写赋还是观测计算，其实都是一个领域里的东西，都是"学问"的表现形式，再说开去些，无论是正确的学说还是荒诞的谬误，无论是自然哲学猜想还是确凿的数据，对张衡或者其他古时代的学者而言都可以收纳到一个"包裹"里面，是对个人"学问"——知识体系的构建与填补工作，这种整体观与当代过于琐碎的学科分化之间是有差异的，比如在已经接受学科分类领域林立的今天，为了研究一种现实过程或者自然秩序，相关领域的学者不得不在现存的各学科之间再次建立交叉学科，实际上类似于一个语言与方法上的伪创新，眼界胸怀就没有古人开阔浑厚——都是"学问"，拿来就用。孔夫子为儒家学子设立了一个具体的学习方案或者说基础书目，即四书五经六艺：四书即《论语》、《孟子》、《大学》、《中庸》，五经即《诗经》、《尚书》、《礼记》、《周易》、《春秋》，六艺即礼、乐、射、御、书、数6种技能，当然这是最基本的内容，必须反复琢磨烂熟于心，之外还有许多浩瀚繁复的经典需要研习，但孔夫子这种课程设置也不能说是"学科"分化，因为儒家关注的还是一个系统的人生观、社会观、君臣观等观念的传授（跟国内的马克思主义思想教育倒是类似）。

话说回来，张衡当初进京城访人学，学习的也是儒家经学，"观太学，遂通《五经》，贯六艺"。所谓太学，即汉代当时的最高学府，起源于西汉早期儒家上位汉武帝"罢黜百家独尊一儒"，儒家代表人物董仲舒上书中央提出"愿陛下兴太学，置名师，以养天下之士"，于是方有太学，授课的教授称为"博士"，有议政职能。从一个相对短的时间线来看，董仲舒的初衷——中央知识集权，控制知识分子——也是不成立的，因为之后西汉与东汉晚期都有太学生群起反抗中央荒谬决策与宦官统治的案例，从秦朝

时期开始爆发的中央政府与知识分子如何和谐相处的问题会持续遗存，与20世纪早期国内蓬勃的学生运动晚期的某些大事件遥相呼应。后文我们还会掠过张衡的针砭时弊，虽然“知识分子与政治”无关乎我们要讨论的内容，但无疑这是个值得读者掩卷沉思的主题。

据范晔载：“永元中，举孝廉不行，连辟公府不就。”“永元”年号是公元89—105年这段时期，史家考据张衡是在永元七年(公元95年)被推举，他身无功名贫士一枚，却辞功名不就，与他“从容淡静”一心向学不无关系，从他以后的人生轨迹来看，沉静稳重不慕功名的性格对他的科研学术是有帮助的，说得更严重点也是他做科研的前提：人生百载白驹过隙，如果不是把什么重要、什么不重要分得很清楚，很难舍得把大段光阴用来做一件没有兑换意义的工作。

公元100年，张衡返南阳郡担任太守主簿，从此开始“学者与政客”的政治生涯，一边辅佐时任太守鲍德推行廉政文治，一边勤奋治学研究“天文阴阳历算”。从张衡回到南阳，一直到公元111年受安帝“公车特征”，其间鲍德调任京师而张衡辞官居家，总共11年——大致上8年在职加上3年赋闲，十年苦读奠定了张衡一生的学术积累与思想结构，他之后做出的那些科学贡献，追根溯源是十年家居治学下的功夫。年间他完成了《二京赋》，又好钻研扬雄《太玄经》，慢慢养成文坛上的知名度，于是有“安帝雅闻衡善术学”。

公元111年张衡进京担任郎中，115年迁太史令，121年至126年间离职，126年“复为太史令”再到133年迁侍中，张衡在太史令这个职位上待了十二三年有余。太史令一职源来已久，商朝时期有众“巫史”，分管天象、医务、巫术、史实记录等等；周朝史官负责文史，比如老子(老聃)就当过“皇家图书馆馆长”，负责皇室文史典籍的管理工作；秦汉时期把这一职位定名为“太史令”(西汉司马迁即担任此职)，主要负责编史，另涉足天文星历占卜等等学问，相当于学者型的政府学术顾问；东汉时太史令的职能离文史工作较远，实际上以天文、历法为主，同时执掌礼仪祭祀，“凡国祭祀、丧、娶之事，掌奏良日及时节禁忌”①。作为官方天学机构的总负责人，太史令一职为他致力于学术研究提供了最好的机会、充裕的时间与资源支持，他写作《灵宪》(天文、自然哲学)、写作《算罔论》(数学)、制造浑天仪(天文、机械)，基本上都是这一时期的学术成果。

公元133年，张衡“迁侍中，帝引在帷幄，讽议左右”。任太史令时俸

---

① 江晓原.天学真原.沈阳：辽宁教育出版社，2007.

禄为六百石，任侍中俸禄上升至两千石，同时侍应东汉顺帝左右，兼任史官，按理说张衡的政治生涯到此为一高峰。但由后事观之，本质上为一介学者的张衡，在这段侍中时期居于一个尴尬而难求进退的位置。所谓在其位谋其政，参与政事介入朝政是侍中的职守所在，然而当时宦官执朝野权柄，尽忠职守辅佐皇帝也意味着与某个根深蒂固的政治集团(在位的顺帝即由宦官扶植上位)正面抗衡，恐怕即使是左右逢源八面玲珑卓有智慧的政治家，身处局中也不得不叹一声“此非我所欲也”。时势迫人，即使矛盾犹豫，也势必要做出何去何从的抉择。“尝问衡天下所疾恶者。宦官惧其毁己，皆共目之，张衡乃诡对而出。”朝堂上的制衡、博弈、伪饰、进退攻防、利害取舍，说到底不是学者型人物最能发挥其才能的“领域”。“衡常思图身之事，以为吉凶倚仗，幽微难明。乃作《思玄赋》以宣寄情志。”他处理不得志的方式跟历代文人一样，无非作文作赋抒情明志，相比于“政治家”，张衡更像是一位路经政坛拂袖而去的文人墨客。

“阉竖恐终为其患，遂共谗之。”公元136年，受排挤的张衡调任河间相。按范晔所载，“国王”刘政“骄奢，不遵典宪”，另有地方土豪“共为不轨”，在中央郁郁不得志的张衡到了地方上终能放手做一些实事：“治威严，整法度，阴知奸党名姓，一时收禽，上下肃然”，治理有方是真，但另一方面晚年心境萧索苍凉也是真。如张衡在这一时期所作《四愁诗》中落笔喻世：

我所思兮在雁门，
欲往从之雪纷纷，
侧身北望涕沾巾。
美人赠我锦绣段，
何以报之青玉案。
路远莫致倚增叹，
何为怀忧心烦惋！①

以“雁门”为理想地乌托邦，以“雪纷纷”喻小人当道、行走于世追寻理想遇到的烦扰与阻力，山高路远、人马困顿，疲累、忧虑、空余愁绪。体会到当世王法颓弱、大道难行，张衡以文学为出口凝固自己感性上的无力与理性上的坚持，这算是一条诗人、文学家与理想主义者在黯淡时代的出路。“视事三年，上书乞骸骨，征拜尚书。”“乞骸骨”，即意为上书中央，谈谈自己年高体衰，希望能恩准告老还乡。不过中央没有放行，召回京城拜

① 张在义，张玉春. 张衡诗文选译. 成都：巴蜀书社，1990.

个闲职尚书把他留下了。永和四年，即公元 139 年，张衡卒于任上，终年 62 岁，一副骸骨归葬南阳。

友人崔瑗在碑文里这样盛赞张衡："道德漫流，文章云浮，数术穷天地，制作侔造化。"这也概括了张衡凭之以立世的品质与成就。道德如何如何，纵然可见一斑，还是要留给古人阖棺定论；文章如何如何，品格高美或者独树一帜，也不是我们眼下关注的内容；数术与机械制作，他确实卓有贡献，接下来我们就来具体讨论张衡留名至今的学术著作与各项研究成果。

二、灵宪

《灵宪》为张衡原著，现如今存疑不多，正文录于此处(摘自刘昭注《后汉书·天文志》)。

> 昔在先王，将步天路，用(之)[定]灵轨，寻绪本元。先准之于浑体，是为正仪立度，而皇极有逌建也，枢运有逌稽也。乃建乃稽，斯经天常。圣人无心，因兹以生心，故灵宪作兴。
>
> 曰：太素之前，幽清玄静，寂漠冥默，不可为象，厥中惟虚，厥外惟无。如是者永久焉，斯谓溟涬，盖乃道之根也。道根既建，自无生有。太素始萌，萌而未兆，并气同色，浑沌不分。故道志之言云："有物浑成，先天地生。"其气体固未可得而形，其迟速固未可得而纪也。如是者又永久焉，斯为庬鸿，盖乃道之干也。道干既育，有物成体。于是元气剖判，刚柔始分，清浊异位。天成于外，地定于内。天体于阳，故圆以动；地体于阴，故平以静。动以行施，静以合化，堙郁构精，时育庶类，斯谓太元，盖乃道之实也。在天成象，在地成形。天有九位，地有九域；天有三辰，地有三形；有象可效，有形可度。情性万殊，旁通感薄，自然相生，莫之能纪。于是人之精者作圣。实始纪纲而经纬之。
>
> 八极之维，径二亿三万二千三百里，南北则短减千里，东西则广增千里。自地至天，半于八极，则地之深亦如之。通而度之，则是浑已。将覆其数，用重钩股，悬天之景，薄地之义，皆移千里而差一寸得之。过此而往者，未之或知也。未之或知者，宇宙之谓也。宇之表无极，宙之端无穷。
>
> 天有两仪，以檏道中。其可睹，枢星是也，谓之北极。在南者不着，故圣人弗之名焉。其世之遂，九分而减二。阳道左回，故天运左行。有验于物，则人气左羸，形左缭也。天以阳回，地以阴淳。是故

天致其动，禀气舒光；地致其静，承施候明。天以顺动，不失其中，则四序顺至，寒暑不减，致生有节，故品物用生。地以灵静，作合承天，清化致养，四时而后育，故品物用成。

凡至大莫如天，至厚莫若地。（地）至质者曰地而已。至多莫若水，水精为汉，汉用于天而无列焉，思次质也。地有山狱，以宣其气，精种为星。星也者，体生于地，精成于天，列居错跱，各有逌属。紫宫为皇极之居，太微为五帝之廷。明堂之房，大角有席，天市有坐。苍龙连蜷于左，白虎猛据于右，朱雀奋翼于前，灵龟圈首于后，黄神轩辕于中。六扰既畜，而狼蚖鱼鳖罔有不具。在野象物，在朝象官，在人象事，于是备矣。

悬象着明，莫大乎日月。其径当天周七百三十六分之一，地广二百四十二分之一。日者，阳精之宗。积而成乌，象乌而有三趾。阳之类，其数奇。月者，阴精之宗。积而成兽，象兔。阴之类，其数耦。其后有冯焉者。羿请无死之药于西王母，姮娥窃之以奔月。将往，枚筮之于有黄，有黄占之曰：'吉。翩翩归妹，独将西行，逢天晦芒，毋惊毋恐，后其大昌。'姮娥遂托身于月，是为蟾蠩。

夫日譬犹火，月譬犹水，火则外光，水则含景。故月光生于日之所照，魄生于日之所蔽，当日则光盈，就日则光尽也。觿星被耀，因水转光。当日之冲，光常不合者，蔽于他也。是谓暗虚。在星星微，月过则食。日之薄地，其明也。繇暗视明，明无所屈，是以望之若火。方于中天，天地同明。繇明瞻暗，暗还自夺，故望之若水。火当夜而扬光，在昼则不明也。月之于夜，与日同而差微。星则不然，强弱之差也。

觿星列布，其以神着，有五列焉，是为三十五名。一居中央，谓之北斗。动变挺占，寔司王命。四布于方，为二十八宿。日月运行，历示吉凶，五纬经次，用告祸福，则天心于是见矣。中外之官，常明者百有二十四，可名者三百二十，为星二千五百，而海人之占未存焉。微星之数，盖万一千五百二十。庶物蠢蠢，咸得系命。不然，何以总而理诸！夫三光同形，有似珠玉，神守精存，丽其职而宣其明；及其衰，神歇精斁，于是乎有陨星。然则奔星之所坠，至[地]则石[矣]。

文曜丽乎天，其动者七，日、月、五星是也。周旋右回。天道者，贵顺也。近天则迟，远天则速，行则屈，屈则留回，留回则逆，逆则迟，迫于天也。行迟者觌于东，觌于东属阳，行速者觌于西，觌于西属阴，日与月此配合也。摄提、荧惑、地候见晨，附于日也。太白、辰星见昏，附于月也。二阴三阳，参天两地，故男女取焉。

方星巡镇，必因常度，苟或盈缩，不逾于次。故有列司作使，曰老子四星，周伯、王逢、芮各一，错乎五纬之闲，其见无期，其行无度，寔妖经星之所，然后吉凶宣周，其祥可尽。

单看文本，《灵宪》的内容非常庞杂，包括阴阳说、吉凶占卜、神话修辞、定量的天地尺度、定性的天体运动观测、道家式的宇宙起源假说，就像是不同泉眼漫游而来的河流溶于一池，再经学者强力思想糅合的成品，现在看来更像一篇“小说”而非专业论著。但张衡想做的其实很简单，他原初的旨意无非是基于现实观测与流传已广已深的一些“猜想”，建立自己的自然哲学观念，而我们如果要从现代科学（比如天文学或者现代哲学，比如宇宙观等等）“完整”的角度来讨论《灵宪》，就不得不在其中挑挑拣拣，把现在看来不太“科学”的混沌的部分剥除。需要再次强调的是，这篇汉代的文本本身没有“科学”与“不科学”之分，它可以算是一位思考者先驱用自己掌握的有限资料构建思想与理论的巴别塔的尝试。

第一段，讲世界起源、天地成形。开篇讲宇宙最初的玄虚状态：“太素之前，幽清玄静，寂漠冥默，不可为象，厥中惟虚，厥外惟无。”“太素之前”空无一物，没有实体，整个空间平静寂冷，没有运动或者变化，只有长久的“虚无”，然而一接近永恒，状态终有变化，“虚无”、“溟涬”（出自庄子）恰是“道之根”，是本源，“道根既建，自无生有”。明确的“存在”从空洞的虚无中生长出来，完成一次无中生有的艰难的分娩。“太素”萌芽之后，整个宇宙的状态还很暧昧，“浑沌不分”，“气体固未可得而形”，类似于鸿蒙未开天色朦胧，一切都浸泡在浑浊的元气里。混沌的状态也终要发生变化，元气里万物成形，相对立的元素在对抗与沉淀中自觉主动地区分出来，划分出刚柔清浊，天地阴阳。“天成于外，地定于内。天体于阳，故圆以动；地体于阴，故平以静。”这里关于天地不同禀性因而导致不同形状与运动方式的图式很有趣，可以观察到古学者对“阴阳”概念的具体把握。之后天地各行其是，完整成形，逐渐分出多个层次。

张衡的思路还是很清晰的，“道根——道干——道实”这样一个宇宙天地成形分化的过程具体而实在，与前人做的概念上的推演有所区别，可以说他的观念是偏物质性的，是向实证方向靠拢的，虽然他的宇宙生成假说并非独创——主要是对前人众多观点的吸收与扬弃，但在天文观测实践的基础上经过学识与经验的重塑，他的观点完备通畅。

席泽宗在早期一篇论述“气”的文章中，将《灵宪》“道根——道干——道实”的思路与现代大爆炸理论“奇点——早期——当前”相比较，发现两者在宇宙诞生图式上的“相似之处”[①]。固然，席泽宗是从唯心唯物论的哲学角度借“物质性”来论证“真理”，但也说明张衡远远地朝现代宇宙观的方向迈出了一小步。

第二段讲天地尺度。“八极之维，径二亿三万二千三百里，南北则短减千里，东西则广增千里。”即是说天球直径为二亿三万二千三百里，即232 300里，南北方向减少1 000里，东西方向增大1 000里，大体上相当于一个椭球，天球八极被地面分为两半，上下等高。天地之外呢？“未之或知也”，天球外层就是宇宙，“宇之表无极，宙之端无穷”。无穷无尽，浩瀚苍莽。

第三段、第四段讲天地的具体特质。

第三段大意为“天有两仪”，以“枢星”校准北极，南极对准的星辰不显现，无名无姓。“阳”属性的物质通常向左运动，天球即向左回转，地因为“阴”属性沉淀淤积，所以天动地静，而天球连续运转，区分天时四季，大地沉静淳和，适宜万物养成。

最有趣的是“天阳地阴”这一论点，从前文看，张衡的论述是数理的，到这一段似乎进入了哲学框架形象思考，进入了阴阳五行体系。笔者认为这再次证明了携带现代“科学观”来解析古思想结构会显得臃肿难堪。张衡从宇宙元气到天地两仪再到阴阳性状的思路顺畅没有阻塞，承先秦道家思想之后，他以古哲学构建起对天地本源的认知，然后对现实世界作具体测量，走在一个方向一条路上，却从两端来接近“世界”本身。当然，所谓的“两端”两种方法不是自觉的，首先有“世界是怎样的”（前人/先验），再有“我看到的/实测的世界是怎样的”，经过修正与变形之后“世界原来是这样的”，个体要认识一个庞大的外在于自己的事物总要走这么一个原始过程。

第四段简单讲天地山水的形成，各个有名有姓的星辰从何而来，又如何在天穹上分布。

第五段、第六段讲日月的性质。

第五段引入了日月的尺寸：“其径当天周七百三十六分之一，地广二百四十二分之一。”言下之意是日月同等大小，从直观上来看也确实如此。之后就进入玄道部分，包括“阳精”凝聚成日，“阴精”凝聚成月，以及后羿求药、姮娥奔月，古传说与古神话也成为理论源流的有机组成部分。

第六段论述日月的相对关系。张衡将日与月比作火与水，借此来表

---

① 席泽宗，郑文光. 中国历史上的宇宙理论. 北京：人民出版社，1975.

达意旨:太阳如火焰自主发光,月亮如水面反射阳光从而发光,因为太阳的不同位置月亮“形状”发生变化。夜晚星辰闪耀因为水面反射光线,而在白昼星辰被强光遮蔽。太阳靠近地面,天地明亮。整个论述很清晰很合理,但没有说明日月与天地立体的相对关系与运动方式,下文我们会看到张衡在《浑天仪注》中关于“浑天说”的论述,也没有具体地指明日月怎样运动。从前文“精气”凝为日月星等各种“悬像”的设想来看,笔者以为“日”、“月”、“星”等天象对张衡来说不像实体——或者至少不是固体,“日者,阳精之宗”,“月者,阴精之宗”,“星也者,体生于地,精成于天”,因此它们是类似于精气集成而后呈现种种特征的天象,我们可以认为它们在体系中是“悬浮”或者“附着”于天球上的。不能忽略的是,这一“天地”系统的根基始终是“气”,在张衡的构图中,“天球”呈现为椭球状但很可能并非薄薄的一层球壳,而是有厚度的聚集的“气”,相似地,日月星也并非岩石与矿物质,而是“元素”的高浓度聚集物。

第七段、第八段、第九段讲星宿星曜,以及从星辰运转获得信息。首先,把重要的有符号特性的挑出来:北斗、二十八宿,与日月“配合”,能昭示吉凶。其他有海量的有名或者无名的星群。星光闪耀“有似珠玉”,精华饱满内敛,到精华耗竭星辰衰弱时,它就坠落,去往坠落的地点只有石头,于是推论:星辰耗尽储存的“精华”,就变成石头坠地。有 5 颗星辰与日月一样附着于天,3 颗“附于日”,2 颗“附于月”。另有其他特殊的星辰,观察它们移动的轨迹或者排列组合,可以参透吉凶祸福。占卜或者说揭示天命是张衡的主要工作内容之一,势必会影响张衡对待日月天象的态度。

恩格斯在《自然辩证法》一书中这样写:“自然哲学只能这样来描绘:用理想的、幻想的联系来代替尚未知道的现实的联系,用臆想来补充缺少的事实,用纯粹的现象来填补现实的空白。它在这样做的时候提出了一些天才的思想,预测到一些后来的发现,但是也说出了十分荒唐的见解。”恩格斯用上述这句话评价古希腊自然哲学的特质。综观张衡《灵宪》各段落,也有很多臆想与“荒唐”的成分,但各种臆想的源流自然跟古希腊不同,是独立而特异的。

在东汉之前,学者有几种主要的思考“工具”:一例如《易经》,以结构化的、逻辑缜密的“数”的推衍来计算“天象命数”,其中包括体系与现实的类比以及繁复的象征;二例如《春秋》,考察了宇宙的元素构成“天、地、阴、阳、金、木、水、火、土”等等;三例如“礼”,解析或者更准确地说规定了生活与人事的一个运作模式。以上这些理论框架都有微言大义、耐人寻味之处,但另一方面又有粗糙泛化、流于直观之嫌,对继续探索幽隐的后人来说，无论是相信或者彻底质疑，面对老祖宗留下的“遗产”，能转身的空间很小——面对或者背对都是阴影，如果不能更新一种“工具”或者是所谓方法论，要做一个观念上的突围其实是很受限的。

不过即使在科学史背景下，张衡这篇《灵宪》中还是有具备参考价值的地方：比如各项尺度的具体测算结果（需要考察方法与思路），以及对天地相对结构的认知。需要注意的是，《灵宪》中的测算数据一定程度上也受直观印象影响，受宇宙观所局限。

三、宇宙观——浑天说

《太平御览》①引蔡邕《天文志》：

言天体者有三家：一曰周髀，二曰宣夜，三曰浑天。宣夜之学，绝无师法。周髀术数具存，[考]验天状，多所违失，故史官不用。惟浑天者近，得其情，今史官所用，候台铜仪则其法也。立八尺圜仪之度，而具天地之象，以正黄道，名察发敛，以行日月，以步五纬，精微深妙，百世不易之道。

1. 概览

【盖天说】

《晋书·天文志》②引《周髀算经》：

天似盖笠，地法覆槃，天地各中高外下。北极之下为天地之中，其地最高，而滂沲四隤，三光隐映，以为昼夜。天中高于外衡冬至日之所在六万里。北极下地高于外衡下地亦六万里，外衡高于北极下地二万里。天地隆高相从，日去地恒八万里。

日丽天而平转，分冬夏之间，日所行道为七衡六间。每衡周径里数，各依算术，用勾股重差推晷影极游，以为远近之数，皆得于表股者也。故曰“周髀”。

又周髀家云，天圆如张盖，地方如棋局。天旁转如推磨而左行，日月右行，随天左转。故日月实东行，而天牵之以西没。

【浑天说】

张衡《浑天仪注》③：

---

① [宋]李昉. 太平御览(第一卷). 石家庄：河北教育出版社，1994.

② [唐]房玄龄. 晋书. 北京：中华书局，1974.

③ 至于张衡是否是《浑天仪注》的原作者，学界尚有争议。此处不加入此纷争，重点仅在介绍《浑天仪注》之内容。

浑天如鸡子。天体圆如弹丸，地如鸡子中黄，孤居于天内，天大而地小。天表里有水，天之包地，犹壳之裹黄。天地各乘气而立，载水而浮。周天三百六十五度又四分度之一，又中分之，则一百八十二度八分度之五覆地上，一百八十二度八分之五绕地下，故二十八宿半见半隐。其两端谓之南北极。北极乃天之中也，在正北，出地上三十六度。然则北极上规径七十二度，常见不隐。南极天地之中也，在正南，入地三十六度。南规七十二度常伏不见。两极相去一百八十二度强半。天转如车毂之运也，周旋无端，其形浑浑，故曰浑天。

【宣夜说】

《隋书·天文志》①：

唯汉秘书郎郗萌记先师相传云："天了无质，仰而瞻之，高远无极，眼瞀精绝，故苍苍然也。譬之旁望远道之黄山而皆青，俯察千仞之深谷而窈黑，夫青非真色，而黑非有体也。日月众星，自然浮生虚空之中，其行其止，皆须气焉。是以七曜或逝或住，或顺或逆，伏见无常，进退不同，由乎无所根系，故各异也。故辰极常居其所，而北斗不与众星西没也。"

2. 宣夜说

宣夜说是很特别的一种宇宙图式。如上文中，该学说的继承者在论述中把望山皆青、察谷窈黑与古人看天"苍苍然也"相类比，借以说明天空"高远无极"、无穷无尽。而日月与星辰，悬浮在虚空之中，因为"气"的作用运动或者静止，各天象天体都"无所根系"，在宇宙苍茫中漂流。

宣夜说虽然与现代宇宙学在图式上最为接近，但很明显它对天体与大地的相对尺度没有概念，也谈不上是有根有据有逻辑的论述，以科学史观点审视，只能借此一窥古学者的想象力以及思维之所及。因为"宣夜之学，绝无师法"，所以接下来不将此学说列入讨论或比较。

3. 盖天说

"天似盖笠，地法覆盘"，天像盖住的斗笠（半圆穹顶），地像倒扣的盘子（隆起的拱）。"北极"之下是地的最高点，"外衡"为冬至日之所在，"外衡下地"即为冬至日太阳的照射点位置，从竖直轴上来说，"天中"（北极）比"外衡"高六万里，"北极下地"比"外衡下地"高六万里，而"外衡"又比

---

① ［唐］魏征. 隋书. 北京：中华书局，1974.

"北极下地"高二万里,所以简单相加,"外衡"到"外衡下地"的垂直距离为八万里。又有"天地隆高相从,日去地恒八万里",所以大致上是一个天地弧线平行等距的图式,如图 1.1.1 所示。

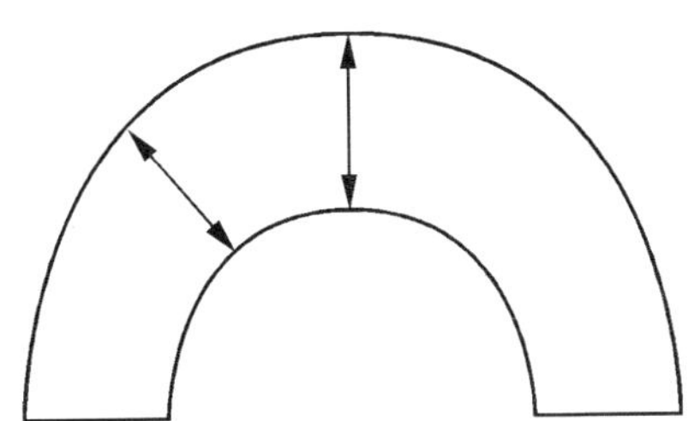

图 1.1.1　盖天说的天地弧线平行等距图式

那在这种天地构造下太阳的运动是怎样的呢?"日丽天而平转"中"丽"的古义为依附、系在。这句话是说太阳依附着"天"水平旋转,而昼夜之分由太阳到"地"的远近来决定,太阳由远及近运动即为日出,由近及远则为日入;而大地上昼夜共存,因为依照这一构想,太阳离某一方位更远,必然就离相对的另一方位更近。这里非常有趣的一个论点是《周髀算经》认为太阳光的照射距离有上限,即到某一特定距离为止(167 000 里)。实际上从日常观察中很容易得到光线传播越远光亮(强度)越弱的结论,但如果应用这一结论就不得不面对"为什么会有黑夜"的难题,这一思辨不算简单,没有对光设置路程上限来得方便有效。

但最有亮点的部分还在最后半句话,"分冬夏之间,日所行道为七衡六间",由这半句话以及之后的表述,可以看出古代天文学者在直观总结的基础上做了不少研究与理论上的衍伸,这其实就是所谓科研工作,即为了应对实际情况的复杂多变,对物理模型的雏形做出更多调整与补充。为了解释春夏秋冬节气之分,古学者提出的构想是:太阳在水平转动(围绕"北极"与"北极下地"连成的纵轴)时,它的轨迹发生变化,与"北极"的水平距离发生改变,由此区分出四季温度差异。图 1.1.2 是西方学者 Chatley 总结的"盖天说世界图式复原图"。

"又周髀家云"这一段该做何解呢?这一段意在解释日月丽于天之后的运动情况。具体可参考王充在《论衡》中极为相似的论断(可能后世也是因此引他为"周髀家"):

> (日、月)系于天,随天四时转行也。其喻若蚁行于硙上。日月行迟,天行疾。天持日、月转,故日、月实东行而反西旋也。

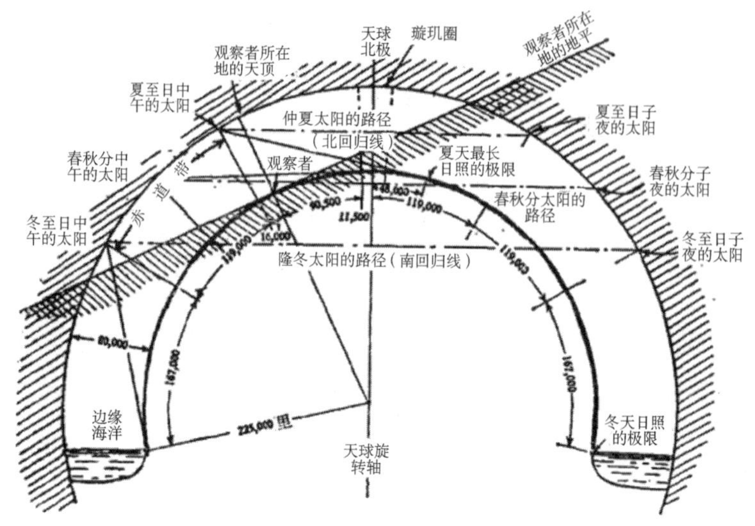

图 1.1.2　盖天说世界图式复原图①

这句话比上文讲得略微清楚些。大意即是日月随天穹运转，就像虫蚁在石磨上缓缓移动，而天穹向东移动较快，日月随天穹向东移动较慢，于是我们在地上看到一个日月向西运转的假象。

4. 张衡论“浑天”

浑天说并非张衡首创，在张衡之前，浑天说已经以多种面貌、以多种假想形式出现在古学者的各种典籍论著里，不过模糊零乱者居多，没有张衡这般构思完整、立论具体。

我们先来看看张衡之前有哪些关于“浑天”的叙述。

《隋书·天文志》中有记载：“落下闳为汉孝武帝于地中转浑天，定时节，作太初历。”说明此时已有浑天仪，一个名为落下闳的古学者即使用浑天仪来制定时令节气，创制历法《太初历》。落下闳，公元前 156 年左右生于西汉巴蜀阆中(自从当今学者提名他为浑天说和浑天仪的创造者，他的故居也随之建立)，公元前 87 年卒，早期隐居民间，武帝元封六年召进长安奉旨创制新历法。西汉扬雄在《法言·重黎》中写道：“或问浑天。曰落下闳营之，鲜于妄人度之，耿中丞象之。”从公元前 87 年到公元 78 年，有足够的时间让几代学者进行这方面的深入研究，浑天说的更新与浑天仪的换代应当是同步的。

① 李约瑟. 中国科学技术史(天文气象、地学). 北京：科学出版社，1976.

往前推到战国时期，屈原在《天问》中问道："圜则九重，孰营度之？"有注释者认为这里表现了早期对"天球"的印象。法家慎到在他的个人论著中写道："天体如弹丸，其势斜倚。"[1]这句话被认为体现了浑天说的几个基本观点：①"天"为球体；②"其势斜"，说明"北极"不在天顶；③地为一个平面，因为"斜倚"应当是相对平面而言。[2] ——从这句话出发的几个推论，都不能说没有道理，但从当代的科学观来观照，观点正确很难说明问题，怎样得到这个观点却很能说明问题：做了什么观测？具体是什么现象？有没有切实的论据？逻辑方法与思维路径又是怎样的？这句话缺了上下文，又没有一个讨论的背景，其实要表达的涵义是不清晰的，很难说它是否支持或者反映浑天说"天圆地方"的判断（尤其在研究者带着浑天说来分析这句话的时候），而对屈原《天问》的解释，实际上跟西方的"解经"也没太多差别了。盖天、浑天其实是讨论天地相对结构的模型，能够反映关于结构的论述。

张衡的浑天说除了一个基本的"浑天"图式之外，还有其他一些具体内容。笔者主要从《灵宪》与《浑天仪注》两篇最关键的文献中总结：

(1)"天表里有水……天地各乘气而立，载水而浮。"（《浑天仪注》），"至多莫若水，水精为汉，汉用于天而无列焉……"（《灵宪》），这两句话都在说"水"，归纳一下即是："天球"里有很多水，水的精华"汉"在天上，"天球"表层内可能有"水"（或者即是"汉"），天地都浮在"水"上。按照"浑天"的标准图式，地紧贴水面，将"天"隔断为等同的两半，即天球一半体积都为水，但这样来看就不能说"天球"是浮在水面上，而是浮在"天球"之外的"气"上或者处于其他某种状态，当然也可以认为天地"载水而浮"是张衡的另一个直观结论。

(2)"周天三百六十五度又四分度之一，又中分之，则一百八十二度八分度之五覆地上，一百八十二度八分之五绕地下，故二十八宿半见半隐。"（《浑天仪注》），这句话是说周天被地面分为两半，地面到天顶的高度与地面到天球底部的深度相等，所以古代所观察记录的二十八星宿半隐半现。但地表下是一个稍有厚度的地层（从直观上看，没有"厚度"是不合理的），还是一个另有玄机的环境则没有说明。如果从当时古人所能观察到的种种地表上地貌为论据：湖泊、江河、海洋（无涯无际）以及水井等等，地下都是"水"这样的直观结论比较合理。

---

① 席泽宗，郑文光．中国历史上的宇宙理论．北京：人民出版社，1975.

② 金祖孟．中国古宇宙论．上海：华东师范大学出版社，1996.

(3)“其两端谓之南北极。北极乃天之中也，在正北，出地上三十六度。然则北极上规径七十二度，常见不隐。南极天地之中也，在正南，入地三十六度。南规七十二度常伏不见。两极相去一百八十二度强半。”(《浑天仪注》)，这是说北极出地三十六度，南极入地三十六度，上下规直径七十二度。另据其他文献来源，张衡另有关于黄赤交角的描述：“黄道斜带其(天)腹，出赤道表里各二十四度。故夏至去极六十七度而强，冬至去极百一十五度亦强也。”即黄道赤道夹角与冬至夏至的北极距。“各分赤道黄道为二十四气，一气相去十五度十六分之七”，即指出二十四各节气的角度差异。

(4)“天转如车毂之运也，周旋无端，其形浑浑”(《浑天仪注》)，形容天球运转如车轮。

与《灵宪》不同，张衡在《浑天仪注》关于浑天说的论述非常明确实在，用详尽的数据来说话，这可能是他与之前的浑天家最不同的地方。虽然对天地结构这个模型没有更新的改进，但张衡做了一些具体测算，包括“周天”、“地上”、“地下”的角度，南北极的偏角，黄赤道交角，二十四节气的区隔……这些都是很有意义的工作。当然，在当时以上的数据与用数据支持的论点都没有实际效用，但由“直观想象”到“实证计算”这种根基上的思路转向非常重要，如果说所谓科学方法即是“假设—实验—结果—修正假设”一套完整的过程，则张衡确实完成了“假设—实测—结果”3个步骤。考虑到东汉时的技术水平与理论准备，他能掌握的信息量有限，无法对假设本身作出有力的突破。单就“浑天”这一理论来说，张衡确实无愧为浑天家的代表、古天文学的集大成者。

5. 盖天与浑天

盖天说与浑天说的比较参见表 1.1.1。

表 1.1.1　盖天与浑天两种学说的比较

学说	盖天说(《周髀算经》)	浑天说(《浑天仪注》)
天地形状	天似盖笠，地法覆盘	天体圆如弹丸，地如鸡子中黄
相对关系	天地各中高外下；北极之下为天地之中，其地最高	天大而地小；天表里有水，天之包地，犹壳之裹黄
运动	天旁转如推磨而左行，日月右行，随天左转	天转如车毂之运也，周旋无端，其形浑浑

西晋杨泉在《物理论》中概要地比较了“浑天”、“盖天”二说：

> 儒家立浑天，以追天形，从车轮焉。周髀立盖天，言天气循边而行，从磨石焉。……浑天说天，言天如车轮而转，日月旦从上过，夜从下过，故得出卯入酉。或以斗极难之，故作盖天，言天左转，日月(不)[右]行，皆缘边为道。就浑天之说，则斗极不正；若用盖天，则日月出入不定。

另有魏晋姚信在《昕天论》中写道：

> 若使天裹地，如卵含鸡，地何所倚立而自安固？若有四维柱石，则天之运转将以相害。使无四维，因水势以浮，则非立性也。若天经地行于水中，则日月星辰之行，将不得其性。是以有两地之说，下地则上地之根也，天行乎两地之间矣。

如果从科学史的视角出发，要对这两种学说做一个判定或者对先进性作一个排序，似乎只能将古学者们的论点和测算结果与当前我们所了解的宇宙真实情况相对比，看看正方和反方哪一方离正确结论更为接近，构想更合乎实际。这个步骤固然要走，然而从远距离观察古学者在掌握有限信息的局限下如何去作思辨、推演以及之后的验算、修补、驳斥与重构，另有许多收获，尤其是针对浑天盖天二说，历代古天文学者立足于两端(或者之外)冲撞、论辩、思考、自圆其说(还有政治文化因素的频繁介入)，不能不说包含了一种群体式的科学态度，一种内在的推动力。

6. 张衡之后"浑天"的发展

张衡之后浑天说长期在学术界的思想论辩中占据统治地位，历代浑天家与该理论的拥趸乐此不疲地对盖天说展开批判。比如扬雄(公元前53年—公元18年)以浑天说的"天球"模型批判盖天说的"平面"模型(针对《周髀算经》)；再有葛洪(公元284年—363年)以浑天说中"太阳东升西落"批评盖天说中"太阳丽天平转"的图式(针对王充的《论衡》)。相应地，浑天说的巩固也强化了"浑天"所包含的大部分观点，如"天体圆如弹丸，地如鸡子中黄"、"天出入水中"等等观念。南朝学者何承天(公元370年—公元447年)对此有比较全面的概括：

> 天形正圆，而水居其半，地中高外卑，水周其下。言四方者，东曰旸谷，日之所出，西曰濛汜，日之所入……南北两极，相去百一十六度三百四分度之六十五强，即天径也……从北极扶天而南五十五强，则居天四维之中，最高处也，即天顶也。

但在张衡之后的百余年中，遵循他的思路并在具体测算方面作出补充的浑天家却不多，仅有两位代表人物。

一是三国王蕃(公元228年—266年)。他曾制作"浑仪"，划周天为三六五又五八九分之一四五度，即 365.589 145 度。按他的推算，“天球”半径为 81 394 里，圆周为 513 687 里。他认为阳城为天球中心，“天体圆如弹丸，地处天之半，而阳城为中，则日春秋冬夏，昏明昼夜，去阳城皆等”，另外“从日斜射阳城，为天径之半”，是说在任意时刻太阳与阳城之间的距离相等，都等于天球半径。

二是祖冲之之子祖暅(生年不详—525 年)。他根据太阳在地中(阳城)的投影计算太阳高度与日下点(太阳对地面的投射点)与地中的水平距离：冬至，日高 42 658 里，日下点离开地中 69 320 里；春分，日高 67 502 里，日下点离开地中 45 479 里。祖暅也对浑天、盖天作出总结，在“窃览同异，稽之典经，仰观辰极，傍瞩四维，睹日月之升降，察五星之见伏，校之以仪象，复之以晷漏”之后，得出“浑天之理，信而有证”的结论。

在祖暅之后，“浑天说”逐渐式微。祖暅曾说服梁武帝推行其父祖冲之制订的《大明历》，但无法在浑天、盖天之争中力挽颓势。浑天说有自身无法修补的漏洞：

(1) 天地相接、日出旸谷、日入濛汜的观点。随着视野扩大，太阳在“天球”上的运动容易遭到否定，因为在不同地区的观察者并没有看到日月大小有显著不同，按理推断，太阳靠近出入点就离地面越近(祖暅的测算支持了这一点)，而离地面越近会显得越大(直观逻辑支持了这一点)，但生活在大地远端(远离地中)的人并没有看到大到离谱的太阳。但天地相接是不容易被否定的论点，一方面大地是平的(或至少“地中高外卑”)，一方面大地有其界限(“水周其下”)，这两个直觉印象限定了观念的发展方向。

(2) 阳城为地中。比如祖暅始终以阳城为中心测算日影数据，以此推断天地结构，实际数据本身没有问题，但从“阳城为地中”或者天球球心出发，就得到了失真的结论。到一行(公元 683 年—727 年)那个时代，已不仅仅只有阳城日晷实测到的数据，天文测量的地域更为广大，各地的数据很容易证明“阳城为地中”这一假设是有问题的。另一方面，随着改朝换代，各政权反复迁都，所谓的地理(或政治)中心不断转换，也使“地中阳城”这个概念渐渐淡出。

(3) 北极出地三十六度。类似阳城地中说，这一数据也受地域所局限，在阳城测得的数据随实测地点更改发生变化，这一常数很容易被推翻，但推翻之后古学者也没有走多远，至多到“北极出地因地而异”这一步，而没有走到接近地圆说的可能。

金祖孟认为，古学者不能得到“地圆”结论的一个重要原因，是因为古学者把太阳光看成是辐射光线而非平行光线。这很容易理解，以肉眼看到的太阳与大地的相对尺度，辐射光是合理的，从直观上看古人没有办法理解“天文尺度”这样一个巨大尺度，自然也没有平行光线的引入，所以也无法得到大地是曲面的结论。①

金还认为，浑天说之所以始终在天文史中占据优势，是因为前仆后继的天文史家用望文生义的眼光来审视张衡在《浑天仪注》中所写的一句话：“天如鸡子，地如鸡中黄。”接下来我们就来看看关于张衡的“地圆”和“地平”论争。

7. 张衡：地圆与地平

金祖孟强调：浑天说中的“地”指一个平面，而非球体。

“天体圆如弹丸，地如鸡子中黄”，似乎是在形容外层“天”为球体蛋壳，而其中“地”为球形蛋黄，后世有史家引用这句话来证明张衡首先提出“地圆说”，即论证地为球形，如若这一假想成立，势必又是中古科学史上的一个突破：比如领先西方千余年提出“地球是圆的”云云。不过，在20世纪中期，已经因“地圆”与“地平”之争引起过学界论战。大体上两种论断的图式如图1.1.3所示。

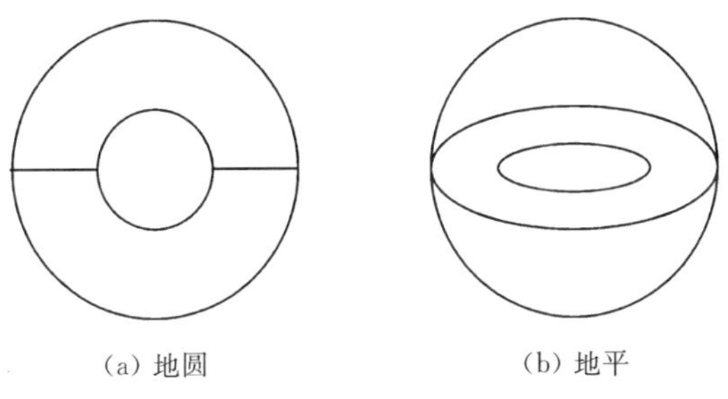

图 1.1.3 地圆与地平

以金祖孟的《中国古宇宙论》为例，他提出几个主要论据来反驳“地圆”：

(1) 张衡《灵宪》。其中有一句话讲天地运转：“天体于阳，故圆以动；地体于阴，故平以静。”其大意如下：天是圆的，所以可以转动；地是平的，因此不能转动。这句话可以用“地平说”来解释。

另有一句话：“悬象著明，莫大乎日、月。其径当天周七百三十六分之

① 金祖孟.中国古宇宙论.上海：华东师范大学出版社，1996.

一，地广二百四十二分之一。”反过来就是在说，从地面直观上来看，日月直径为“天”圆周的 1/736，为“地”长度的 1/242，估算一下天周与地长的比率为 736/242 = 3.04，接近于圆周率，地长为天周直径，所以天圆地方更合乎逻辑。（这也意味着“地”的尽头基本上紧贴着“天”球体的边缘。）

（2）张衡《浑天仪注》。“天地各乘气而立，载水而浮。周天三百六十五度又四分度之一，又中分之，则一百八十二度八分度之五覆地上，一百八十二度八分之五绕地下……”张衡认为天与地由“气”建立，而“地”浮在“天”中的水上，“天”球体一半覆盖在地上，一半从地下绕过。考虑到古人汪洋之外“别无他物”的有限的视域，大地“载水而浮”是容易理解的。金祖孟指出：如果张衡的原话涉及大地呈球形的推论，那么“载水而浮”的大地势必有半个球体浸泡在水里，这就有点“不伦不类”；另外，若张衡确实发现大地为球形，那他在宣布这一“重大发现”的时候，理应列举一些证据来支持他的学说，而不应当只是以一个简单的比方来代替。金的这两个论点都很合理，但并不很有力，当代引以为“合理”的视角应该要先进入古人的视网膜过滤一遍，才能发挥一点适用性。笔者认为在这句话中更有意思的是“地上”与“地下”这一对词，试想，若张衡在落笔《浑天仪注》的时候，有一个“地圆说”的球体意识，他会不会面临一个“定位”的悬疑？“地”浮于“天”中，很难去定义孰上孰下，此时天与地的相对关系更接近于“内”与“外”。而张衡既然选择了“上”与“下”来分割“天”为两半，事实上是隐含一个“地”为一平面的观点，这样来说一半覆地上、一半绕地下，合理通畅。

（3）张衡《二京赋》。这个视角很有意思，即从张衡的诗文中寻找作者的世界观。张衡写到昆明池“日月于是乎出入，象扶桑与濛汜”，金认为这表明了张衡倾向于认为世界有“日出之地”与“日入之地”，而这也正反映了他的“地平”观念。怎么讲呢？如果张衡所想阐述的图像是一个球形大地，那么很自然他会想到实际上不存在日出或日落之地，只有存在大地“边缘”的情况下，日月的运行轨迹与大地所在平面相交，才有真正的日出点和日落点。这一推论有两个疑点：①在文学的框架中，这句话更像一个直观的描述；②在东汉时期，学者有没有理论基础或者正确的思维路径来探讨“如果大地是圆球”之后所应当呈现的表征？这个问题很难回答，但不得不考虑。比如说大地是圆的，那光线会如何传播？我们会怎样看到日月？再比如说大地是平的，那么大地之下是怎样一种地貌？是不是都是水？——因为往深处打一口井就可以掘到水源，很多细节可以被清理，从而让古人的思考模式更为清晰。

确实，支持“地圆”的古学者能从张衡的论述中获得的论据，只有“天如鸡子，地如鸡中黄，孤居于天内，天大而地小”一条。而天圆地平的观念符合张衡在《灵宪》与《浑天仪注》中各项具体的设想，“地圆”、“地平”也并没有在张衡的时代引起过争论，说明古学者都还是在“地平”的理论基础上对张衡进行引用。

说句题外话，笔者认为古学者在天文观测与数据计算中始终无法得到“地圆”这一结论，与“水周其下”不无关系。怎么说呢？在南朝时，何承天已经得到“地中高外卑”的结论，到唐代一行，已可以从“天北极向北变高”的实际数据得知大地是一个曲面，但从“曲面”到完整“球体”的阻隔之一，可能即是陆地四面环水这一直观印象。如果古学者始终认为大地边缘外只有水，而不认为水包括在大地中，那么即使得到一个类似“地圆”的结论，也只是如图 1.1.3 的图式中大地为浮在水中的一颗球体，只是一个似是而非的正确答案。从古代的物理学基础来说，认为水需要一种外在“容器”是自然而然的想法，因此，古学者也不可能理解“大地为一球体，表面上有不会‘漏光’的海洋”此类诡谲的臆想，走到“载水而浮”这一点，已是一大瓶颈。

四、浑天仪

浑天仪分为浑仪和浑象两种，前者用来观察与测量天象与天体运行，后者是天球模型。现在一般将浑天仪的制作发明归功于张衡，但在东汉之前已经有浑天仪的相关记载。

有学者考据上古尧在位时已有类似浑天仪的天文仪器。比如在《尚书・尧典》中所载，“在璿玑玉衡以齐七政”，后世学者即认为“璿玑玉衡”指代可以旋转的浑天仪。再即是西汉落下闳，同时代学者扬雄在《法言》中写道：“或问浑天。曰落下闳营之，鲜于妄人度之，耿中丞象之。”《隋书・天文志》也有载，“落下闳为汉孝武帝于地中转浑天，定时节，作太初历。”所以，这样看来时间上离东汉接近，又有多方论述，可信度较高。

随着机械技术更新换代，以及天文理论的逐步发展，浑天仪的制作本身也在缓慢跟进。我们先来看看历代天文典籍关于张衡作浑天仪的论述。

《晋书・志第一・天文》[①]的相关论述如下：

张平子既作铜浑天仪，于密室中以漏水转之，令伺之者闭户而唱之。其伺之者以告灵台之观天者曰：“璇玑所加，某星始见，某星已中，某星今没”，皆如合符也。崔子玉为其碑铭曰：“数术穷天地，制作侔造

① [唐]房玄龄. 晋书. 北京：中华书局，1974.

化，高才伟艺，与神合契。”盖由于平子浑仪及地动仪之有验故也。

暨汉太初，落下闳、鲜于妄人、耿寿昌等造员仪以考历度。后至和帝时，贾逵系作，又加黄道。至顺帝时，张衡又制浑象，具内外规、南北极、黄赤道，列二十四气、二十八宿中外星官及日月五纬，以漏水转之于殿上室内，星中出没与天相应。因其关戾，又转瑞轮蓂荚于阶下，随月虚盈，依历开落。

《隋书·志第十四·天文上》①有这样的论述：

汉孝和帝时，太史揆候，皆以赤道仪，与天度颇有进退。以问典星待诏姚崇等，皆曰《星图》有规法，日月实从黄道。官无其器。至永元十五年，诏左中郎将贾逵乃始造太史黄道铜仪。至桓帝延熹七年，太史令张衡更以铜制，以四分为一度，周天一丈四尺六寸一分。亦于密室中以漏水转之，令司之者，闭户而唱之，以告灵台之观天者。

浑天象者，其制有机而无衡……不如浑仪，别有衡管，测揆日月，分步星度者也。吴太史令陈苗云：“先贤制木为仪，名曰浑天。”即此之谓耶？由斯而言，仪象二器，远不相涉。则张衡所造，盖亦止在浑象七曜，而何承天莫辨仪象之异，亦为乖失。

《宋书·志第十三·天文一》②也有相关的记载：

古旧浑象以二分为一度，凡周七尺三寸半分。张衡更制，以四分为一度，凡周一丈四尺六寸。蕃以古制局小，星辰稠穊，衡器伤大，难可转移。更制浑象，以三分为一度，凡周天一丈九寸五分四分分之三也。

编史者避不开的一个困境是不得不“以史编史”，即以史料为基础，以前人正面或侧面的笔记、散文、记叙、议论做修正，进行一个比较全面的编纂。像《隋书》里记载张衡“于密室中以漏水转之，令司之者，闭户而唱之，以告灵台之观天者。”这可能是引用前人相关记叙或者直接引用《晋书》中的这段文字，“张平子既作铜浑天仪，于密室中以漏水转之，令伺之者闭户而唱之。其伺之者以告灵台之观天者……”。从史料选择的角度来说，一般在时间线上离人事所处时代越接近的史料典籍更加可信，后人从各个方面增加的补充与辨证虽有独特价值，但总体上说时间距离拖得越长，在资料来源的选择上就越受局限。

从天文典籍中可以梳理出浑仪、浑象的一种发展线索：从上古璇玑，到落下闳制作浑仪，到贾逵增加“黄道”，到张衡制作浑象，之后是三国王

---

① [唐]魏征. 隋书. 北京：中华书局，1974.

② 梁沉约. 宋书. 北京：中华书局，1974.

蓄改进浑象，到唐代李淳风制作浑仪和浑象。

其中，“上古璇玑”没有太多论据支持。另外，对浑象、浑仪之分以及张衡是制作浑仪还是制作浑象有一些争论。从《隋书》里看，浑象“有机而无衡”，而浑仪“别有衡管，测揆日月，分步星度者”，大致上是说浑仪可以操纵运转、模拟天体运行轨道。而在《晋书》里提到张衡先制“铜浑天仪”后顺帝时“又制浑象”，《隋书》中指出“仪象二器，远不相涉”，《宋书》中只提到浑象。有史家认为张衡仅仅制作了浑象，但客观地审视一下张衡《浑天仪》中所载的数据：

> 赤道横带天之腹，去极九十一度十九分之五；黄道邪带其腹，出赤道表里各二十四度。故夏至去极六十七度而强，冬至去极百一十五度亦强也。然则黄道邪截赤道者，则秋分之去极也。今此春分去极九十度，秋分去极九十一度少者，就夏至晷景去极之法以为率也。①

从上述引文来看，若没有一个立体模型作为演算模型，很难想象张衡在东汉就能得到一个这么清晰的黄赤道相对关系以及具体的角度数值。比较合理的解释是张衡首先制作了浑仪来辅助天体运算，之后依据测算结果制作浑象进行成果演示。

《晋书》中记载张衡所制浑象“具内外规、南北极、黄赤道，列二十四气、二十八宿中外星官及日月五纬，以漏水转之于殿上室内，星中出没与天相应。”这是一个基本结构，具备以上南北极、黄赤道等众多因素，图式归纳见图1.1.4。

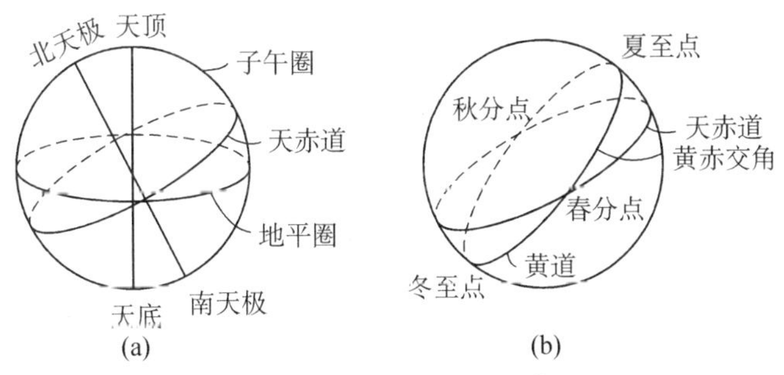

图1.1.4 张衡所制浑象②

以上是最基本的浑仪所要包含的内容：子午圈、黄赤道、地平圈等，用

---

① [宋]李昉. 太平御览(第一卷). 石家庄：河北教育出版社，1994.

② 引自许结《张衡评传》.

金属或其他可塑材料铸成圆环表示。李约瑟在《中国科学技术史》里引用西方古代天文学者设计制作的浑天赤道仪，来做一个东西方古天文学的横向对比，图 1.1.5 是两份不同的复原图式。

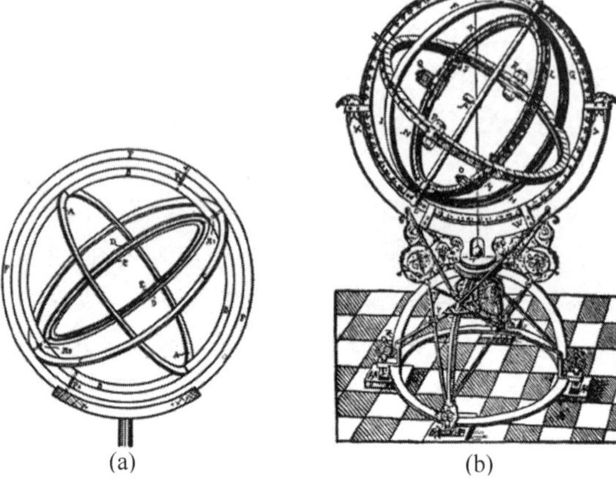

图 1.1.5　西方古代天文学者所制浑天赤道仪①

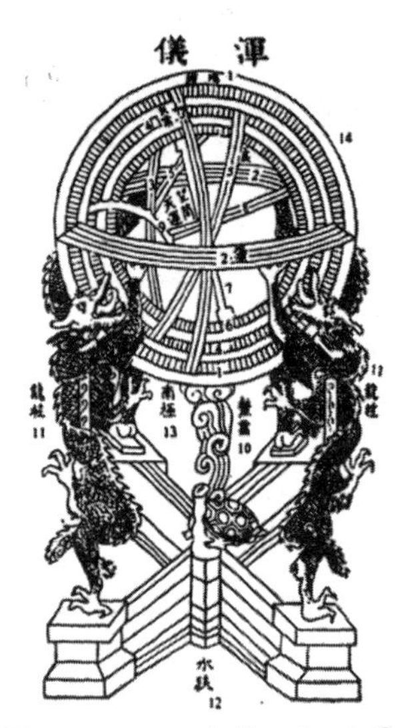

图 1.1.6　1090 年使用的浑仪②

图 1.1.5(a)是被复原的托勒密浑天仪(公元 150 年左右)，图 1.1.5(b)是被复原的第谷的小型赤道浑仪(1598 年)。后者相对更加现代，机械装置比较完善。

图 1.1.6 是被复原的在 1090 年使用的浑仪图式，当时已有时钟传动装置，但基本架构没有很大变化。

图 1.1.6 有以下几个组成部分：

(1) 外重(六合仪)：①子午圈；②地平圈；③外赤道圈。

(2) 中重(三辰仪)：④二至圈；⑤黄道圈；⑨运动齿环；动力传动。

(3) 内重(四游仪)：⑥赤纬环；⑦窥管；⑧直径支撑。

(4) 其他部分：⑩垂直柱；⑪龙形支

① 引自李约瑟《中国科学技术史》.

② 引自李约瑟《中国科学技术史》.

柱；⑫底座，含水平校准器；⑬南天极；⑭北天极。

除了动力装置、窥管、水平校准部分可能有差异，其他结构与张衡制作的浑天仪应该没有很大出入。

史书强调张衡对浑天仪作出两方面改进，一是“更以铜制”，二是“于密室中以漏水转之”。

“更以铜制”好理解。《风土记》曰：“璇衡，即今浑仪。云古者以玉为之，转运者为机，持正者为衡。”①《隋书》引用太史令陈苗云：“先贤制木为仪，名曰浑天。”以玉为材料观赏价值更高，不甚实用；“制木为仪”则过易磨损，不易保存。用铜铸造浑天仪，工序虽然不简单，但易于长久使用与保存。

“以漏水转之”有两个目的：首先是用水力驱动仪器运转，其次是利用漏壶代替机械计时钟，使浑仪运动与天象变化同步，即“……星中出没与天相应。因其关戾，又转瑞轮蓂荚于阶下，随月虚盈，依历开落。”张衡以水力驱动天文测量仪器大约是首创，从原理上说，水力技术很好理解，但在实践上另有难点：一是要用水流控制内齿轮转速，为要与天象同步，流量要控制得很精确；二是随着机械本身的阻尼变化，水流要经过高精度的校准。具体的动力传动由水轮、各种大小齿轮组成，《中国机械工程发明史》中有相关推想图，如图 1.1.7 所示。

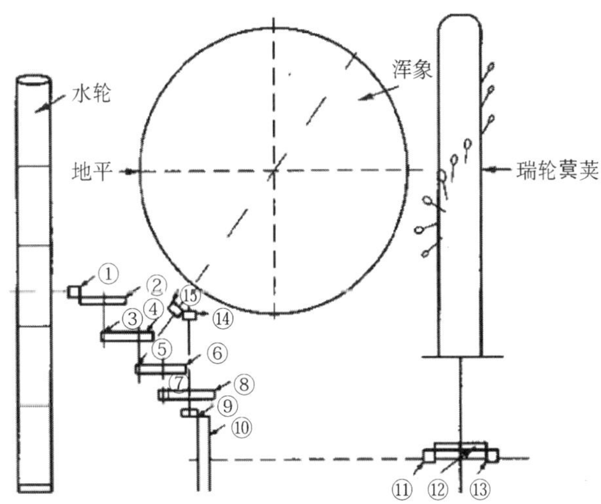

图 1.1.7　水流控制齿轮转速②

① ［宋］李昉. 太平御览（第一卷）. 石家庄：河北教育出版社，1994.

② 引自许结《张衡评传》.

具体来说，水流推动水轮转动，带动齿轮①，然后带动齿轮②，依次带动齿轮③、齿轮④……具体由几个齿轮过渡不定，直到齿轮⑧经由齿轮⑨带动齿轮⑭与齿轮⑩，齿轮⑭带动齿轮⑮缓慢由斜轴旋转整个浑象。像①和②、③和④、⑤和⑥、⑦和⑧这样的齿轮对有齿轮速比，举例来说，若齿轮①等小齿轮齿数为⑥，齿轮②等大齿轮齿数为㊱，齿轮速比即为 $36/6=6$。浑象一天旋转一周，那么水轮一天的转数为

$$1\times(36/6)^4=1\,296$$ 圈。①

另外，关于如何在浑仪上从浑仪赤道的直接度量对黄道进行经验性分度，张衡也曾有具体的论述：

> 黄道进退之数也，本当以铜仪日月度之，则可知也……是以作小浑，尽赤道、黄道，乃各调赋三百六十五度四分之一，从冬至所在始起……取北极及衡各鍼椽之为轴，取薄竹篾，穿其两端，令两穿中间与浑半等……令篾半之际从冬至起，一度一移之，视篾之半际多少黄赤道几也。其所多少，则进退之数也。从北极数之，则去极之度也。各分赤道、黄道为二十四气，一气相去十五度十六分之七。每一气者，黄道进退一度焉。

这一分度方法大致沿用了千余年，直到在元代西方天文学被引入。

总结一下，张衡虽然没有“发明”浑天仪，但他作为首创在浑仪中加入水力传动机械系统，在改进浑仪的标度方法上也有开拓性工作，在具体制作方面尝试使用了新的更合适的材质。

五、地动仪

《晋书》引伯阳甫曰：“天地之气，不过其序；若过其序，人之乱也。阳伏而不能出，阴迫而不能升，于是有地震。”把地震解释为阴阳之气混乱失序，发生冲突。

在古代，像地震这种尺度的“天地之变”，往往与政治人事联系在一起，在非常时期出现的地震会经由儒家、易经、神学等思想体系被引申为“天地”对现实状况的一种反馈。《晋书》引《易传》曰：“小人剥庐，厥妖山崩，兹谓阴乘阳，弱胜强。”又曰：“阴背阳则地裂，父子分离，夷羌叛去。”东汉二十二年南阳地震，光武帝刘秀下诏曰：“日者地震，南阳尤甚。夫地者，任物至重，静而不动者也。而今震裂，咎在君上，鬼神不顺无德，灾殃

① 许结.张衡评传.南京：南京大学出版社，1999.

将及吏人,朕甚惧焉。"与趁天灾奋起作乱的反叛事件相比,以上种种受地震"波动"影响产生的忧惧已属微弱。[1]

在张衡所处的东汉是地震频发的时代,从公元107年到公元139年,登记在案的地震大约在20次以上,可以划为强震的就有8次,无论是从实际物理损害还是社会安定来考虑,统治者与百姓都过得不容易。可能也正是因为地震接踵而至,张衡研制地动仪的工作才正逢其时、卓有意义,是古人理解与反抗自然力的一次重要尝试。

对张衡制作地动仪一事,范晔在《后汉书》中有详细记载:

> 阳嘉元年,复造候风地动仪。以精铜铸成,圆径八尺,合盖隆起,形似酒尊,饰以篆文山龟鸟兽之形。中有都柱,傍行八道,施关发机。外有八龙,首衔铜丸,下有蟾蜍,张口承之。其牙机巧制,皆隐在尊中,覆盖周密无际。如有地动,尊则振龙,机发吐丸,而蟾蜍衔之。振声激扬,伺者因此觉知。虽一龙发机,而七首不动,寻其方面,乃知震之所在。验之以事,合契若神。[2]

按理说,几乎是仅存的这段相关描述,对后人的研究与复原工作应当极有参考价值,但实际上他只记录了地动仪两方面的信息:一是地动仪的外貌特征,"精铜铸成","形似酒尊","中有都柱,傍行八道","外有八龙,首衔铜丸,下有蟾蜍,张口承之",等等;二是"如有地动"时地动仪的反馈,"机发吐丸,而蟾蜍衔之",以及"一龙发机,而七首不动,寻其方面,乃知震之所在"。而对复原工作来说比较重要的"牙机巧制"等机械细节,则隐藏在内、秘而不宣。

现当代学者对地动仪的基本原理有些猜想,其中一种结论是这样的:因为地震波以横波为主,大部分能量用于水平运动,地动仪下地表受力"移动",或者更确切地说是受力从而产生一个短促的加速度,一根立柱("都柱")受惯性力驱使,会倒向地震波传导而来的方向。从原理上说,以上构想好像没有什么问题。早期国内学者王振铎先生即持此说,对地动仪的具体构造做了很多研究工作,按照他的研究,如图1.1.8所示即为地动仪的一个简单图示。

图1.1.8(a)是地动仪的正常状态,图1.1.8(b)是地震发生后地动仪的反馈。20世纪五六十年代中国历史博物馆制作的复原模型,大致上就是以上结构。考虑到"虽一龙发机,而七首不动",王振铎认为在地动仪内部还有比较复杂的负责节制摆力的机括,为此有很多设想与论述。

---

① [唐]房玄龄.晋书.北京:中华书局,1974.

② [汉]范晔,司马彪.后汉书.北京:中华书局,1974.

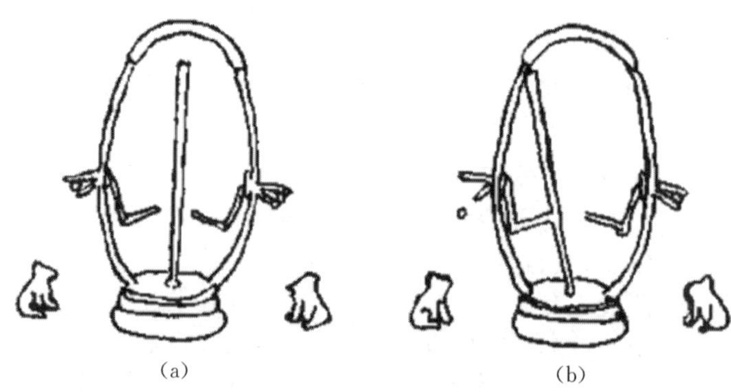

图 1.1.8　地动仪的简单图示①

但在实际的地震学实验中，这个看似“合理”的模型无法通过论证。学者对都柱的性质存有许多疑惑：都柱太细，则无法独立保持平衡；都柱太粗，则无法保证灵敏度，一旦“地震”发生又会随意往某个方向倾倒。

学界所倾向的一个新的构想是“悬垂摆”模型，即把立柱替换为一个垂挂柱体，地震波与惯性力驱使其向一定方向摆动，从而触发机括。有趣的是，在王振铎之前很早就开始研究张衡地动仪的日本学者与英国学者Milne，直接把“中有都柱”理解为“仪器中央有一个被悬挂着的柱体”，从这一论点出发，Milne在1892年仿照张衡地动仪制作了第一台悬挂摆地震仪。而在国内，悬垂摆原理到20世纪末前后才得到专业实验论证。②

确实，从实际情况出发，悬垂摆会比立柱灵敏度更高，也更先进、更准确，但既然我们想要做的是复原工作而非新的科学研发，就不应当对相对不先进或者不够准确的某一“设想”作出否定，我们要尝试去做的，不是先进性的对比，而是加入时代参量的“合理性”的对比。以此来看，范晔在《后汉书》里讲的这个关于地动仪的故事，有点像一个文本陷阱：“尝一龙机发而地不觉动，京师学者咸怪其无征。后数日驿至，果地震陇西，于是皆服其妙。”这个故事似乎带点戏剧性地佐证了地动仪的科学性。既然如此，寻求一个更好的解决方案来代入是自然而然的，只因更准确即更“正确”。但逆向思考一下，立柱式结构会不会同样合理？在张衡依据一个简单的基本原理制作并安置好地动仪之后，某一天某个遥远的地方发生地

① 引自许结《张衡评传》。

② 冯锐，李先登，田凯，武玉霞．张衡地动仪的发明、失传与历史继承．中原文物，2010年第1期，88—98．

震，几天后低灵敏度的地动仪偶然判断正确，“于是皆服其妙”。作这种假设并不是想要贬低地动仪的作用或者张衡在科学史上的相关贡献，而只是把“追问”置于“敬畏”之前，全面考虑种种可能性，科学、人事、政治、文化、历史等因素可能会像浑天仪里的小齿轮一样扭转一些真实事件。说白了，张衡做的地动仪未必靠谱，史料典籍的内容也未必准确，有限的史料无法帮助我们二者择一，我们眼下所秉持的观念却会影响我们的定论，这又是与主题无关的内容了，且按下不表。

需要注意的是，无论立柱结构抑或悬垂摆结构，张衡所制地动仪有自身的两个缺陷：

首先，随着震中距离拉近，地震波的运动方向越趋复杂，无法区分出清晰的纵波或横波。极端地说，把震中位置拖拽到地动仪地下深处，此时地动仪会反馈至哪一方向更接近于一个随机事件。因此，如果地动仪功能成立，对远震的测量会比近震准确。

其次，地动仪无法判断震中距离。要寻获震中位置，观察者只能沿着地动仪给定的方位一路走过、四处查探。而要在广袤大地上寻找震中，别说 8 个大致方向，连 1 度的精度都嫌粗糙，从地理上说即没有定位价值。

综上所述，张衡因为时代原因首先创制了地动仪，在历史记录中有过成功感应地震的案例，但内部机械未明，当前主流观点支持悬垂摆式结构。地动仪未必能破除封建迷信之类的思想成分，而其中内含的从仪器实测出发的实证精神萌芽，则确有不可忽视的积极意义。

顺带一提，张衡之后地动仪长久失传，在他生前也并未有更多借助这一重要仪器感应地震的成功案例（仅《后汉书》所载一例），反倒是地动仪问世后，张衡几次以掌握地动仪的官员身份借地震之事涉入朝政，多多少少在历史深处发出了一些呐喊。

六、结语

在中国古代科学史中，张衡是古代科学家的代表人物之一，有其特殊的重要地位。张衡对古代科学的贡献可以归结到以下两个方面：

（1）古天文学。在宇宙观方面，他补充和完善了古代浑天说的内容，加入了实际测算结果，使浑天图式下的天地相对结构更为清晰；而在天文实测方面，他做了大量实测工作，得到一系列在科学史考察中有参考意义的数据。

（2）机械创制。他对并非他创制的浑天仪作出改进，一方面更换材质，另一方面首次使用水力驱动，做到天象、浑象同步；他创制了地动仪，在史料中有过一次感应地震的成功案例，为古人今人应对自然灾难开拓了一个方向。

考察张衡本人，其思想其观念其视野还是在一个时代的管辖之内，他的知识结构注定了他无法在宇宙观或者天文学说上有质变性的突破，虽然在机械上有所成就，但也没能立足于此发挥科学的职能与推动力，当然也不用说“引燃”社会与思想变革之类。在中国古代，科学还是长期受限的。

需要注意的是，在张衡的学术生涯中，天文测算与机械创制占据了很大比重，可以看出“仪器制作—数据收集—实验计算”这种富有实证精神的科学模式正初具雏形，或者说正置身于漫长的发育演化之路。而在它终于走到现代科学的城墙之前，我们可以继续审视中国古代这并不连续的、以“人”与“人”点状相连的，且长期处于混沌模糊状态的科学发展史，其中必然还有很多耐人琢磨的地方。

今天我们重温张衡的这些科学贡献时，一方面我们会惊讶于张衡当年的卓越贡献，另一方面，我们也会惊讶于张衡对科学的执着以及不以名利为目的科学精神与品质。可以说，对名利的淡然，是他能够取得如此科学成绩的一个必要条件。这一点不因时光的流逝而黯淡，对今天的我们，亦同样具有深刻的借鉴意义。

1.2 阿蛋教授其人、其语录[①]

1. 阿蛋教授其人

姓名：铁蛋

小名：蛋蛋、阿蛋（他自己最喜欢“阿蛋”这个名字，因为他觉得“蛋蛋”稍嫌粗鄙，而“铁蛋”又太正式，有拒人于千里之外的嫌疑，至于“阿蛋”，则有邻家小正太的感觉，感觉如斯，他喜欢。）

绰号：圈圈（这是因为小学时考试，在写自己名字时，为了节省时间，他先写了个“铁”，然后，在其后用个圆圈替代那个“蛋”字，于是乎，他的小学同学都喊他“圈圈”。）

2. 阿蛋教授语录（纯属虚构，若有雷同，那就雷同呗……）

（1）关于科学基金申请经验交流，阿蛋教授说：

---

① 本文最初于2013年2月24日发表在科学网博客：http://blog.sciencenet.cn/blog-683185-664686.html。录于此处有修改和补充。

“能在科学网上写的经验，那都不是真的经验。”

(2) 每当有人问起阿蛋，当年为什么回国工作，阿蛋教授说：

“我毅然拒绝了国外低廉的博士后待遇，决定回来报销祖国。”

注意：这里没有写错，阿蛋教授说的是“报销”，不是“报效”，因为阿蛋经常要去学校财务处报销一些票据，故如是说。

(3) 中国培养的博士为什么整体质量低？阿蛋教授说：

“看看他们的大学成绩单就知道了。”

(4) 中国的博导为什么整体上看水平不高？阿蛋教授说：

“看看他们的工资单就知道了。”

(5) 最近科学网上就院士老龄化探讨很热烈，很多人持批评态度，阿蛋教授说：

“院士老龄化与诺贝尔奖获得者老龄化，道理一样。质疑院士老龄化的人，应该先思考一下诺贝尔奖为什么都喜欢发给老头、老太。为什么呢？因为诺贝尔奖评审委员会的专家都是老头、老太！”

(6) 关于自己所执教的高校，阿蛋教授说：

“这是一所省内著名、国内知名、国际没名的大学。为什么呢？这是因为我自己也是省内著名、国内知名、国际没名。”

(7) 关于钓鱼岛，阿蛋教授说：

“如果说钓鱼岛的主权是日本的，那就等于说，小区内房子的产权是小区门口保安的。”

(8) 关于爱，阿蛋教授说：

“爱从来就不是单向的，爱是相互的，要学生爱国，国家就应该爱学生。这正如子女都是爱自己的父母一样，这是因为子女从小到大，感受到来自他们父母的切切实实的爱，所以，他们懂事后，也都懂得用爱回报父母。不爱子女的父母，却希望子女爱他们，那我只能送这样的父母两个字——‘无耻’！”

(9) 阿蛋教授说：

“当今中国社会中存在的所有问题基本都可以归于道德危机。当一个社会只能靠法律来维持最基本的运行，而道德只变成小圈子中的奢侈品时，这个社会仅在法律支撑下的运行成本将非常巨大，当这样的成本无法得到满足时，法律也就基本成了摆设，于是乎，老百姓吃的是苏丹红、吸的是细颗粒物……当今的道德危机源于20世纪六七十年代，这个危机需要三到五代人，才能化解，才能回到20世纪五十年代初期的道德水平。”

1.3 给本科生的赠言①

人生得意需奋斗，
不妨金樽空对月；
人生失意需奋斗，
唯有功成解千愁。

这段赠言最初是我写给复旦大学物理系 2004 级本科生的，当时是作为毕业寄言。后来，2007 级本科生也找我写几句时，我偷懒了，给了他们同样的赠言。特别强调，就是几句“赠言”而已，不是“诗”。诗是很崇高的文字艺术，不食人间烟火的高人，可以创造之并享受之，俗人如我，只能依猫画虎，结果是什么？——“反类犬”。

1.4 浅谈物理系本科生的选择②

［题记］ 此文的主体内容源自 2009 年 4 月 28 日在复旦大学物理系 2007 级本科生班会上的一次交流。为保证阅读性，此处内容有增加。再有此文仅代表个人观点。在网上发布后，有同学帮我转贴到复旦 BBS 上，收到不少“砖头”，特别是已经毕业的、在国外的同学，更显得有点义愤填膺，罪过罪过。所以，2009 年 9 月 25 日，我再次把此文修改了一下，把几处容易产生误会的地方修改了，并在一些地方添加了补充。

我想，对复旦大学物理系的本科生而言，毕业后的选择不外乎这 3 个：

(1) 出国留学；

(2) 直升(在本系直研或直博；考研的同学也笼统归于此类，包括到国内其他单位读研的同学，细节问题此处就不多深究了)；

(3) 工作。

本系每年出国的学生约 1/3，其中不少同学去了美国名校。我一直是这样认为的，如果能够去国际上地位超过复旦的大学，显然值得鼓励并积

---

① 此文最初于 2009 年 8 月 31 日发表于新浪博客：http://blog.sina.com.cn/s/blog_53af0c0f0100eky5.html。

② 此文最初于 2009 年 9 月发表于新浪博客：http://blog.sina.com.cn/s/blog_53af0c0f0100eqq0.html，http://blog.sina.com.cn/s/blog_53af0c0f0100eqq1.html，http://blog.sina.com.cn/s/blog_53af0c0f0100eqq2.html。

极支持,“人向高处走”嘛,到更好的地方,接收更好的挑战,明智之举,对提升复旦大学物理系的国际地位亦有裨益。然而,很多学生选择去非常一般的大学,甚至有的大学远远不如复旦大学。这些同学认为,这些学校的某些专业在全美排在第一或第三什么的,我明白这么认为选择的意义,其意义在于,虽然学校不行,专业(或自己将来的导师)还是全美顶尖的。对这类想法,我一直质疑,这些学校的这些专业在全美第一或第三,关键是其他那些名校没有设这些专业啊,如果设了,还轮到这些学校的这些专业在全美第一或第三吗?(同理,我们的平顶山煤矿学院还有全世界第一的专业呢,我们优秀的本科生为什么不选择去平顶山煤矿学院读研呢?——嗯,这个极端点的例子只是想展示其中的道理而已。)我们优秀的本科生去了这样的学校到底是提高自己,还是贬低自己?有研究生告诉我,现在复旦大学物理系招聘新教授时,多半要求有海外研究的背景,本系的本科生选择出国留学也是不得已而为之,因为不去国外锻炼,回国难以被接受、难以找到好工作呀。这个理由提得比较到位,这也是我作为老师难以回答清楚的问题。但是,我想说的是,如果读研了,只要研究做得好,复旦大学物理系都是欢迎的。看看现在的复旦大学物理系,可谓群贤毕至、老少相宜、欢聚一堂,我们这些教师中很多人都是国内的硕士学位或博士学位:人,因“才”而被录用;才,因“地”而大放光芒。那么,“才”的关键是什么呢?关键是成果,——得到同行认可的、漂亮的研究成果!这个问题下面将继续阐述。

当然,我也知道,相当一些学生为什么选择出国读博,原因很简单,别人出去读,我也要出去读,或者就是想出国镀镀金。对于后者,我不想说什么,谁都有自由安排自己未来的权利;而对于前者,我觉得需要审慎考虑。有一位本系本科生直升为本系的研究生,参与科研才1年,成果已经比较丰富了,并且同时还积累了非常丰富的科研经历,她告诉我,她那些国外的同学,现在还不知道科研是怎么回事呢。我明白,美国的物理博士一般来说,头两年都是专门读书,两年后再选导师,进实验室。到底哪样更合适?有同学说,我选择的美国导师非常牛。对这个问题的看法,我还是有一些发言权的。我现在在哈佛大学访问,非常牛的这些教授会有非常多的学生,而这些学生在非常牛的教授的组里,却难得有机会与导师直接交流,因为导师太牛了,牛得根本没有时间指导自己的学生、没有时间与自己的学生交流。这样,从某种角度看,也不是坏事,因为有名校的招牌以及名导师的“牛推”(牛的推荐信)。可是,日后到人才市场竞争时,靠啥,牛推固然有用,然而,最最关键的、压倒一切的是什么?是成果!作为

研究生,理应有成果,好的成果!

所以,我认为,本系本科生在选择出国留学时,需要综合考虑。真的对物理研究感兴趣,去美国当然好,如果去美国在可预见的将来,无法取得很好的研究成果的话,也许,还不如在复旦大学物理系继续直研(或直博)下去。因为我知道很多学生在大二、大三时,已经参与本系许多课题组的课题,有了这个前期的基础,接下来基本就是出成果的时候了。而这些本科生在有了这些基础后,多半选择了出国,半途而废,这些学生另起炉灶,重新开始了美国的读书生涯,一切归零,重新开始。总之,选择留学,需审慎把握!

对于选择直研的同学而言,从物理系老师的角度看,非常欢迎。

对于选择参加工作的同学,其中很多同学对进一步的物理研究已经不是很有兴趣、或曰非常没有兴趣,——如果还不致很讨厌的话。其实这类同学,在本科就读期间,就应该早早地为自己未来非物理领域的工作做准备,比如多学习一些计算机技能或其他。

这里我想顺便提及的是,没有谁规定物理系的研究生,毕业后一定得从事与物理有密切关系的工作。本科阶段是学习的阶段,这个阶段主要是培养自己学习的能力(自学能力);研究生阶段主要是创新的阶段,这个阶段主要是培养自己创新的能力(创新能力)。这样,本科期间培养起来的自学能力加研究生阶段培养起来的创新能力,双剑合璧,天下无敌。原则上,研究生毕业后,无所不能,可以参加任何工作。但是,这里的任何工作还是有点限制的,对于那些不需要创新能力的工作,本科生(特指已经具有自学能力的本科生)可以干的工作,我觉得,作为研究生最好还是应该接受更具挑战性的工作,否则,被培养起来的创新能力无用武之地,岂不可惜?若如此,充其量也就是与本科生搞竞争了,那当年又何必辛苦读研?

那么,何谓自学能力?——自己学习旧知识的能力;何为创新能力?——创造新知识的能力。

随着当今资讯的越来越发达,个体之间的自学能力差异已经不像过去那么显著了,——因为欲学习什么(旧)知识,到网上 google 一下或百度一下就知道了。然而,创新能力则非 google 一下或百度一下就能够解决的,创新能力需要系统的、专门的培训,这也就导致研究生阶段培养必不可少,——如果有志于接受更有挑战性的工作的话。

我想,对现在还是低年级的本科生而言,如果不清楚未来的选择的话,——许多同学还不知道研究是怎么回事,就决定出国读博或本系直研，这都是比较草率的决定，我想，这些同学不妨积极参与本系各个课题组的科研活动，参与进来后，你们会发现，原来科研是这么这么回事。如果参与得顺手的话，我相信你们会乐在其中的。——一方面，如果你们以后选择出国留学，那么"牛推"基本没有问题；另一方面，如果你们选择本系直升，这个已是良好的开端，事情已经成功了一半，早早地参与了，节省了时间，后面就等着出好成果了。何乐而不为？如果参与得不顺手的话，别慌，不妨调个课题组再试试看，比如从理论组换为实验组，或从实验组改为理论组。嗯，如果还是不顺手，我想，你可能需要审慎考虑你"出国读博或本系直研"的计划了。

但是，不管选择了哪条路，目标既然明确了，就应该坚持下去，并为之积极奋斗，做到"衣带渐宽终不悔，为伊消得人憔悴"。我也注意到，许多本科生目标不是很明确，做什么决定无可无不可。有一位同学告诉我，他当初之所以决定出国读博，是通过抛硬币决定的。我把此事和其他同事聊起时，同事不信，但我信，因为我信这位同学。可是，如果涉及人身的重大抉择时，这么做抉择，一次还行，次数多了后，将会如何？另外，这样决定了之后，如何能够坚持下去？

接下来谈一个比较现实的问题：许多同学觉得出国读博，奖学金比较丰厚，经济上有保障。就拿美国来说吧，博士生一个月约 1 600～1 700 美元（税后）的奖学金。折算成人民币，确实不少，其实啊，这个钱在美国的购买力基本类似于在中国同等数量的人民币的购买力（当然有地区差异，细节上这里就不过于啰嗦）。要知道，现在在复旦大学物理系直博的同学，每月的待遇在 1 400～1 900 元（此外尚有额外收入，如论文奖励等尚未包括进去。（作者注：这是 2009 年的标准，时值 2013 年，博士生每月固定收入已非 1 400～1 900 元，而是 2 000～3 000 元。）其中导师出资份额在全国高校物理系中居于首位。

可能有同学辩驳，我那些在美国读博的同学都有车了，哈哈，有车咋的，不买车他在那儿可不咋好过啊，去趟超市都不方便，他们的车只是相当于我们在上海用的自行车，你有自行车也就相当于他有车了，两者功能类似。你在复旦校园内，如果有小车，没用，有辆自行车却有用；他在美国，如果有自行车，没用，有辆小车才有用。嗯，此事需要辩证看待。

有同学可能会继续辩驳，有小车多"炫"啊！哈哈，这个就是误解了，你所提及的很多小车，基本都是 2 手、3 手……7～8 手，何炫之有？实为生活必需品而已。

还有同学辩驳，他们至少衣食不愁。嗯，这个显然，但是，在上海的你

衣食也不愁啊，而且，你的居住条件是在校园里，环境优美，可你的那些不少在美国的同学的居住条件并不比你好，比如住在地下室什么的。复旦绝不会让你住地下室的。（作者注：这里只是想表明大多美国同学的居住条件并非你想象中的那么好，——虽然他们可以住得很好，而且也有不少人确实住得很好，绝非所有人都住地下室，要知道美国可没有那么多地下室提供给来自中国的留学大军。）

当然，我在这里绝非贬低国外读博的同学，我只是想表达清楚，在复旦大学物理系读博，其幸福指数不比在国外差，两方基本相当。当然，你们能够在美国名校（或名师指点下）读博，我本人亦非常非常羡慕！有时真恨不得从头来过，也出国读个博什么的～～～（作者特别加注：如果在＞＝UCLA 这样的学校读博，我觉得整体幸福指数应该超过在复旦读博，比如在哈佛、MIT、Yale、Stanford 等，原因不言自明，我理当鼓励你们申请；如果在＜UCLA 这样的学校读博，我觉得整体幸福指数应该低于在复旦读博。——此文与读博有关的一切谈论皆是以从事物理学术研究为目的来讨论的，若你不想从事物理研究，就想赴美或为长见识、或为转专业等等，我想，你为了实现自己的理想，可以去美国的任何学校，上至类似中国北大的哈佛，下至类似中国平顶山煤矿学院的某某大学，皆可。）

可能有人说，在美国读博便于在美国找工作。如果想在美国工作，确实，最好在美国读博。但我也发现有拿中国博士学位的学生在美国做教授，这说明什么？说明在哪儿读博，不是最重要的，最重要的是要有硬梆梆的研究成果。有了它，走遍天下都不怕。别人博士毕业后有的高薪，你也会有！然而，近年来，中国的迅猛发展正在吸引一批又一批在美国工作的华人学者回国，我们在这种形势下还在逆潮流而动想去美国工作，是不是应该重新思考？

可能还会有同学说，在美国容易出成果。是的，从某种角度上看是这样的。但这里想强调的是，容易不容易出成果，得要看在什么领域开展研究？要看你的导师是谁？这样的领域、这样的导师，国内也不少、美国也不全是，关键你有没有找对？一句话，如果你本科期间多参与一个或几个课题组的科研，我想你将会做出正确的抉择的。

最后，我非常乐意把我曾经的一个调查问卷的结果给大家供参考。情况是这样子的，我曾经请了 5 位复旦大学物理系直升上来的学生书面回答了我的两个问题。为了准确起见，我这里对他们的答复不做修改，完全原貌呈现，期望对后来者有参考价值。

问题1:你认为,本系本科生(例如你以前的本科同学)不选择在本系继续直研或直博的主要原因有哪些?

学生A:

(1) 复旦大学物理系与世界顶尖物理系相比仍然有一定差距,一些top(作者注:顶尖)的学生首选国外;

(2) 待遇问题,出国大都有奖学金,可以经济独立,而国内读研的补贴较之较少;

(3) 选择就业的同学,大都考虑研究生毕业的就业形势比本科生并非有太大优势,于是直接就业。

学生B:

(1) 想出国的,其中不乏要进入名校进一步深造物理的,但据我在2007级本科生中调研,有不少学生只想要一份留学经历,并不想搞物理;

(2) 认为复旦大学物理系所涉及的范围比较窄,基本都是凝聚态,不少学生(想搞物理的)宁愿去中科院等等;

(3) 对物理没有兴趣要转行,还有成绩不够直研直接找工作的。

学生C:

(1) 首先,大部分人没有打算做物理学家。我认为直研的同学里想做一辈子物理的不到10%。真正想做物理的人大部分都出国了,我系的培养目标是培养物理学家,但水平来说与国外差得很远。

(2) 第二,物理系就业前景不好。转行的话专业不对口;不转行资历不够,很难与海归竞争有限的科研职位。往往需要再出国深造(博士读博后有不小的压力,硕士去美国得再读5年),最有创造力的岁月耗费在深造之中。而本科直接工作,用人单位对专业相对放宽一点要求。

(3) 第三,我校读书待遇差。国外有奖学金的话会有一定的结余,直接工作也能自食其力,而读书还得问父母要钱。

学生D:

(1) 对物理失去兴趣;

(2) 认为物理系不好找工作;

(3) 国外的研究生博士生教育比国内好,也比国内更有前途。

学生E:

(1) 物理系继续深造,对就业帮助不大;

(2) 如果想做科研,直研一般来说没有出国深造有前途。

问题2:你认为,本系本科生(例如你以前的本科同学)选择在本系继续直研或直博的主要原因有哪些?(作者注:我个人觉得,这个问题与第一个问题并非简单的互补关系，故单独再问。）

学生 A：

（1）一些同学在本系找到了自己喜欢的方向和导师，则当然倾向于留在本系；

（2）有一部分本来是准备出国，但由于遇到了种种困难如英语考试成绩不理想等而放弃出国；

（3）有些同学对国外的生活没有做好充分的准备。

学生 B：

（1）在复旦有比较感兴趣的课题组，有感兴趣的科研方向；

（2）想在复旦读完研再申请出国的（多为硕士）；

（3）想要一个研究生文凭的（多为父母的期望）。

学生 C：

（1）没有做好工作和出国的准备就面临毕业了，直研相对容易；

（2）喜欢学生生活，想再过几年自由自在的学生生活；

（3）对物理有一定的兴趣，也不排斥以后走学术路线；

（4）先做几年科研，有一定成果再申请国外很好的学校。

学生 D：

（1）直研或者直博相对于其他的选择，面临的压力和竞争都比较小；

（2）认为无论读什么专业，将来有一个硕士或者博士的文凭会有更大的竞争力；

（3）希望通过直研或直博后的几年时间，获得更多的出国深造的筹码；

（4）希望通过直研或直博后的几年时间，为未来找工作打基础，在职场上更有竞争力；

（5）不清楚自己的人生和职业规划，先选择直升作为缓冲，几年后再做打算。

学生 E：

（1）乐于做做研究，但由于种种原因出不去（英语，成绩，决心等）。

（2）主要还是想工作，但觉得还没准备好，总之先缓缓，或者说是暂时逃避现实。

（3）物理系不是没有好学生，恰恰相反，有非常多的好学生（物理意识好的，数学演算能力强的，精通计算机的），但是很可惜，报国无路！个人认为，可用 MDRAG（作者注：市场导向的资源分配模型）原理解释：传统物理这个房间已经饱和了，继续涌入大量人才必然导致资源的浪费。

(4) 如果有一条路，能让物理系本科优秀的人才看到希望(科研机会和工作机会)，那么人才就会逐渐汇聚，而这条路就是物理学改革的先驱者值得尝试的。

[附] 此文主要谈的是本科生们的选择，假如选择读博，不管以后在哪儿读博，如果以后想以科研为毕生的事业的话，我觉得博士后最好还是要做的，博士后阶段基本是每位研究人员一生中个人(以后有了自己的课题组则另当别论)出成果最“productive”(高产)的时候，为什么？因为年轻而精力充沛啊！还有，化“找工作”的压力为“出成果”的动力。嗯，有些扯远了。大体是这样的，博士期间已经受过了正规的科研训练，已经掌握了研究的基本技能及基础知识，博士后期间正是发挥博士期间所学的最佳时期！如果不做博士后，而是直接参加工作、组建自己的课题组，是否还能像博士后期间一样“productive”就很难说了。因为博士后的角色需要发挥“将才”的作用，而组建自己的课题组则需要发挥“帅才”的能力，前者侧重个人的研究能力，后者则侧重领导课题组从事科研的组织协调能力。我认识不少人，他们都具有这两种能力，实在难能可贵！那么，如何判断科研上的“将才”与“帅才”？很简单，如果他博士后期间成果“productive”，他就是“将才”；他建立了自己的课题组后，课题组成员(而非仅仅他个人)成果“productive”，他就是“帅才”！唯愿我们大家都是二合一：“将才”+“帅才”！

[又附] 有同学看了此文后，写电子邮件提醒我：很多同学出国读博其实仅仅是为了转专业。谢谢提醒。确实，有不少同学申请赴美读博，读物理的博，但是抵美后很快就转到其他专业了，比如金融等。对这类同学，我只想说两句：①能以自己的爱好为自己未来的职业，实属人生至乐之事之一；②你的爱好若是物理，应将物理进行到底，物理终会给你“what you want”(你要的)；你的爱好若是金融，则将金融进行到底，金融亦会给你“what you want”！

[又又附] 刚刚(2009年9月24日)收到一位同学的电子邮件：

> 前几天看您的博客，谈关于物理系学生出国申请学校的事情。您说得很有道理。物理系的学生出国最好是去比较牛的学校，这样能学到更好的科学技术，出更多好成果，对以后找工作有帮助。这好像是最正确的一条路。但是去牛校的毕竟还是少数。那其他学生如何选择呢？不同的人有不同的选择，这与每个人的生活态度和人生目标密切相关。有的人以赚越来越多的钱为目标；有的人以取得越来越多的学术成就为目标；有的人以经历很多事情，学习很多知识，

体验不同的文化为目标……对于我,如果能申请到比现在好的学校,我还是会选择出去。因为我觉得就做科研来说国外发达国家的技术更先进,培训也更加专业,自己能学到更多东西。此外,在国外能促进语言文化上的学习与交流,总体来说还是有国内比不上的好处。当然如果现在申请不到好的学校,在国内读博士也是很好的选择,毕竟国内也有很多优秀的导师,通过自己努力也可以做出很好的成果,可以以后再找机会出去见识一下。对于非搞学术的人,他们对出国的看法更是不同。以前我和德勤会计师事务所部门经理聊天时,问到她对出国的看法,她说她出国的主要目的是认识更多的人,学习处理人际关系,并不是为了学习多少专业知识。她觉得读博士是一件不可思议的事情,对做研究搞学术也很不理解。也许是因为行业的差异,所以对问题的认识不同。虽然我不赞同她的看法,但这的确代表了一部分人的想法,也有其道理所在。

我的意见如下:人人皆可出国,目的不尽相同,这也是社会多元化的一个体现吧,我们理当尊重之、理解之并支持之。这点不容置疑!祝愿各位在自己的人生道路上,一步一步,从优秀走向卓越!

[**又又又附**] 刚刚(2009年11月8日)收到一位同学的电子邮件咨询。这里我把我的答复和他的来信内容一起公布,期望对读者诸君有参考价值:

(1) 我想在物理领域长久做下去,是不是有必(要)出国?

(2) 英语能力严重不行,如何出国?

当然需要出国。但关键看你选择何时出国、以什么方式出国。如果选择出国读博,你需要"烤"GRE、托福什么的,鉴于你提及的"(2)",可能麻烦很大。如果你选择到国外做博士后,则不必"烤"这些劳什子,国外老板在招你做博士后时,他们只关心你的科研成果(潜力),根本不计较你的英语——我有一位朋友,在中科院(北京)拿的博士学位,他到美国一个国家实验室面试,申请那里的博士后,他对老板说:"抱歉,我的英语不好。"老板哈哈一笑,说:"你英语不好,是因为你还没有到我们这里的缘故啊。"此外,参加工作后亦可出国学习的,这类出国更不需要"烤"GRE和托福的~例如:我本人现在就在哈佛大学访问、学习啊;还有,复旦大学物理系的不少老师每年都出国(境)访问的,访问时间或长或短……总之,欲做好科研,加强对外交流是一个非常非常重要的环节~~~再,你在开展对外交流的同时,你的英语水平也就自然而然地上去了,此所谓"科研与英语齐飞”,何乐而不为呢?

我相信我的这些回答已经给了你具体的、可以操作的建议。

(3) 如您提到的,国内要求海外背景(千人引进不也是要国外的做得好的吗),在国内读研将来能在物理领域做得好吧?

哈,这个答复很简单,你看看复旦大学物理系的老师就知道在国内读研能否在物理领域做得很好了,他们很多人都是国内读研(读硕+读博)的,都做得很、非常、十分好啊!

1.5 关于物理系本科生参加科研的几点小思考①

[题记] 此文分析得若有不当之处或不足之处,还望各位多扔几块砖头,以便我修改完善,从而有助于一些同学在规划未来时参考——虽说未必有益,至少肯定无害。

我初步总结了一下,现在物理系本科生参加科研主要有以下 6 种类型:

1. “大棒”型

何谓“大棒”?不参加不行呗。例如,大四下学期的《毕业设计》,这是必修课,每位同学都需要参加。大体说来,申请出国继续深造的同学,在大四下学期通常无法专心做毕业设计,因为递交申请、准备面试,花去了他们大量的时间和精力;而本科毕业将参加工作的同学,则不少都提前进单位开始实习了,这类同学中多半不再以物理研究为未来的职业,所以,毕业设计相对来说,完成得比较马虎;毕业设计开展得比较认真的同学,当属选择在本系直研(直博)的同学了,他们因为选择了直升,早就订好研究生导师了,所以,他们通常在相关导师的课题组中做毕业设计,他们的毕业设计可以看作他们研究生生涯的开始,这类同学一般都会较另两类同学认真对待毕业设计——主观上,愿意认真,客观上,亦有时间认真。

2. “胡萝卜”型

何谓“胡萝卜”?可以不参加科研,但是,如果参加了,就会得到额外的“好处”,这个好处就是我指的“胡萝卜”,即“学分+牛推(牛的推荐信)”。例如,在大三上学期选择“科研实践”课程的同学多属此类。因为选择这个课程的同学,多半目的性非常明确,就想多拿“科研实践”这门课

---

① 此文最初于 2009 年 9 月 27 日发表于新浪博客:http://blog.sina.com.cn/s/blog_53af0c0f0100ex36.html。

的学分，所以，大体说来，他们还能够比较认真地完成老师布置的科研任务。同时，这类同学中的不少人还是冲着“牛推”来的，做了一个学期的研究，或多或少，与老师也比较熟稔了，所以，两学期后申请出国什么的，相关老师显然会鼎力推荐，“牛推”也就有了。

我本人带过10个左右这样的同学，尚未有同学通过科研实践做出可以发表的研究成果。对这类同学而言，参与科研的经历本身比结果更重要。所谓“实践”，本意许是如此，因为对新手而言，一学期的时间是很难完成一个像样的课题的，再且，这学期是大三上学期，课务非常重，客观上也不可能投入非常多的时间在科研上。

当然，选择“科研实践”的同学中，也不乏属于“风味小吃”型的，见下。

3. “风味小吃”型

何谓“风味小吃”？食之是为尝新，满足自己的好奇感。科研原本就是为了“探索真理，满足好奇”。不少同学凭借一时好奇，选择了一位教授的课题组，参加了科研，有的同学，食之津津有味、乐在其中，从而坚定了一辈子的选择，一时的好奇涅槃为毕生的兴趣——“风味小吃”烹调成“饕餮大餐”了。有的同学，这山看那山高，那山看了，还有更高山……

部分这样的同学在我的指点下，曾经有论文发表过，亦有同学后来选择了出国读博或在本组直研，有的已经做出了很好的研究成果。为什么？主要是因为科研动机比较单纯，为兴趣而科研，而且客观上参与的时间也可以保证，像是有的同学从大二就开始参与了。

4. “钻石”型

钻石属于奢侈品，无它，不少，有它，尽显奢华。例如参加萡政、望道、科创等项目的同学当属此类。

这类同学因为有学校相关行政部门的组织、督促，通常能够比较好地完成课题并发表一些成果。这类同学在我的指点下，曾经有论文发表。当然，这类申请，因名额有限，竞争通常比较激烈！申请成功者，当是同学中佼佼者，利用学校的优质资源，辅以自己的大大钻研，结合导师的小小指导，欲出成果，可以期待矣。

5. “莫名其妙”型

这类同学参与科研的原因通常有两个：一是“辅导员叫我们参加教授的课题组，越早越好，也就参加了”，一是“别人都参加了，我也参加”。这些同学的参与原因显得有点“莫名其妙”，因为莫名其妙也就参加得有点“稀里糊涂”。怎么理解这个稀里糊涂呢，参加了后，没有多长时间——这个时间通常以天（或小时）为单位，就先宣布再退出、或不宣布而退出了。

此所谓立场不坚定者。

6. “杂烩”型

至此，虽然已经分了5种独立的类型，但是，有的同学一人可占两种或更多，此所谓“杂烩”型。

无论属于1，还是2，……，还是6，作为本科生，我们参与了物理科研，只是以物理为载体，初步培养了我们自己的创新能力。这种能力是一种素质，它不仅有益于我们未来与物理研究有关的工作，而且有益于我们未来与物理研究无关的任何工作，所以，

——想拿学分或“牛推”者，需要认真地、投入地参与，你会得到你想要的好绩点和“牛推”，还有创新能力；

——想出成果者，需要认真地、投入地参与，你会得到你想要的好成果，也许是阶段性的研究成果，还有创新能力；

——为了满足好奇而参与者，需要认真地、投入地参与，你会发现科研真的非常奇妙，还让你拥有了创新能力；

——被动的、不得不参与的、或莫名其妙的参与者，需要认真地、投入地参与，你会发现科研并不是你想象中的面目狰狞，它可以让你具有创新能力；

……

科研创新，让我们更充实，让生活更美好！但是，需要我们的认真、需要我们的投入！最后，胡诌几句，聊作结尾：

网游诚有趣，逛街品自高；
若为创新故，两者皆须抛！

1.6 “物理学家”、“物理学作家”和“物理学家伙”①

(1) 何为“物理学家”？

是指一些人，他们在物理学领域，标新立异，成一家之言，并引领物理学发展。

例如：爱因斯坦。他提出的相对论，推陈出新，引领物理学中的某些领域发展了一个多世纪。

(2) 何为“物理学作家”？

是指一些人，他们在物理学领域，在别人的引领下，以别人的一家之言为主料，添些油盐酱醋，标了新、立了异，成就了别人的一家之言，协助

① 此文写于2013年5月5日。

别人引领了物理学的发展。

例如：我。——我希望是我！我的研究方向是软物质和经济物理，我的梦想是能成一家之言，并引领物理学中相关领域发展数年。梦想啊——梦中的非分之想。

我希望我是一个物理学作家。希望我能够把“物理学作家”当好。如果这也当不好的话，那就会沦为“物理学家伙”了。

(3) 何为“物理学家伙”呢？

是指一些人，他们打着物理学的名义，混饭吃、骗钱用，胸无大志，对待研究，不认真也不严肃，今天抄袭、明天伪造，结果是：自己没有也不能引领物理学发展，还误导了别人引领物理学的健康发展。

例如：……（不说，坚决不说——原因你懂的。如果还不懂，那就看看方舟子先生的新语丝。）

1.7 我们为什么需要上大学？①
——大学的功效何在？

有人可能问过自己：“到底是因为我本来就很优秀，还是大学把我培养得很优秀？如果我本来就很优秀，那么，不上大学，我直接走向社会，是不是一样很优秀？如果是大学把我培养得很优秀，那么，我还是需要上大学的，否则，我就不优秀了，但是，我不上大学就不优秀，是不是还是说明我本来就不优秀呢？”

有点像绕口令，其实，这段话中蕴含一个问题：要不要上大学？或，上大学的必要性何在？或，大学的功效何在？这是一个需要思考的问题。

我认为，我们需要上大学。为什么呢？也许有人说，父母之命。也有人说，大家都上，我也得上，要不然，找不到好工作，生存都有问题了。

这里，我谈谈我的看法。

拿国内来说，就整个大学而言，大学可以分为这几个阶段：本科阶段、硕士阶段、博士阶段和博士后阶段。

1. 本科阶段

我认为，这个阶段主要培养的是学生的自学能力，即：以某个自己感兴趣的专业为载体，培养自己的自学能力。拿到毕业证书的那天，扪心自问一下，自己的自学能力合格吗？若答案是“合格”，那么，恭喜你，你是一

① 此文撰写于2013年5月3日，完成于2013年5月6日。

位合格的本科毕业生。你走向社会后,可以很快适应你所找到的任何工作——因为你的自学能力使得你在未知的工作面前很快就会变得熟练。

2. 硕士阶段

由于本科阶段主要起的是知识传承作用,而硕士阶段则是知识的创新阶段,一位硕士生是否合格,则看他拿到毕业证书的那天,他有没有独立完成导师布置的科研课题,至少一项。这个课题是由导师提出的,而其具体实验、模拟、计算等,则是由硕士生自己完成的。硕士阶段培养的是创新能力,这种能力还是初步的,因为对于课题的提出,主要还是依赖于导师。那么,更高级的创新能力是什么呢?是独立的创新能力,它是博士生的培养目标。接下来,我就介绍博士阶段。

3. 博士阶段

对于博士生而言,拿到毕业证书的那天,需要已经具有独立的创新能力。独立体现在,与硕士阶段不同,课题是由博士生自己提出的,具体实施也是博士生自己完成的。这期间导师起的主要作用是顾问的角色,例如:博士生在研究过程中需要用到某些数学工具,不理解时导师可以提供帮助;博士生不知道如何整理成果发表以便与同行交流,导师可以提供帮助等等。

4. 博士后阶段

你已经拿到了博士毕业证书,你也已经拥有了独立的科研创新能力,且有兴趣于未来寻找与科学研究有关的工作,那么,博士后阶段对你而言就显得必不可少了。博士后是由导师资助、学生独立开展研究工作的阶段,在这个阶段,学生可以心无旁骛地开展研究,充分发挥已经获得的独立科研创新能力,积极开展科研。于是,有了这个阶段的研究积累,一方面既巩固了之前的独立创新能力,另一方面也获得了足够的科研积累。无疑,这两个方面皆有助于你未来找到满意的工作——与科学研究有关的工作,这时,你可以选择到公司搞研发,也可以选择到研究所从事科研,还可以在高校,教学与科研并重。博士后阶段给你找工作带来便利的同时,也使得你有机会帮助博士后导师完成了科研任务,显然,这是个双赢的事情。

总之,大学的功效主要体现在传授基础知识(本科阶段)和开展基础研究(硕士、博士和博士后阶段)两个方面。基础研究的威力正在于其基础性,它是很多应用得以实现的基石。当然,大学里也可以有应用研究,只是基础研究占据主导地位,是主流。

至此,可以回答文章开头的问题了。如果你本来就很优秀,只能说明你是一粒优秀的“种子”,而大学给你提供生长发育过程中必需的营养物

(即以自学能力和创新能力为代表的各种能力的培养与提高),使得你这粒种子健康发育成一棵优秀的苗,走向社会后,你这棵苗因为“身体健康”(已经拥有了自学能力和创新能力等各种必需的能力),所以,耐得住千锤、熬得过百炼,其结果也就自然长成一棵参天大树。显然,大学在你与成功之间起到一个衔接的作用,很关键的衔接作用!

当然,大学能够培养的能力其实还有很多,比如克服困难的能力、组织协调能力、团队合作能力等等,这些能力对一个学生健康地走向社会也很重要,但是本文只强调了自学能力和创新能力,这是因为我认为对这两个能力的培养是大学的首要任务,而对其余能力的培养,则是水到渠成之事,或者即便不上大学,从其他途径也能够培养出来,只是达到的层次略有差别而已。

也许,有人会与我辩论:有人不上大学也会非常成功,比如微软总裁比尔·盖茨,他从哈佛大学本科阶段退学,其后事业辉煌,直到今天。这里我想说的是,正如上文提及的,大学的功能主要体现在能力(自学能力、创新能力等)的培养,由于某种原因,也许源于你的天赋,你高中毕业就已经具备了这些非凡的能力,那么,你自当可以提前大学毕业或不上大学,然而,像这样的天才,实在是太少了,倘若我们不到大学里培养相关能力,走向社会后,我们面对的竞争对手可非等闲之辈,他们多是经过数年大学的培养,其相关能力已经很强了,届时,你拿什么与之竞争呢?很多时候,业余选手终究敌不过专业选手,即便这位业余选手很有天赋!

1.8 大学本科教育的主要目的是培养学生的自学能力
——为什么非物理专业的学生也需要学习“大学物理”?①

问:为什么非物理专业的学生也需要学习“大学物理”?

我的答案:为了培养学生的自学能力!

这是我个人的观点。自从2005年被复旦“收容”以来,经过8年的总结,我才得出这么个简单的观点——没办法,鄙人反应仅比蜗牛爬行快一点。

然而,有学生反对我这个来之不易的观点。细节如下:

接受领导安排,本学期我代表物理系给软件学院的大一本科生讲授

① 此文最初于2013年7月6日发表于科学网博客:http://blog.sciencenet.cn/blog-683185-705789.html。

"大学物理"(内容包括电磁学、光学、相对论、量子力学)。在课堂上,我再次向这些本科生传达我的这个观点。一些时日之后,有同学写邮件给我,驳斥如下:

> 自学能力真的需要通过"大学物理"这类课程来蓄意培养吗?这类课程究竟培养了我们哪门子的自学能力?
>
> 真正的自学能力,也根本无需培养,有了兴趣,自然会去学习钻研。

接下来,我如果简单地解释学"大学物理"就是为了"培养本科生的自学能力",显然太狭隘了。我想先把这里探讨的议题推广一下,以便使之具有更普遍的意义,推广后的议题变为:"大学本科教育的主要目的是什么?"鄙人的答案是"培养学生的自学能力!"没错。我还是这么认为。我相信很多人都有与上面这位同学一样的想法,即"真正的自学能力,也根本无需培养,有了兴趣,自然会去学习钻研。"

乍一看,这话没错。仔细一想,这话值得推敲:

试想有这么一位接受了9年制义务教育(即"小学6年+初中3年")的同学,在这9年里他学到了应该学到的一些基础知识(为行文方便,我把它记为"基础1"),义务教育结束,如果他直接走向社会,他诚然也具有自学能力,不过,这时不要忘记,他接下来的自学能力是建立在"基础1"上的自学能力。

而一位接收了3年高中教育的同学,在这3年里他学到了一些基础知识(记为"基础2"),高中毕业他直接走向社会后,诚然也具有自学能力,不过,这时不要忘记,他接下来的自学能力是建立在"基础1+基础2"上的自学能力。

依此类推,一位接受了4年大学本科教育的同学,在这4年里他学到了更多的基础知识(记为"基础3"),大学毕业他直接走向社会后,自然也具有自学能力,不过,这时不要忘记,他接下来的自学能力是建立在"基础1+基础2+基础3"上的自学能力。

从上面可以看出,无论9年义务教育,还是3年高中教育,或者4年本科教育,传授给学生的都是基础知识,但唯一不同的是,学生接受了相关教育后,他的自学能力将是在更高基础(知识结构)上的自学能力,因为下面这个不等式恒成立:"基础1"<"基础1+基础2"<"基础1+基础2+基础3"。

有同学会质疑,我从学校获得"基础1"后,我自己自学"基础2"和"基础3"好了,我根本不必专门再花"3+4"年的时间在学校里学习这些基础知识(“基础 2”和“基础 3”)。这个质疑提得非常好,一些天才的人确实能够这么做,但是,平常如我的人,这样却是做不成的,所以,我以及诸位都需进学校,请老师传授给我们这些基础知识(“基础 2”和“基础 3”)。因为这是我们这些平常人接受新基础知识的一个捷径,要知道,没人传授指点与有人传授指点,通常大相径庭:前者常常需要花费很多的时间,而后者则通常效率很高、节省大量的时间。想想看,西方国家发展经济几百年,才有今天的瞩目成就,而中国发展经济几十年,就有今天的瞩目成就。为什么?是因为西方国家当初发展是靠“自学”的、它们当初没人指点(即:没有现成的经验或教训),而中国发展也是靠“自学”的、但是有“人”指点——这里的“人”正是西方国家发展过程中已经获得的各种经验和教训,这些经验和教训则是中国经济发展的“高层次的基础知识”(类似于“基础 3”之于“基础 2”或“基础 1”),有了这些高层次的基础知识后,中国“自学”能力得到了显著的提高,也取得了显著的效果;而西方国家正是因为昔日的“基础知识”层次不高(类似于“基础 1”),所以,它当初的发展与中国现在的发展相比要慢很多。

至此,也就可以回答上面同学的驳斥:“自学能力真的需要通过‘大学物理’这类课程来蓄意培养吗?这类课程究竟培养了我们哪门子的自学能力?”我的回复:“‘大学物理’自当可以培养学生的自学能力。”

通过“大学物理”这门课程的学习,同学们学到了新的知识。这些知识则是上文所说的“基础 3”的组成成分,它们自当成为各位同学日后自学的前期基础知识,有了这些基础知识,自学新知识也就便当得多了。例如,软件工程的本科生毕业后,对信号处理方面的内容感兴趣,你可以自学“信号处理”相关的知识,这时,本学期讲授的电磁学的基础知识就自然起作用了。试想,你若不预先在大学学习这些电磁学的基础知识(从属于“基础 3”),就凭你在高中掌握的“基础 2”,你觉得你自学信号处理会不会难很多呢?因为你在只有“基础 2”后,你欲学信号处理,你还需要“自学”“基础 3”中的部分与电磁学相关的知识,更何况这时的学习还是没老师系统指点你的!可见,“大学物理”可以培养学生的自学能力。

此外,我还希望从方法论角度来谈一下“大学物理”对培养学生自学能力的作用。贯穿本学期授课内容始终的就是两个科学方法:一是归纳法,如安培基于各种各样的磁现象归纳出“磁现象的电本质”;二是演绎法,如麦克斯韦基于他的方程组得到“光也是电磁波”的结论。这两个方法在这门课中得到了系统的展示,而这两个方法正构成这些同学自学能力的必备要素之一。也就是说,日后你可以自学很多你感兴趣的自然科学方面的知识，但在自学过程中，你会意识到，所有自然科学的发展其实正是依赖于这两个方法(或其中之一)。由于你通过课堂学习，已经有了关于这两个科学方法的切身体会，我相信对你日后学习、理解你所遇到的那些新知识应该大有裨益。

最后，该总结一下了：

大学本科教育的主要目的是什么？是培养学生的自学能力！如果需要说得更明确一些的话，是培养学生在拥有更高、更多基础知识之后的自学能力！从而为社会、为人类解决更高、更多的问题，这些问题显然不是高中生(个别天才除外！)毕业后直接就能轻松解决的。换言之，对大学本科教育而言，传授基础知识是手段，培养学生更高层次的自学能力才是目的！

［**附**］ 当然，一个人的能力有很多种类，如团队协调能力、克服困难的能力等，这些能力都很重要。但是，对大学而言，其最主要的作用就是传授基础知识(具体地讲，大学的作用有两个：一是人才的培养，二是知识的传承和创新)，从这个角度看，大学的主要目的自然应当是培养学生的自学能力，培养学生在拥有了更高层次基础知识之上的自学能力——这是社会发展的源动力之一。这也是我们这个社会为什么需要大学的一个重要原因，我认为。

［**又附**］ 复旦大学物理系乐老师阅读本文后给我来信：

我很赞同教育是为了提高自学能力的观点。不过我觉得可以适当地拓展一下：用学习能力来代替自学能力。眼下，讨论课等形式在教学中的实践越来越普遍，与同学和老师之间的讨论越来越成为一种非常重要的学习方式，所以，将来的学习应该不再局限为“自学”了。

我的答复如下：

“用学习能力来代替自学能力”这个提法很有远见。当然，我个人还是偏重于“自学能力”的提法，因为自学能力强调学习过程中的主动性，我认为主动性对一个人的真正成长非常重要。所以，虽然自学的字面意思是“自己学习”，但其恰切的意思应该是“自己主动去学习”，主动去找别人讨论等学习方法或过程自当包含在内。但若脱离了主动性，即便学生参加了你提及的讨论课等，亦算不得自己主动去学习。当然，当前的这些讨论课对培养学生未来的自学能力自当有好处，此处不赘述。

第 2 篇

科研选题

2.0 引言:选择交叉学科做研究,是摘取科学殿堂瑰宝的一个捷径

至于科研选题,诚如在本书序言中所说,每一位科学家都有自己的研究课题,但是,如何选择研究课题呢?特别是对科研世界(几乎)一无所知的学生们,这是一个非常现实的问题。因为当今世界新的知识增长点通常躲藏在交叉学科之中,所以,我推荐选择交叉学科等新生领域中的研究课题。这并非说传统领域不重要,只是从难易程度来看,交叉领域更容易出重量级成果,而其对科学家自身知识积累和科研能力等方面的要求,却相对偏低。——这是因为,与一个学科一起成长,通常是在科学殿堂捡到“瑰宝”的一条捷径,或者说,在这样的新生学科方向,二流科学家也能做出一流的研究成果,而在传统科学领域,一流的科学家做出一流的研究成果,其难度系数已经非常之大,因为容易的课题已经被别人捷足先登了,剩下的都是难啃的硬骨头。这个道理是不是很浅显?

本篇我将以软物质物理和经济物理为例,来谈课题选择过程中的一些问题,并同时介绍选择研究课题的一些方法。软物质物理属于物理学与化学、材料学、生物学等学科的交叉领域,而经济物理则是物理学与经济学、金融学等学科的交叉融合。它们都是物理学发展到新时期的产物,它们正在发展之中,犹如襁褓中的婴儿,还远未成熟……

最后,我愿以晚唐李商隐的一首《无题》诗作为结尾:

相见时难别亦难,东风无力百花残。
春蚕到死丝方尽,蜡炬成灰泪始干。
晓镜但愁云鬓改,夜吟应觉月光寒。
蓬山此去无多路,青鸟殷勤为探看。

诗中最后一句的喻义与本篇引言内容最为贴切,这正是我为什么愿以此诗收尾的主要原因:科学殿堂的瑰宝就嵌在蓬莱山,而交叉学科领域的研究课题恰似那只青鸟……

2.1 软物质物理学，一个可能大家都该知道的物理学新方向①

软物质包含的系统很广，主要包括高分子、液晶、胶体、表面活性剂等。

日常生活中充满了大量的软物质，如牛奶、洗洁精、果冻、沙子、饮料、油漆、雾、烟、血液等。日常生活中不太见到的软物质，也有很多，如铁磁流体（ferrofluid）、电流变液（electrorheological fluid）、磁流变液（magnetorheological fluid）等。

软物质的主要特性有3点，即复杂性（complexity）、适应性（flexibility）、耦合性（coupling）。

（1）复杂性是指人们无法从单个原子或分子的排列结构和性质推知系统整体的物理性质，这与传统的晶体不一样，因为这些软物质系统最小的功能单元不再是原子或分子，而是包含大量原子或分子的颗粒等介观结构；

（2）适应性是指轻微的化学作用能够促使力学性质发生显著变化，以便更好地适应系统所在的环境；

（3）耦合性是指各种作用力与系统构型之间存在耦合，例如，作用于系统的力改变了，系统的构型也会随之改变。

人们把研究软物质物理性质（即力、电、磁、光、声、热等方面的性质）的学科叫做"软凝聚态物理学"（Soft Condensed Matter Physics）或"软物质物理学"（Soft Matter Physics），它是传统物理学在新时期的一个新发展，此所谓"老树开新花"。

国际上公认的软物质物理学领域的代表人物是皮埃尔·吉勒·德热纳（法语：Pierre-Gilles de Gennes，1932年10月24日—2007年5月18日），他是位法国物理学家，于1991年获诺贝尔物理学奖，其获奖理由是：发现研究简单系统中有序现象的方法可以被推广用于处理更为复杂的物质，特别是液晶和高分子。他在诺贝尔获奖典礼上使用"软物质"（soft matter）一词代替之前的专业术语——"复杂流体"（complex fluid），他认为之前的名称可能会让年轻人对此学科望而却步。

① 本文最初于2012年3月23日发表于科学网博客：http://blog.sciencenet.cn/blog-683185-550977.html。录于此处，略有修改。

国际上发表软物质物理学领域研究成果的(主要)专业学术期刊有Physical Review E(《物理评论E辑》),Soft Matter(《软物质》),Journal of Physical Chemistry B(《物理化学期刊》),European Physical Journal E(《欧洲物理期刊E辑》)等。其中,Soft Matter被中国科学院文献情报中心科学计量与科学评价研究组划为一区期刊。当然,此外的顶尖期刊,诸如Nature(《自然》),Science(《科学》),PNAS(《美国科学院院刊》),Nature Physics(《自然物理》),Physical Review Letters(《物理评论快报》)等也发表软物质物理领域的研究成果,但这些期刊并非专业期刊。

软物质物理学,一个可能大家都该知道的物理学新方向,因为它与大家的生活密切相关,但却充满了太多的未知与挑战……

2.2 经济物理学:属于复杂性科学,也可属于生物物理学①

经济物理学就是运用物理学的思想和方法研究经济或金融问题,以拓宽传统物理学的研究范畴,并换个角度重新审视某些经济或金融问题。

经济物理学研究的对象是"经济市场",而经济市场本身就是一类典型的复杂系统,所以,经济物理学理当属于复杂性科学的研究范畴,这也是国内外同行的共识。事实上,国内从事经济物理学研究的学者,在向基金委递交基金申请时,是向数理学部的物理二处递交的,所选择的方向就是"统计物理学与复杂系统"。从这个方向的名称也可以看出,统计物理学在经济物理学中的作用举足轻重。

另一方面,经济物理学研究的对象是经济市场,然而,经济市场是由人组成的,所以,经济物理学本质上就是一门研究人的学科,于是,也就自然可以属于生物物理学的研究范畴了。事实上,国际期刊*Nature*就是把经济物理学论文归类在"Biological Sciences"(生物科学)之下。其实,从本文第一句话可知,经济物理学与物理学关系密切,所以,*Nature*的"Biological Sciences"可以狭义地理解为"Biological Physics"(生物物理),也就是生物物理学(或物理生物学)了。顺便一提,国际期刊*Journal of Theoretical Biology*(理论生物期刊,其影响因子为2.371),观其名字,很显然它是生物学方面的专业期刊,但它已经发表了不少经济物理学方面的研究论文。

---

① 本文最初于2012年4月7日发表于科学网博客:http://blog.sciencenet.cn/blog-683185-556445.html。

国际上接受经济物理学论文的主要期刊有：*Nature*，*PNAS*，*Physical Review Letters*，*EPL*（《欧洲物理快报》），*PLoS ONE*（《公共科学图书馆·综合》），*Physical Review E*，*European Physical Journal B*，*Physica A*（《物理A辑》），*Journal of Theoretical Biology*，*Journal of Physics A*（《物理期刊A辑》），*Complexity*（《复杂性》）等等。

［补注］ 撰写本文的动机只有一点，就是希望换个角度看经济物理学这个新的研究方向，聊作科普，并无太多的深文大意。

2.3 软物质的定义是什么？①

有这么一类物质，美国人喜欢叫它们“复杂流体”（complex fluids），而欧洲人则喜欢叫它们“软物质”（soft matter）。其实，在德热纳1991年获得诺贝尔物理学奖之前，复杂流体的叫法独领风骚，1991年之后形势发生了逆转，软物质的叫法越发变得风华正茂——因为德热纳在诺贝尔奖颁奖典礼上发表了一场获奖演说，其标题就是“Soft matter”。德热纳特别不喜欢complex fluids（复杂流体）的叫法，因为他认为“This is a rather ugly name, which tends to discourage the young students.”（这是一个相当丑陋的名字，易使年轻学生泄气。）我，亦深以为然。

然而，如何定义软物质呢？尽管我在这个领域工作了10年左右，但迄今尚未见到比较令人信服的定义。我咨询过这个领域的许多大牛人，例如，香港科大的沈平教授和童彭尔教授，美国波士顿大学的H. E. Stanley教授（这位老先生是美国科学院院士，他的课题组主要从事高分子和经济物理的研究），以及哈佛大学D. A. Weitz教授组里的几位博士后（遗憾的是尚未咨询Weitz教授本人，主要因为Weitz教授是世界顶级的大忙人，在他组内访问的7个月里，与他面对面单独交流的机会并不很多），还有美国Temple大学的陶荣甲教授等。我从他们这里得到的关于软物质的定义并不统一。结合他们的意见和德热纳的获奖演说，这里尝试给出我关于软物质的定义：

软物质 = ①液晶 + ②高分子 + ③由两相或多相构成的物质，其中至少有一相是液相或气相（如类似电流变液或铁磁流体等颗粒悬浮液）+ ④表面活性剂。

---

① 此文最初于2010年6月27日发表于新浪博客：http://blog.sina.com.cn/s/blog_53af0c0f0100jhdz.html。

［补注］

（1）尽管如此，我尚不敢确定这个定义非常标准，只是这个定义应该已经囊括了当今国际上软物质研究领域的所有系统，我猜如此。也许，我给出的这个定义的可靠性仅此而已，它的科学性还需聪明的读者进一步润色、提高。

（2）德热纳老先生就是靠①和②“发家致富”的，所以，得把①和②包括在软物质的定义之中，这也是全世界软物质物理研究领域科学家的共识，否则就别在这个圈子混了。

（3）胶体显然该归于③，可是化学里面的胶体研究已经几百年了，但胶体在软物质物理里面的白热化研究，仅仅是最近30年左右的事情。化学里面现在也冒出了个“新”方向，叫“软物质化学”，在我看来，软物质化学与胶体化学并无显著区别，换为“软物质化学”，有“追赶潮流”之疑，谁叫软物质（物理）这些年（特别是1991年后）这么火呢！？顺便说一下，2008年，我应邀参加过国家自然科学基金委组织的“双清论坛”，那个论坛讨论的主题就是“软物质材料”，“软物质＋材料”这个名词当时于我也是个新鲜事物。我将在软物质（物理）领域一如既往地工作下去，于我是个挑战，但更是机遇！！——因为国际上的研究非常迅猛，而国内的相关研究与国际水平相比还有很大差距。

2.4 “经济市场”可以视为一种“复杂流体”吗？①

在我的博文“浅议‘复杂流体’与‘经济物理’之间的联系”（http://blog.sina.com.cn/s/blog_53af0c0f0100hx8c.html）中，我试图给出复杂流体和经济市场之间表观上的联系，并试图给出我的观点：“经济市场”可以视为“复杂流体”之一种。但是，博文中更多的是现象的论述，作为科学，我觉得有必要较为深入地论述一下两者之间的联系。为此，我这里尝试从这两个系统赖以成立的理论基础做比较并谈下去：

复杂流体作为传统物理领域研究的系统之一，它自然以物理学的四大支柱为理论基础，即：统计物理（含热力学）、经典力学（含理论力学）、量子力学、电动力学。关于这些，我这里不必过多论述，因为它们早被大量的实验证实了。当然，有必要一提的是，对于复杂流体，很多时候我们在

① 此文最初于2010年7月31日发表于新浪博客：http://blog.sina.com.cn/s/blog_53af0c0f0100kduh.html。

研究它的物理性质时，并不考虑微观的量子效应，这并非说它不满足量子力学，仅仅是因为我们所考虑的性质中，量子效应因微弱而可忽略，故不必考虑。

那么，表象上与复杂流体类似的经济市场是否也以类似的四大支柱为理论基础呢？作为经济物理学领域的研究人员，提出这个问题应该算是非常有意义的。这个问题若能讨论清楚，那么我们也就为“经济市场是否果真是复杂流体之一种”这个命题找到了可靠的答案。对此，我个人的看法是这样的：

统计物理在经济市场中功效显著，这已经是公认的事实。自 20 世纪 90 年代初以来，美国科学院院士 H. E. Stanley 教授及其合作者已经在此领域做出卓越贡献。统计物理中的一些标度、相变等图像，在经济市场中皆已被完美地揭示出来，这些对理解实际市场有着举足轻重的意义。故而，我们可以说，统计物理构成了经济市场的理论基础之一。

经典力学在经济市场中的贡献，也早为人知。经济学家提出的“供求平衡理论”就是基于经典力学中的受力平衡提出的。考虑到经济市场中“看不见的手”的作用，人们认为，正是这只手引导着市场实现了平衡。但是，这个“引导力”显然不是经典力学中牛顿三定律能够简单描述的，因为这个引导力是一种“等效力”，它是各种相关“力”的“合力”，有点类似于经典力学中力的合成与分解。故，我们也可以说，经典力学也是经济市场成立的理论基础之一。

量子力学在经济市场中的可能功效，已经有大量的研究。这些研究得到一些学者的狂热追捧，同时，也得到一些学者的无情抨击。类似的争论，在一门新学问诞生之初是非常常见的，不足为怪，就是量子力学本身也是类似，量子力学诞生之初的不少争议已经构成了科学史上浓墨重彩的一页，如 Bohr 与 Einstein 之间近 40 年的争辩等。我认为，当前这些横亘于量子力学与经济市场之间的争论，并不妨碍量子力学成为经济市场得以运行的可能的物理基础之一。对如此年轻的一个研究方向，我又怎么忍心随便否定它呢？除非有非常可靠的证据。我期望看到更多的争论、突破……

电动力学在经济市场中的功效，通常不为人注意，至少没有系统地注意过。我们知道，电动力学中最重要的物理图像之一就是“场”(如电场、磁场等)。处于场中的物质，外界对它的作用与它对外界的反作用，皆可从场入手，给出相关的 Maxwell(麦克斯韦)方程组，结合适当的边界条件，解决之。而研究经济市场时，外界信息对“行为人”的影响亦可视为场

的作用之一种，行为人在这种场的作用下，调整策略、开展相关的经济活动，其结果亦对外界环境有反作用。当然，这里我们不能简单地使用Maxwell方程组来求解，但这些思路为我们构建“agent-based modelling”(代理人模型)、开展可控实验确实大有裨益，——尽管这些思路还不成熟。鉴此，我同样认为电动力学可以成为经济市场得以运行的物理基础之一。当然，倘要我这里的结论非常坚实，仍需更多实质性的研究成果横空出世！

因为物理学家系统地介入经济市场的研究也就20年左右，所以，作为一门年轻的交叉学科，亟需进一步的深入发展。尽管上面对经济市场的四大物理支柱做了论述，这绝不意味着这四大支柱中的所有(！)物理规律皆对经济市场适用，或可原封不动地照搬。鉴此，保险一点地说，似乎从经济市场赖以成立的(可能的)4个物理基础来看，经济市场有着完全等同于传统复杂流体的潜质，从而暂时(当前)不妨可被视为一种非传统意义上的复杂流体。

我相信，经济物理学研究领域将会有更多的突破。需知我之所以一味试图建立经济市场与复杂流体之间的联系，这绝非目的，而是期望两者之间建立关系，以便通过类比等研究手法，为更多的突破做好催生的工作。也许，憧憬如斯，实与痴人说梦无异??

2.5 如何帮助孩子确定未来的研究方向?[①]

[题记] 这是我和一位教授家长之间的通信。张贴于此时，对方姓名皆已被隐去。

1. 我收到的一封来信(2010年8月27日)

黄教授，您好：

冒昧打扰您，只为孩子专业方向选择问题，请谅解，并希望得到您的帮助。

我的孩子＊＊＊，就读于四川大学物理学院，下半年进入三年级。两年来，孩子读书还算比较认真，得过川大三等奖学金，英语四、六级考试均以600多分通过。据孩子自述，他至今依然热爱物理专业，但不愿做纯理论工作，也不愿做纯应用工作，而愿意在有较强基

---

① 此文最初于2010年8月27日发表于新浪博客：http://blog.sina.com.cn/s/blog_53af0c0f0100kujv.html。

础理论支撑并有重大技术应用前景的中间段寻求未来的专业方向。另据我的观察，孩子抽象思维能力较强，动手能力也较强，将来做一些理论兼带技术的工作，或许会有小小前途。

之前，我曾就孩子专业方向选择问题咨询我院理工类教师，得到的答复各种各样，比如材料、力学、光学、通讯、自动化等，如果与就业相联系，相关建议还时常矛盾，说实在话，如我这样的文科教师已无有效判断能力，所以还要求教于您。

久闻您在物理学尤其是经济物理领域成就卓著，我和我的孩子渴望得到您的帮助和指点，在一般物理学领域，尤其是经济物理领域，都是如此。就我的家庭来说，孩子本科毕业不存在就业问题，他需要读硕、读博，但读博以后还是要一个好的就业前景。

**

拜上

2. 我的答复(2010年8月27日)

** 教授，您好：

谢谢您的信任。这里我把我的拙见给出，仅供参考。

根据您的来信，很显然，你是希望为孩子在物理学一级学科下找到一个适合孩子发展的二级学科方向。而这个方向的选择，您明确需要结合孩子的要求，即需“有较强基础理论支撑并有重大技术应用前景的中间段”。

其实，物理学这个学科本身仅是一个基础学科，因此，基于它，当事人可以向任何方向发展，包含您所期待的这个最理想的前景（“有较强基础理论支撑并有重大技术应用前景的中间段”）。——但这一切皆取决于当事人的兴趣，而非物理学本身。

至此，我可以给出我的具体看法了。我完全同意“360行，行行出状元”的说法，——这不是套话，我真的是这么认为的，但我唯一需要补充的就是，任何人可以干360行中的任一行，但这一行需要与他自身的兴趣相吻合，任何的迁就都是断断要不得的，否则，辛苦一辈子而无一丝乐趣可言，岂不可惜？鉴此，我认为当前物理学一级学科下的各个二级学科都适合您孩子的发展。至关重要的是他的兴趣何在。如果您能够帮他分析出（找到）他自己的研究兴趣究竟在哪个方向，我想问题也就从根本上解决了：

满足他的兴趣，然后，在他自己的兴趣的引导下，向自己理想的境界迈步。

至于如何找到他的真正兴趣呢？对一位本科生而言，可能有一定难度，但也并非没有捷径，例如，他从现在起就可以参加他们物理学院的老师课题组，多参加几个组，比较比较，也就自然而然地清楚了。为此，您们若有兴趣，可浏览我的博客，也许略有裨益①。

请斧正。

PS：我将把与您的通信放到我的博客上，因为这可能对别的家长也有一定的参考意义。当然，为保护隐私起见，我会把您们的名字从中间隐去的。请放心。

祝好

黄吉平

复旦大学物理系

2.6 关于复杂系统研究的一个前沿领域简介②

［题记］ 该领域就是“复杂系统的涌现特性：场与结构的耦合效应”。

自 20 世纪 90 年代起，(复杂系统的)复杂性科学的研究开始大规模地蓬勃发展。2010 年 12 月中科院理论物理所在北京组织召开了一个“2010 年统计物理与复杂系统研讨会”。参加此次研讨会的专家有欧阳钟灿院士、陈晓松研究员、胡岗教授、郝柏林院士、于渌院士等著名学者。非常遗憾的是，当时我虽收到邀请却未能参加。与这个研讨会有关的内容请点击：http://www.itp.cas.cn/xwzx/kydt/201012/t20101222_3048102.html。此会议值得所有关注复杂系统研究的人士关心。本博文可作为我参加该研讨会的交流提纲，——虽然事实上未能参加。为了脉络清晰起见，下面分几个条目简单介绍，供读者批评指正，以达抛砖引玉之效。

(1) 大体说来，复杂系统是指介于简单系统与随机系统之间的系统。一般说来，从物理研究角度看，简单系统可以用牛顿力学处理，而随机系统则可以用简单的统计平均处理(因为其中的相互作用很弱)。处理复杂系统的方法不一而足，对不同系统，方法迥异，笼统地说来，可以分为两种：一是自下而上的“涌现”方法，另一是自上而下的“控制”方法。

---

① http://blog.sina.com.cn/s/blog_53af0c0f0100fmt7.html，
http://blog.sina.com.cn/s/blog_53af0c0f0100fmt8.html。

② 此文最初于 2011 年 2 月 10 日发表于新浪博客：http://blog.sina.com.cn/s/blog_53af0c0f0100onqw.html。

(2) 复杂系统的"复杂性"通常体现在系统宏观性质与微观性质的不同,或说,部分加部分的简单叠加不等于整体。简而言之,复杂系统的涌现特性则是指系统高层次(high level)的性质是由低层次(low level)的性质决定的。显然,该涌现特性与复杂性有关联,也有区别。一个系统是否能够被称为复杂系统,主要就看它是否具有复杂性,至于涌现特性,它通常伴随复杂性而存在(主要源于系统内部的非线性动力学机制)。

(3) 从研究对象来看,复杂系统可以包含的系统很广,有自然系统,亦有社会系统,原则上只要这些系统具有上述的复杂性,这些系统也就可以视为复杂系统了。例如:①胶体悬浮液——微观上,悬浮颗粒自身具有3次光学非线性响应,而宏观上该胶体悬浮液系统具有源于局域场增强的有效3次光学非线性响应,这个"有效3次光学非线性响应"非微观颗粒自身的"3次光学非线性响应"简单叠加所能获得,所以,这里体现了胶体悬浮液的一种复杂性。②经济市场——微观上,每个行为人的决策都是自利的,但是宏观上却(可以)导致一种利他的(有序)结果,这里的利他结果同样非单个行为人的"自利行为"简单叠加所能够获得的,所以,这里也体现了经济市场的一种复杂性。

(4) 正如上文所述,复杂系统中场—结构耦合诱导的涌现特性是当前复杂性科学研究的一个前沿领域。仍旧拿上面的例子来说明之。①胶体悬浮液中(光波的)电场分量,其强度和分布可以由胶体颗粒们不同的微结构来给定,同时亦可调节胶体颗粒们的微结构,这就导致体系内不同强度或分布的局域场增强效应,该效应直接导致该系统具有增强的有效3次非线性光学响应;斯为场—结构耦合诱导的涌现特性之一。②对经济市场而言,单个行为人做自利的决策时,通常都是对所能获得的外界信息响应的结果,这个响应可以视为一种"场",在不同场的影响下,不同的行为人作出了不同的决策,这可以使得整个市场中行为人的结构(如买卖人数比、交易量……)发生改变,而结构改变的同时,行为人所受的"场"也相应变化了,最终,整个市场好像有只看不见的手在起着调节作用;斯为场—结构耦合诱导的涌现特性之二。

(5) 根据(4)可以清楚地看到,尽管在看似迥异的复杂系统中(如胶体悬浮液 vs 经济市场),场—结构耦合诱导的涌现现象皆可出现,只是,此时的"场"既可以是传统物理学中的电场、磁场等,也可以是一种由各种外力合成产生的等效场,如经济市场中各种信息流合成的等效场。

(6) 鉴于涌现特性是复杂系统的一个重要性质,一般而言,研究涌现特性的方法非常复杂。基于场—结构耦合效应的探索,有望为复杂系统的涌现特性研究开辟一条“康庄大道”。本课题组现有的两个研究方向，即“复杂流体(纳米科学)”和“经济物理”，从研究对象看，这两个方向都属于复杂系统，也都可以呈现上文所述的复杂性和涌现特性。在此，本课题组已经做出一些初步的贡献，可参见：

Huang and Yu, Physics Reports (2006); Wang, Yu and Huang, PNAS (2009); Gao, Huang, et al., PRL (2010)。

2.7 浅谈复杂系统和复杂性科学①

[题记] 继2011年2月10日撰写了“关于复杂系统研究的一个前沿领域简介”(http://blog.sina.com.cn/s/blog_53af0c0f0100onqw.html)之后，觉得有必要对复杂系统这个领域从宏观上做个介绍，以便有志挑战复杂系统前沿研究的大虾们参考、批评、指正。

自20世纪90年代起，确切地说，自1994年霍兰(即John Holland，此公还是遗传算法的发明人)正式提出复杂适应系统理论计起，复杂性科学的研究蓬勃兴起，至今方兴未艾。

什么是复杂性科学？它就是描述复杂系统的复杂性的科学。

什么是复杂系统(complex system)呢？从研究对象上看，它可以包含的范围很广，小到基本粒子，大到经济市场甚至宇宙。但是，尽管如此，这些系统必须具有复杂性，方才是名副其实的“复杂系统”，否则，就是简单系统或随机系统——这两种系统运用牛顿力学或简单的统计平均(基本)就能分别解决了。例如：本组的两个研究方向，“复杂流体”和“经济物理”，它们都属于复杂系统的研究范畴，复杂流体(如胶体悬浮液)具有复杂性，经济物理的研究对象(经济市场)也具有复杂性，换言之，本组其实就是一个复杂系统研究组。虽然自20世纪90年代起，复杂系统的研究才白热化起来，但是，随着研究的不断深入，复杂系统的范畴被逐渐扩大了，人们把之前广泛研究过的“分形”等系统也都囊括其中——这是因为，随着研究的深入，学者们发现那些系统也具有复杂性。

那么，什么是复杂性呢？当前，主要指复杂系统的学习性、适应性和涌现性。这里，学习性和适应性说的是系统主体(agent，或译为“行为人”、“代理人”)的属性，从字面上已经可以很好地理解了。学习性说的是主体具有

---

① 此文最初于2011年2月16日发表于新浪博客：http://blog.sina.com.cn/s/blog_53af0c0f0100osx6.html。

学习和纠错的能力，而适应性与学习性是相辅相成的，它表示主体具有适应外界环境（和众多其他主体）的能力，适应性可以视为单个主体学习的目的，而学习就是主体实现适应性的过程。至于涌现性则是指系统整体大于部分之和，或整体具有单个个体所不具有的性质，注意涌现本身也具有层次性，底层的主体涌现出高层的性质，高层的性质可以涌现出更高层的性质，依次类推。鉴于涌现性的重要性，可以这么说，研究复杂系统的复杂性科学就是研究复杂系统的涌现性科学。因为，学习性和适应性可以看作实现涌现性的动态过程，而涌现性则是学习性和适应性的演化目的。

我们都知道，复杂系统的涌现性主要源于（低层次上）个体之间及个体与环境之间的非线性相互作用，——这种相互作用是主动的、反复的。正是这种相互作用的存在导致该系统趋向混沌的边缘——特指成为介于有序与无序之间的具有涌现性的特殊区界。目前尚无适用于复杂系统的普适理论，或尚无描述复杂系统中非线性相互作用机制的一般理论。也许，这不是学者们无能，而是复杂系统本身的复杂性（或涌现性）导致一般的普适理论客观上并不存在，——例如，这些系统因与环境有交互作用而边界模糊（或没有边界）也算一个客观原因吧。但是，对于耗散系统（复杂系统中的一个子类）而言，耗散结构理论（欲了解其内容，请点击：http://baike.baidu.com/view/62783.htm）却是一个非常成功的理论。

从方法论角度看，复杂系统用的是“整体论”，这与简单系统所用的“还原论”不同。整体论主要用的是归纳法，而还原论主要用的却是逻辑演绎。当今科学界，特别是物理领域，仍旧是还原论大行其道的年代。——希望整体论的引入能够解决还原论还没有解决的硬骨头，如神经网络、生命的起源等。因为还原论的成功使用，所以物理学家们认为“世界是简单的”；因为整体论的引入，所以复杂系统领域的专家认为“世界是复杂的”。作为一般读者，不必混淆，这并不矛盾，“世界是简单的”的论断基于“整体＝部分之和”的简单性而言，而“世界是复杂的”仅仅是基于“整体＞部分之和”的复杂性而言的，这里，简单和复杂，仅仅是相对的、而非绝对的，它们可以视为是人们在认识自然或社会时的两个不同的侧面。顺便扯一下，西医是以还原论来治病救人的，所以，在西医眼中，人的一些脏器是可以切除的；而中医则是以整体论来治病救人的，所以，在中医眼中，人的脏器是断断不可切除的……嘘，矛盾出现了，那我等普通俗人怎么办呢？管它呢，不管西医还是中医，能治病救人就是好医生。

对涌现性的研究是研究复杂系统的核心问题，既有的基于主体（multi-agent-based）的研究绝大多数都是基于计算机模拟来实现的。对

于初学者而言，我这里有兴趣推荐一些比较好的基于主体模拟（multi-agent-basaed simulation）的模型平台，从而有助快速入门，以便可以把时间花在课题的研究上，而不必花在计算机编程的技术活上，这些平台有SWARM，REPAST，ASCAPE和TNG Lab。这些平台都是基于主体模拟设计的，它们已经取得卓越成功。但我还想补充的是，人们用multi-agent simulation来研究复杂系统，仍旧用的是隐喻的方法论思想，他们把研究对象（复杂系统）本身，在不同的层次上划分为不同的主体，从而抽取其中一些主要的特性，赋予主体，再设计模拟方法（建模！）并运行之。显然，这样的模拟是对原系统的一种隐喻式的研究，这样的研究暂时摒弃了一些不必要的因素，可以有助挖掘导致涌现性的主要因素。顺便提一下，从涌现性的角度看，化学是物理学的涌现结果，而生物学则是化学的涌现结果，社会学则是生物学的涌现结果……这也从一个侧面说明，复杂系统的研究是一个交叉学科，——或许，原本的学科划分就是源于学者们的无能，因为当今世界没有几个人能够精通数个学科，所以只能定义特定的学科并在其中探索。

从研究复杂系统的模型角度出发，除了在特定学科中原有的模型（如物理学、化学、生物学、生态学等学科中与复杂系统有关的已有的模型或方法）外，目前广泛使用的、新发展的模型有：元胞自动机（cellular automation）模型，网络模型，受限生成系统模型，博弈模型，统计分析模型。这里，①元胞自动机模型就是一个描述在规则格点上的元胞随着时间和空间演化的动力学系统。②网络模型，就是把主体之间的关系视为网络的一种研究模型，相关网络主要有无标度网络等。③至于受限生成系统模型，从名字就很好理解，主体在与其他主体或环境发生交互作用，既有正反馈也有负反馈，负反馈可以导致主体的消亡或衰减，而正反馈能够导致主体的适应（生存），受限生成系统模型就是对各种反馈进行内生的、非外部强加的限制，从而使主体更好地适应其他主体和环境。④至于博弈模型，很好理解，经济物理学研究中常用的少数者博弈（minority game）模型就属此类，minority game及其拓展的主要目的就是研究如何合理分配有限资源——这也正是传统经济学研究的核心课题。可喜的是，当前在博弈模型领域的经济物理研究，已经有一些可控的真人实验的研究工作，这些工作的出现，标志着对于经济市场复杂系统的研究已经不再局限于单纯的理论探索，而是可以以人为研究对象，开展真正意义上对真人的可控实验研究。⑤所谓统计分析模型，就是指把有关复杂系统产生的海量数据视为研究对象的方法，然后利用统计物理学的手段分析数据的关联、分布等，从而揭示该复杂系统的相关统计规律（涌现性之一种），如幂律等。

最后，就我个人而言，我觉得复杂系统的名称显得有点拒人于千里之外，特别是这个名字看起来似乎不利于吸引年轻的学生加盟，如果可能，也许把复杂系统改为涌现系统（emergent system）可能可以好一些，与复杂系统用于对复杂性的性质描述类似，涌现系统也是从系统的性质角度来命名的，该性质就是涌现性。这样做对于不明就里的年轻人而言，显然少了拒人于千里之外的“复杂”二字，似乎能够吸引更多的年轻人。但是，冠以“涌现”二字，还是显得有点高深，因为乍一看，不是所有人都明白“涌现”二字是什么意思。此外，如果把复杂系统改为“多尺度系统”（multi-scale system），可能更有利于年轻人理解。我查了一下，文献中这 3 种叫法其实都有，但“complex system”的叫法独占鳌头。我个人对它们 3 位的喜好程度如下：

multi-scale system＞emergent system＞complex system。

2.8 为本科生开设“经济物理方向”的一些拙见[①]

就国内而言，面向研究生开设“经济物理”课程或研究方向，已经不是什么新鲜事了，已经有不少大学这么做了，例如复旦大学（物理系）、中国科技大学（物理系）、浙江大学（物理系）、北京师范大学（管理学院）、华东理工大学（商学院）、厦门大学（物理系）、中国人民大学（物理系）等。

至于为本科生开设“经济物理”课程，目前尚不多见。复旦大学物理系有门课，名字就叫“经济物理”，这门课是供物理系本科生和研究生选修的，每学年开一次，每次有 70～80 位同学选修。2011 年 6 月初，我在华东理工大学参加经济物理国际会议（ICE2011）时，获悉北京的一所大学正在筹划为本科生开设一个新的方向——经济物理；不久后获悉，辽宁师范大学物理与电子技术学院亦曾考虑过如何为本科生开设“经济物理”这个新方向……在此，我就给本科生开设经济物理这个新方向，谈一下我的一些看法（包括培养目标、课程设置、学生学习就业前景），仅供参考。

1. 培养目标：传授基础知识，促进学科交叉，输送复合人才

［**解释**］ 通过向学生传授经济学、金融学和物理学方面的基础知识，

---

① 此文最初于 2011 年 6 月 27 日发表于新浪博客：http://blog.sina.com.cn/s/blog_53af0c0f0100up7p.html。

促进这3个学科之间的交叉，为国家和社会输送复合型的人才。

2. 课程设置：4个模块

［解释］ 除了英语、政治等公共基础课外，对一位即将从“经济物理”方向毕业的合格本科生而言，我建议他/她需要修完以下4个模块所包含的课程。我提这些建议的唯一依据是，我的课题组在从事经济物理方面的研究时，这些课程的内容都或多或少地（直接或接近直接地）用到了，当然，也正是因为我是从与经济物理研究有关的角度来思考这些课程的，所以，其中部分课程对本科生（特指未来的志向不是从事经济物理方面的研究工作的同学）而言，可考虑安排选修。课程设置，拙见如下。

模块一：基本工具模块

课程名录：高等数学、统计学、概率论、随机过程、时间序列分析、计算机编程

模块二：物理基础模块

课程名录：经典力学、热力学和统计物理、量子力学、电动力学

模块三：经济金融模块

课程名录：微观经济学、宏观经济学、计量经济学（注：侧重于数理方法在经济学中的定量应用，与“数量经济学”不同；数量经济学旧称“经济数学方法”，指的是一个专业，包含“计量经济学”等课程，所以范围很广）、货币银行学、证券理论与实务、金融工程学、金融风险管理、金融统计与分析应用、博弈论

模块四：专业基础模块

课程名录：经济物理学导论

建议教学时间为两学期，建议教学内容如下：

(1) 统计经济物理学（可参考H. E. Stanley教授与人合著的经典著作《经济物理学导论》，此书有英文原版和中译本）；

(2) 计算经济物理学（可参考P. M. Hui教授与人合著的《金融市场复杂性》(Financial Market Complexity)）；

(3) 实验经济物理学（可部分参考《行为经济学》和《实验经济学》，这类书书店里很多）。

以上3方面内容，在我编著的《经济物理学》一书中皆有详细介绍，此书已于2013年由高等教育出版社出版发行。

3. 学生学习就业前景

对本科生而言，要论前景，我想举些具体实例来说明应该是最简单、也最有效的介绍：

我的课题组中常年有20位左右的本科生在本组工作、学习，这些都是本系大一到大四的学生，其中尤以大三和大四的为多。几年来，从课题组出去的本科生(例如大四时在本组从事过毕业设计的本科生、或大三时在本组从事过科研实践的本科生、或加入本组的原因仅仅是出于对经济物理的爱好和好奇的本科生)，现在有在国内银行工作的，有赴欧美等国读博的，有赴美国或英国攻读金融工程硕士的，有在复旦大学经济系读研的，还有不少在本组继续读研(博)。其中，选择在本组读研(经济物理方向)的一些本科生，他们中已经毕业的有3位，其中有在渣打银行(上海)工作的，也有赴海外读博的。

最后，补充一句：这些本科生找到他们理想中的工作或学习机会，当然并不都是在我组学习的必然结果，我这里罗列这些时仅仅是客观陈述现象而已，并不涉及(其实也无法涉及)导致此现象背后的真正本质。(这些学生自身已经非常优秀，即便不在本组学习，亦能如此，所以，我只能说，这里只是现象的罗列，这诸多现象的唯一共同点就是，这些学生在本组学习过、工作过，如此而已。)

总的来讲，从经济物理方向毕业出去的本科生，他/她的毕业前景应该是：

进，可搞金融经济；退，可搞传统物理；不进不退，还可以搞经济物理。

2.9 本组经济物理论文再被PNAS接受之后的随感①

［题记］ 本文内容很琐碎，不涉及科学内容，不喜者慎入，歉。

今天上午获悉，本组的一篇经济物理论文被PNAS(《美国科学院院刊》)正式接受了。

这将是本组在PNAS上发表的第二篇经济物理论文，第一篇发表于2009年5月。　我感到本组很幸运，因为我们有优秀的学生和卓越的合作者。

这篇论文前前后后花了有两年半时间(从提出最初想法起计算)，其中，投稿过程(含修改)就花了近1年的时间，这期间充满了传说中的曲折。去年8月，我请论文的合作者之一H. E. Stanley教授(当代经济物理之父)把此文投给PNAS，因为Stanley教授是美国科学院院士，所以，他投稿只能选择“Contribution”，即Stanley自己找两位审稿人审阅此文，之

① 此文最初于2011年7月12日发表于新浪博客：http://blog.sina.com.cn/s/blog_53af0c0f0100vb57.html。

后，把审稿意见连同最终的修改稿发给 PNAS 编辑部。这个过程是 2010 年 8 月开始的，到 2010 年 11 月(3 日?)，两位审稿人同意了我们的修改稿。之后，因为 Stanley 教授投稿有限额的缘故(即每年限投 4 篇)，他老人家直到 2011 年 4 月才能帮我们把此文的最终修改稿(连同两位审稿人的两轮审稿意见和我们的答复)发给 PNAS 编辑部，以供编委会终审。但是，不幸的是，编委会中两位经济学院士审阅 Stanley 教授投过去的所有文件(含审稿人的身份信息等所有资料)后，觉得 Stanley 教授找的审稿人缺少经济学背景，经过慎重考虑，PNAS 编辑部决定找经济学家重新审阅我们的这篇论文。2011 年 6 月初，在我们把论文的修改稿发给了 PNAS 编辑部后，编辑部委托了 1 位(2 位?)经济学家重新审阅了此文。最终，2011 年 7 月 12 日，我们收到了最终决定，——它就是“接受”。值得庆贺！这里说“庆贺”还有另一层含义，就是此文得到了正统经济学家的认可，而不仅仅是经济物理学家们的认可，这一点我很高兴，因为希望获得正统经济学家的认可，一直是我从事经济物理研究的梦想之一。

其实 2009 年第一次投稿给 PNAS[投稿方式：直接投稿(direct submission)]时，那次非常顺利，还记得当时我把那篇论文投过去后，1 个月内就收到 2 位审稿人的审稿意见，之后，我们花了 1 个月的时间完成了论文的修改工作。然后，编辑部再花了 1 个月的时间完成了论文的复审以及最终的编委会讨论。从投稿到接受，3 个月也就搞定了。

一点感叹：

很多事情事先都无法预测，只有经历过、走过后再回首，才能条理清晰、脉络分明。然而，我们身边的很多事情尚未发生时，我们常常像童话中的公主那样充满了对曼妙未来的期待或幻想，但是，等到未来变为现实之后，才会发现现实常常是那么苍白、那么无聊、那么无助，当然，有时也会那么有趣。——童话就是童话，现实就是现实，两者之间的鸿沟常常不可逾越，然而，很多人(包括我)却常常在童话与现实之间徘徊。

2.10 研究有风险，入组需谨慎
——本组“经济物理”方向需要什么样的研究生①

迄今，本组在经济物理方面共完成 4 篇论文，其中

① 本文最初于 2011 年 8 月 3 日发表于新浪博客：http://blog.sina.com.cn/s/blog_53af0c0f0100w4t3.html。

“2 篇 PNAS(《美国科学院院刊》)+2 篇 Physica A(《物理 A》)”。

于是,有同事和我说:

“对你的课题组来说,发 PNAS 与发 Physica A 一样容易。”

“不,在我组里,发 Physica A 与发 PNAS 一样难。”我答。

是的,我越来越觉得从事经济物理研究是个很难的事情,这不是揣着明白装糊涂。粗粗算来,本组自 2005 年以来,发表(或被接受)的纯粹意义上的经济物理论文,也就这 4 篇。尽管如此,很多研究生或本科生,不管是外校的还是本校的,都来找我,说是想跟我做经济物理研究。对于这些研究生而言,他们想读经济物理,很多是已经厌烦于纯物理(pure physics),而经济物理似乎给了他们改变自己人生道路的最后一盏“明灯”。鉴此,对于这些学生,我经常是来者不拒。可是招了越来越多的经济物理研究生后,我发现,当一个物理系毕业的本科生已经对 pure physics 不感兴趣后,对经济物理的兴趣,通常也仅仅是源于一种冲动,这种冲动多是出于对已有困境的摆脱之欲望和出于对未知的好奇,——当这种好奇过期之后,一切依旧,甚至还有负面意义。当然,不可否认的是,本组也有非常多的经济物理研究生确实是一如既往地将经济物理进行下去,表现比较出色。

之所以这么多研究生和本科生愿意在本组开展经济物理研究,还有一个很重要的原因,就是经济物理入门很容易。是的,非常容易,在本组,博士生与本科生就某一个课题争论得面红耳赤非常司空见惯,这可能也是为什么每年都有那么多本系大三或大四的学生选择本组做科研实践或毕业设计的重要原因吧。这里我想说明的是,经济物理确实很好入门,但是,入门之后,要想把研究做得很好,却是非常非常难。原因是多方面的,一个非常重要的原因是,这些学生没有足够的经济学基础,还有,相当多的学生加盟本组之后,他们更多的是对金融工程方面的研究内容感兴趣,这方面的兴趣可能是出于对未来调整工作方向的一个考虑。从学生的角度考虑,我不反对我组里经济物理领域的研究生和本科生做些金融工程方面的研究。但是,根据我自己的经验,从事金融工程方面的研究,要想发表(高质量的)论文,通常很不容易,尤其是对我们这些半路出家的,原因我想可能是这样:已有各种金融模型的价值已经被全世界的金融工程师们消耗殆尽了,而我们这些“准外行”多数情况只能做些修修补补的工作,——试图从石头缝里再榨些油出来,我们的基础不足以提出一个全新的金融工程模型。

在上面的论述中,对现象的描述多于对问题的提出或解决,接下来我就言归正传了。本组需要什么样的研究生参加经济物理研究？或，如果你想加入本组攻读硕士或博士学位，需要你具有什么条件？或需要你不具有什么？

(1) 本组经济物理研究，人才培养方面的目的仅仅是培养经济物理方向的一般人才。所以，“横下一条心、一定赚大钱”的同学，不要加入。否则，你会很失望的，因为鄙人(物质上)就很穷，这个方向无法让你非常富有，——除非你有一个有钱的老爸。

(2) 需要有坐得住冷板凳的能力和毅力。是的，这里我特别添上“能力”二字，没有写错，很多人没有这个能力，他们坐不住，文献才看了几分钟就想活动活动，——锻炼身体固然好，但是，锻炼身体的间隙看文献就不对了。

(3) 不需要具有很高深的经济学知识，但需要了解一些基本的经济学常识，特别是需要了解一些经济学中的困惑与难题。这后一点可能要求过高了，有人不理解，其实我想表达的意思仅仅是，知道了经济学家们的困惑与难题后，我们做经济物理研究时才会有的放矢，从物理学的角度诠释诠释，看看是否有些裨益。一些经济学家们抨击经济物理学家的论文是“闭门造车”，因为“这些经济物理学家以为经济学就是一个空箱子，什么东西做好了，直接向里面塞就 ok 了”。这个抨击对我们这些“经济物理学作家”很有参考价值，因为，相比较而言，我们非常缺乏经济学常识(and 基础)，倘若我们自己意识不到这点，我们是很难把经济物理研究做好的，也唯有意识到了这点，我们也才会自发地把该补的经济学知识补上来的。

(4) 看到未知就有一探究竟的好奇心，这个好奇心体现出的冲动应该是持久的、而非瞬间的。这个太好懂了，歌词中说“冲动是魔鬼”，我却要说“持久的冲动是神仙”。唯其如此，我们才能解决未知。

(5) 具有创新的潜质。因循守旧，通常不能成就一位优秀的研究生。太重要了，不赘述了，各种媒体天天提、天天说，以致耳朵都快起老茧了。但，它真的很、非常、十分重要啊，亲爱的同志们！

(6) 在研究的时间节点安排上，愿意服从鄙人的计划，并切实执行之。我希望学生能够推鄙人做研究，而不是鄙人推学生做研究，可是，事实上，鄙人面临的是常常不得不催促学生们，例如“请告诉我，你手头的工作进展怎么样了”。如果这个条件不能满足，对你很可能不利，因为我催了几次(一般不超过 3 次的)，却了无结果之后的一个直接结果就是，你自由了，我不再催你了，我再催你反而让你觉得你是在为我打工，我像资本家那样压榨着你的剩余价值,——鄙人不想做这样的资本家。若无意外,这样导致的一个结局是,临近毕业了,你可能会发现你还没有满足本系研究生毕业的成果方面的要求。如此,对你不利,所以,这个要求很重要,必须的。切记,你做的任何成果,主要是为你,其次才是为我。这个顺序颠倒不得,倘若颠倒了,鄙人宁可不要你做任何研究。

如果你觉得你具有以上几点了,欢迎你联系我加盟本组。当然,与你面谈时,我不可能一一检查以上几点的,一没能力、二没必要;倘若你不具有以上几点,却硬是加盟进来了,荒废了你自己的青春不说,还浪费了本组的资源,你将面临的可能是:

出自脆弱内心的失望和后悔+来自成功组员的鄙视和嘲笑。

哈,故意说得严重了(不要骂我哈!),不过还是给一句最后的忠告吧:

研究有风险,入组需谨慎。

2.11 浅议"复杂流体"与"经济物理"之间的联系①

我的课题组有两个研究方向,一是"复杂流体",另一是"经济物理"。

复杂流体的英文名称是"complex fluids",显然,它是从研究对象的角度来命名的。

经济物理的英文名称是"econophysics",按照文法,似乎应该翻译为"物理经济(学)"。其实,我们日常在说"经济物理"时,已经不细分到底是经济物理(学)还是物理经济(学)了。作为本组的一个研究方向,经济物理其实是从方法论的角度来命名的,——这一点与复杂流体不同。经济物理主要指运用物理学中的方法(或结论等),去研究、分析、理解经济市场中的规律。实际在分析时,这些方法通常比较广泛,可以超越传统物理学中四大力学(即:经典力学(含理论力学)、电动力学、统计物理(含热力学)、量子力学)的既定范畴,如一些代理人模型等。

实际上,若从研究对象上看,经济物理关心的是经济市场,其中的行为人构成了市场中的最小单元。若从这个角度看,我想,经济市场该可被视为复杂流体之一种,——一种非传统意义上的复杂流体。试举一例,以作比较:

颗粒悬浮液(传统复杂流体中的一个典型)其中含有大量的固体颗

① 此文最初于 2010 年 4 月 26 日发表于新浪博客:http://blog.sina.com.cn/s/blog_53af0c0f0100hx8c.html。

粒，这些颗粒在外场(电场或磁场)的影响下，源于自身极化之特性，可形成链状或柱状结构，从而使得系统内的颗粒分布从无序→有序。(当然，这些颗粒亦可收到剪切场(外场之一种)的影响，从而形成层状结构，即无序→有序。此外，这些颗粒还可收重力场(外场之一种)的影响而沉降(若颗粒的自重可以克服布朗运动的影响)，此时，同样可视为无序→有序。)

股票市场(经济或金融市场之一种)其中含有大量的行为人，这些人在外场(此处可视为“外界信息流”)的影响下，源于自身趋利避害之特性，可形成在某一时期内“想买”(或“想卖”)占据主导地位的状态，从而使得系统内的行为人的行为从无序(如“想买”与“想卖”各占50%)→有序(如“想买”或“想卖”占据主导地位)。

所以，从研究对象上看，可以这么说，经济物理所关心的经济市场可以视为一种非传统意义上的复杂流体。

然而，分析经济市场和复杂流体的具体方法，尚不尽相同。我们迄今暂无法为两者找出完全意义上(或定量上)的一致。R. N. Mantegna 和 H. E. Stanley 在他们的经典著作《An introduction to econophysics》(《经济物理学导论》)中，第 11 章分析了“金融市场和湍流”(注：湍流也在复杂流体的研究范畴之中)，他们声明“我们的目标是论述这两个学科之间的交叉研究是很有用的，而不是论述根据湍流进行类推在定量研究中是正确的”，他们撰写的第 11 章很好地回答了他们自己提出的一个问题，即“我们对湍流的研究能否帮助我们研究金融市场上价格的变动”。答案是肯定的。——正如他们最终的研究结论所显示的。

我想，我们不应该只满足于经济市场与复杂流体统计规律上的定性一致性(而这类一致性正是 R. N. Mantegna 和 H. E. Stanley 在他们著作的第 11 章中所关心的!)，我在上文中为两者建立联系的出发点是建立在两个系统的微观组成上。显然，这样的类比可能可以给我们一个新的启发，就是：

两个系统(经济市场 vs 复杂流体)中的微观动力学机制是否也有其相似性? 根据上面的简单类比分析(颗粒悬浮液 vs 股票市场)，我认为有。

换言之，我这里建议我们从构成经济市场的行为人的角度出发，类比传统复杂流体(如颗粒悬浮液)中的颗粒们，去构建我们的代理人模型。我想，这该值得我们深入探讨。从操作手法上看，处理传统复杂流体时常用到的分子动力学模拟方法显然可以为我们构建新的代理人模型提供有价值的参考。

这个任务，任重道远!

2.12 我为什么选择“复杂流体”作为主攻方向之一[①]

我的课题组现在有两个主攻方向，一是“复杂流体”(比较专业的介绍，请点击课题组网页 http://econophysics. fudan. edu. cn/jphuang/%E5%A4%8D%E6%9D%82%E6%B5%81%E4%BD%93)，一是“经济物理”(比较专业的介绍，请点击课题组网页 http://econophysics. fudan. edu. cn/jphuang/%E7%BB%8F%E6%B5%8E%E7%89%A9%E7%90%86)。前者属于软物质研究领域；后者属于物理学交叉课题研究领域。

最近，物理系2007级本科生在选修“科研实践”一课，不少学生都找我，想参与本组的经济物理研究。而复杂流体则乏人问津。究其原因，我想，这主要是因为，经济物理字面上很好理解，一看就懂，而复杂流体，则有点唬人了。一看，不懂；再看，还不懂。为什么？因为冠之“复杂”嘛。——尤其对初学者，更是如此。

其实，这里的“复杂”，与日常生活中和“简单”或“容易”语义相反的那个“复杂”相比，两者并不相同。复杂流体中的“复杂”并不“复杂”，只是有特定的含义罢了。嗯，玩绕口令了，看下去就知道了：

大体可以这么说，如果说凝聚态物理属于基础研究的话，那么复杂流体则属于应用基础研究！

复杂流体的英文是“complex fluids”，在美国物理学会的期刊《Physical Review E》(《物理评论E辑》)中就有一个专门的栏目“Structured and complex fluids”(结构与复杂流体)。复杂流体主要包括那些有外场控制的结构流体，如电流变液、磁流变液、(胶体)铁磁流体等。这些材料通常也叫做“智能材料”(smart materials)，这里的智能性主要体现在它们会根据外部信息(即外加电场或磁场)来调整自身物理结构和性质，而智能材料也属于复杂系统研究的范畴之一。

所以可以说，复杂流体大体也属于复杂系统的研究范畴，因而复杂流体也具有复杂系统的某些特性。可是，复杂系统又是何方神圣？

相对于简单系统的“2等于1+1”的还原论研究方法，对于复杂系统，则有“2不等于1+1”，或者说，通常的还原论的研究方法已经不再适应。

---

① 此文最初于2009年9月11日发表于新浪博客：http://blog. sina. com. cn/s/blog_53af0c0f0100eqdw. html。

说到这里，可能还不好理解，我们可以这样看：上述简单系统中的“1”可以看作一个个的个体，这些个体的性质的简单累加，就构成了整体的“2”。而对复杂系统而言，这样简单的“个体＋个体＝整体”（或“整体＝个体＋个体”）的“自下而上”（或“自上而下”）的研究方法已经不是很有效了，因为，此时“2不等于1＋1”（也许2＝1.5＋0.5，或其他），这里的本质主要体现在“个体无法继续简单决定整体”。譬如说，一辆大众轿车由各种各样的、大大小小的零部件构成，但是，这辆轿车是个简单系统；1 000辆大众汽车行驶在（上海）外滩边上的延安东路构成了交通堵塞，则变为复杂系统了，因为，此时整体的“堵塞”现象已经无法简单地通过个体的性质来解释清楚了。

从上面对复杂系统的介绍可知，复杂流体之所以冠之“复杂”，亦体现在这些系统内的（介电或磁性）颗粒的个体的特性决定不了整体的物理性质，而系统整体的物理性质是由局域个体之间产生不确定性的、复杂的耦合后才体现出来的。

复杂流体，是一个充满挑战的前沿研究领域！它们的应用前景非常广泛，在机械（如磁悬浮列车）、医学（如靶向给药）、光学（如新型非线性光学材料）、航空（如航空服）等领域，皆已经有着、或即将有着非常重要的应用。

最后，值得一提的是，本课题组在复杂流体领域的研究范畴又有进一步拓展，我们正从传统的智能材料领域，拓展到研究微观纳米管道中的水分子输运、生物大分子的输运、磁性纳米颗粒的调控等方面。我们的这些研究不仅有助于为“水资源的净化”献计献策，还有助于理解自然界中的各种生命现象。——这些都是涉及国计民生的大课题，我们在努力，我们期望能够贡献一份绵薄之力！

［补注］

补充一点：经济物理也属于复杂系统的研究范畴，有兴趣了解者请点击这个网页：http://www.swarmagents.com/complex/intro/articles.htm。

2.13 我为什么选择“经济物理”作为主攻方向之二①

欲回答这个问题，基本只要回答好什么是经济物理就可以了。

① 此文最初于2009年9月17日发表于新浪博客：http://blog.sina.com.cn/s/blog_53af0c0f0100essq.html。

与本组另一个主攻方向“复杂流体”相比，“经济物理”就字面上很好理解。怎么个很好理解？“经济系统中的物理呗”。嗯，这么讲，大体还行，但是并不全面。且听我一一道来：

经济物理的英文单词是“Econophysics”，此词是1995年美国科学院院士H. E. Stanley提出来的，他是当代经济物理之父。当初提出这个词的本意是用于概括由物理学家们发表的一批又一批的研究经济或金融的“papers”，至于这些“papers”有多少“物理”蕴含其中，尚无严格定义。Stanley教授本人在回答我关于“经济物理的终结目的是什么”的问题时，他说：“就是从一个不同的角度来看看经济系统中的问题。”

显然，他没有正面回答我的问题，这个回答非常谨慎。确实，作为一个自20世纪90年代中期才蓬勃发展起来的领域，现在若下过早的结论，可能会闹笑话的，这可能也正是Stanley教授的回答显得如此谨慎的重要原因。

物理学家们介入经济学(金融学)的研究，有何特殊意义？

首先介绍2个物理大牛与经济学之间的趣闻：

当年，牛顿购买了一批股票，先是大赚一笔，结果被胜利冲昏了头脑，他再次购进大量的股票后，却亏得一塌糊涂，他感叹道“我可以计算天体运动，但是无法计算人类的疯狂”。

另一个趣闻是这样的，上个世纪初，著名经济学家凯恩斯邀请普朗克从事经济学研究。普朗克考虑了两周后，他郑重拒绝了，说“经济学中的数学太难了”。

难归难，总得有人做啊，——因为经济学毕竟与我们的生活密切相关。

迄今，看看我们身边的许多事务，我们不能不由衷地感叹：物理学已经改变了整个世界！例如，火箭、人造卫星、原子弹、GPS、计算机等。可是，与物理学已经取得的巨大辉煌相比，公平地说，经济学的成就令人失望，——诚然这个结论经济学家们不喜欢。然而谁也无法漠视这些事实，就举最近的例子吧，例如全世界正在经历的自2008年开始的大规模金融危机。如何预测这些危机？如何战胜这些危机？经济学家们似乎尚无良策。

物理学家介入经济学研究的特殊意义，也就体现在这里。可以换个视角看经济问题，也许利用物理学中已经成熟的研究范式、理论工具等，能够给经济学的研究带来一些新气象。

其实，就传统经济学本身而言，它也有不完善的地方。例如：

(1) 在传统经济学中,行为人都是非常理性的。怎么理解这个"非常理性"?就是这些行为人在面临同样的经济问题时,会用最理性的方法处理,至于人与人之间的差异,不做考虑。这似乎有点问题,凭什么"我"与"其他人"会用一样的理性思维做同样的理性决策?——就不允许"我"来点儿情绪化的、不理性的选择么?嗯,在传统经济学中,就"不允许"。当然,这里所谓的"理性的行为人"仅是传统经济学中的一个假设。在与实际问题相比较时,这个假设确实导致了不少理论问题。当然,经济学家们也意识到这些问题了,现在"行为经济学"已经是经济学领域的一个新分支了。

(2) 传统经济学中还经常用到一个假设,就是"供求平衡"。什么意思?就是你需要100辆自行车,我这里就生产100辆给你;我需要100辆QQ轿车,你就生产100辆给我。为什么这样?供求平衡啊。如果真是这样,那1929—1932年之间西方国家的经济大萧条也就不会出现了;如果真是这样,2008年开始的金融危机也就无从现身了。可是,事实并非如此令人振奋。可见,传统经济学中的假设——供求平衡有值得商榷之处。

除了上面这里列举的两个问题外,此外还有,就不多举例了。我下面以"看不见的手"为例,谈谈经济学的一个典型的研究范式。

230多年前,亚当·斯密在《国富论》中提出"看不见的手"这一说法。斯密老先生发现,自由市场虽然表面看起来混沌不堪,但本质上还是有序的,就好像有只看不见的手在调节。这就是看不见的手最初的由来。

既然看不见的手这么伟大,可以自由调节市场运行,那还要政府干嘛?政府就只管收收税好了。对市场需要做什么吗?什么都不要做。斯密之后的经济学家们给政府的建议也确实如此。政府就是做好"守夜人","敲好钟就行了",政府不需要干涉市场,"看不见的手"会帮政府解决一切的。

然后,政府也就真的放手不管市场了,经济学家们也都高兴了。可是,好景不长,1929—1932年之间的经济大萧条,让西方的经济学家们陷入了困惑。看不见的手咋就不起作用了呢?许多商品积压卖不出去!许多老百姓失业!一大批社会问题层出不穷!

经济学家们仔细反思,发现看不见的手是有其成立条件的。那么,后来的经济学家们如何看待看不见的手呢?是这样的(作者注:下面这一段话摘自复旦经济系的一位老师发给我的电子邮件)——

在经济学里,所谓"看不见的手",是说当信息充分(价格已经直接或间接地反映了应有的信息,这里的价格并不一定是真正的价格,而是市场信号)、市场竞争(没有垄断,没有人能够控制市场)、没有外部性(人的行为对他人的影响都已经反映在其自己面对的价格上)这些条件都满足时,每个人都追求自利的动机,市场的价格机制可以自动实现资源最优配置,而这些条件其实在现实中很难满足,于是就出现所谓"市场失灵",在有些条件下,可用政府干预的方式来弥补市场的缺陷。

这是什么意思?就是政府不能再继续当惬意的"守夜人"了,政府需要对市场实施宏观调控。自1929—1932年之后,政府的宏观调控逐渐建立并完善起来,什么货币政策,什么财政政策,应有尽有。可是,尽管有着宏观调控,金融危机还是于2008年爆发了。怎么办?我们拭目以待。

从上面关于"看不见的手"理论的完善及现存的问题中,我们会发现,经济学研究过程中的分析多侧重于定性的理论分析、演绎。——当然,经济学后来的分支金融学,特别是金融工程,其中的定量成分基本不逊于物理学科。

物理学家研究经济学的范式,大体是这样的:

(1) 实验:就经济或金融数据,运用统计分析的手段给出实验结论,或者做真人实验,得出实验结论;

(2) 理论:发展解析理论或数值模型,解释已有实验现象中的本质、挖掘其机理;

(3) 实验与理论:把理论结论与实验结果进行比较,验证理论是否正确;

(4) 应用:基于正确的理论,提出政策建议以应用之。

与经济学家一样,物理学家视经济系统是一个有相互作用的大量的个体的集合。这个集合非常复杂,每个个体都与别的个体有着或松散、或紧密的关联。然而,这些关联究竟如何?物理学家们还在努力。

物理学家从事经济学研究的武器有统计力学、经典力学、量子力学。也就是说,四大力学中除了电动力学,其余三大力学都派上了用场。当然,对于量子力学的使用,现在还有比较大的争论,读者有兴趣的话,细节问题可查阅相关文献。至于统计力学的介入,这没有任何问题,常用的一些统计方法,可以看作"(虚拟的)实验仪器",用这些"仪器"分析经济(或金融)数据后,也就得到了实验结论。而对经典力学的介入,这也不足为奇,其实传统经济学中的"供求平衡",本质上就是借鉴经典力学中的受力平衡。

具体说来,物理学家们研究经济系统的理论工具有:布朗运动、少数

者博弈游戏、地震模型、渗流模型、混沌模型、自组织临界模型等。而实验工具则有统计分析和真人实验。

迄今,经济物理学已经取得了很多重要的成果,这里举3个例子:

(1) 解析理论方面的代表成果(理论成果):Black-Scholes期权定价公式是一个典型。这个公式起源于物理学中众所周知的布朗运动。在1997年,Robert C. Merton和Myron Scholes因为这个公式得到了诺贝尔奖(特别一提,非常遗憾的是Black于1995年已经过世,因而未能获得此奖,因为诺奖只发给活着的人)。

(2) 统计分析方面的代表成果(实验成果):股票价格的"胖尾"分布属一个,它是物理学家们给出的。通常的经济学家认为股票价格变动遵循的是无规(高斯)分布,与胖尾分布相比,无规分布忽略了股票市场中大的起伏,而事实上正是这些大的起伏导致了整个金融市场、甚至整个国家的危机。因此,这个分布被揭示后,相关的经济模型,也需要做出修正。

(3) 在数值模拟方面的代表成果(理论成果):少数者博弈游戏。这个由物理学家提出的游戏,已经被成功用于解释很多经济(金融)现象,因为它抓住了市场中少数者获胜的本质。最近我们发展了一下这个模型,建立了"市场导向的资源分配模型"(Market-directed resource allocated game),运用这个模型,我们成功地找到了经济市场中"看不见的手"起作用的一个可能的微观机制,——这是传统经济学中没有给出的。并同时,揭示了一些新的物理现象(PNAS 106,8423 - 8428(2009);或点击下载此文:http://www. physics. fudan. edu. cn/tps/people/jphuang/Mypapers/PNAS-1. pdf)。

然而,经济物理发展至今,虽然已经取得不少可喜的研究成果,如关于金融市场的规律分析等,但主要成果多是在物理类(或统计力学方面)的主流期刊发表的,对主流经济学界尚无实质影响。而且,也有几位主流经济学家对经济物理的研究内容和一些方式有不少尖锐的批评。(经济物理的成果一般多在物理类期刊发表,也有一个重要的客观原因,这里不能不说:投稿给物理类的期刊是不需要交费的,而投稿给经济类的期刊多是需要交费的,交了费再审稿,最终论文可能接受、也可能被拒绝。这个投稿交费的政策对习惯于投稿不交费的物理领域的研究人员来说,有点"是可忍孰不可忍"的味道,所以,这也客观上(部分)影响了经济物理学家投稿给经济类期刊的积极性。)

总之,经济物理作为一门新兴学科,物理学家们还有很长的路要走,

唯其有很长的路要走，所以，我们面临巨大的挑战，同时也面临大量的机遇，因而，

——我选择了经济物理作为本组的主攻方向之一。

［附］　一个有用的经济物理研究网站：http://www. unifr. ch/econophysics。

2.14　漫谈经济物理学[①]

一、导言

经济物理学的英文是"econophysics"，这个词是美国科学院院士H. E. Stanley教授(见图2.15.1)在20世纪90年代中期提出的。大体说来，经济物理学就是运用物理学中发展的方法、模型、思想去讨论、分析、理解经济或金融问题。经济物理学自诞生之日起，就受到了人们的极大期待，——这里的"人们"也包括传统的经济学家(或金融学家)，国际上两家著名的综合性学术期刊《自然》(Nature)和《美国国家科学院院刊》(PNAS)已经刊发过不少经济物理学方面的研究论文。可是经过十几年的发展，经济物理学在经济学家们的眼中又是什么模样的呢？大体说来，经济学家们认为[②]：经济物理学正在对计量金融的一些应用领域产生一些影响；经济物理学家们已经成功发展了一些模型用于

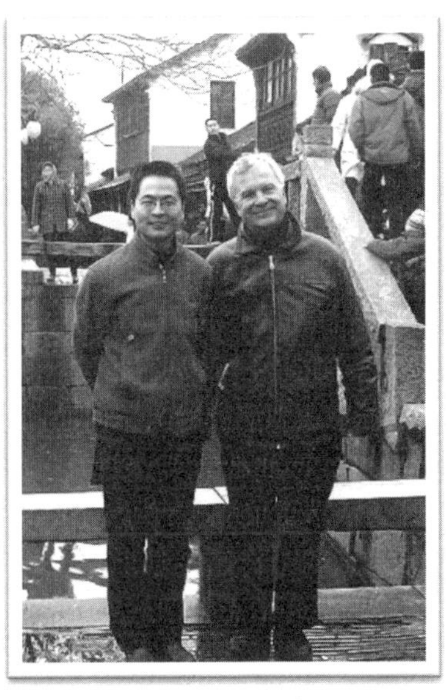

图2.15.1　2009年2月下旬H.E. Stanley教授(右)应我(左)邀请到复旦大学讲学

① 此文应邀发表于《现代物理知识》，22卷，29—35(2010)页，收录于此时，有所修改；以此文内容为主体的学术报告(题目："漫谈经济物理学")，请见超星学术视频：http://video. chaoxing. com/serie 400005047. shtml。

② 引自 http://en. wikipedia. org/wiki/Econophysics；原始文献亦可从该网页获得。

解释金融市场中的价格波动；经济物理学的研究成果多半发表在物理或统计力学方面的期刊，而非发表在主流经济学期刊，主流经济学家对经济物理学并无显著印象。此外，就这个问题，我自己也与几位经济学家交流过，获悉他们还有一些更具体的负面印象，他们认为经济物理学家们常常不用经济学家熟悉的语言和方法来描述和处理经济问题，还有，他们觉得，在可预见的将来，经济物理学家对经济学的研究无法建立类似于牛顿力学那样完整的理论体系。

无疑，对经济物理学家而言，情况不容乐观，还有很长的路要走。

为此，经济物理学家们迫切需要运用经济学知识来武装自己，并且需要研究那些经济学家们所关心的问题。如果经济物理学家们没有经济学的知识，而凭借对经济学的一知半解就做研究，很可能会闹笑话的，例如简单重复经济学中公认的成果而不自知，至于研究经济学家们关心的课题，这个可能应该成为经济物理学可持续发展的重要方向。当然，也并非尽皆如此。这里试举一例：经济物理学家非常关心经济数据中蕴含的标度律，而经济学家们并不甚关心，可是这些标度律有着丰富的物理内涵，其意义之一就是拓宽了传统的统计物理学的研究范畴，把已有的统计物理学中的一些物理图像推广到经济或金融系统。——此举显然是带给传统统计物理学家们的一个福音。对此，统计物理学的奠基人 L. E. Boltzmann 老先生若能复生，我相信，他老人家看到这些成就亦会欣慰万分，并对自己通过自杀离开人世而后悔不迭得捶胸顿足。

此外，也值得一提的是，很多主流经济学期刊要求投稿人缴纳审稿费，——即便论文最终被拒，这个审稿费也是要交的，而物理类的期刊从不作如此要求，物理学家们已经习惯了不缴纳审稿费的审稿模式了。我认为，这也可能是导致经济物理学家们没有把更多的成果发表到主流经济学期刊的原因之一。当然，这仅仅是个猜测，想来物理学家们也“不差钱”，投稿给物理类期刊也许仅仅是习惯使然。但欲使经济物理学成果得到更多的关注，经济物理学家们的这个习惯似乎有做适度调整的必要。

对比经济学与物理学，我们可以这么说，自 20 世纪起，人类的生活已经被物理学彻底改变了，例如计算机、激光等。可是，经济学带给人们的是什么呢？对比物理学的辉煌，似乎可以这么说，作为一门传统的学科，经济学欲臻成熟佳境，还有很长的路要走，在此过程中，吸收其他学科（例如物理学）中成熟、可行的经验、方法等，显得颇有必要。

二、经济物理学的方法论

1. 传统经济学的研究范式

传统经济学的研究范式中多的是定性研究，少的是定量研究。当然，不可否认，在金融或计量经济学中也有定量研究。但是，作为经济学中那些支柱性的研究成果通常都是一些透过现象看本质的定性论述，可是，也正是这些论述支配着国家的宏观政策走向。下面试着拿市场中“看不见的手”为例来简要说明之。

经济学的鼻祖亚当·斯密(Adam Smith)230多年前就在《国富论》中指出：自由市场表面看似混乱而毫无拘束，实际上却是由一双所谓的“看不见的手”(invisible hand)所指引，引导市场生产出正确的产品数量和种类。人们用这只看不见的手可以成功解释许多现象，并据此得出结论：在看不见的手的影响下，市场可以有序运行，政府不必做任何事情。可是1929—1932年期间的经济大萧条导致经济学家们不得不重新审视看不见的手了，他们认为，看不见的手要起作用，必须满足特定的条件，欲满足这些条件，政府必须做适当的宏观调控。可是，2008年起的金融危机再次显示，宏观调控也非万全之举。

2. 传统物理学和经济物理学的研究范式

传统物理学的研究范式如下：

第一步：实验研究——开展实验，得到规律；

第二步：理论研究——基于解析理论和/或计算机模拟建模，得出唯象或基础理论；

第三步：比较理论与实验，验证理论；

第四步：应用。

当然，具体情况具体分析，这里的第一步和第二步并无严格的先后关系，它们可对调或并列。经济物理学家们主要从物理学的视角来审视经济问题。鉴于已有的经济学成就并不令人满意(如无法准确预测周而复始的经济危机等)，物理学领域已经取得的丰功伟绩使人们有理由期待物理学的研究范式可能对经济学的研究大有裨益。为此，人们在从事经济物理学研究时更倾向于遵守传统物理学的研究范式，这也从客观上提高了经济物理学成为物理学一级学科下的二级学科的可能。但是，考虑到经济物理学研究对象与传统物理学关注的对象迥异，这里把经济物理学的研究范式归纳如下：

第一步：实验研究——基于既有的经济或金融数据，分析数据，得到规律；开展可控实验，得到规律；

第二步:理论研究——基于解析理论和/或计算机模拟建模,得出唯象或基础理论;

第三步:比较理论与实验,验证理论;

第四步:应用(或提出政策建议)。

同样,这里第一步与第二步的先后顺序并不严格。至此,可以给出从事经济物理学研究的 3 种方法。

3. 经济物理学的 3 种研究方法

(1) 方法一:统计分析。

经济物理学研究范式中提及的基于既有数据的统计分析,是经济物理研究过程中常用的方法。国际上,使用这种方法的课题组首推当代经济物理之父 H. E. Stanley(美国科学院院士)。20 世纪 90 年代起,Stanley 及其合作者就开始广泛地把统计物理中各种成熟的研究方法用于分析经济或金融市场中的海量数据。之后,引起了"统计物理分析"经济(金融)数据的空前热潮。国内学者,如华东理工大学周炜星教授等,在此亦成果赫赫。鉴于被分析的这些经济(金融)数据都源于现实市场,所以,有人把这种方法看作实验研究,这里统计方法本身可以看作"实验仪器",而"各种各样的经济或金融数据"则是实验样品。但真正意义上的"实验"应该是指通过限定某些参量,并调节另外一些参量,从而获得结果的研究方法,物理学家们在实验室做的实验当属此类,也就是说,真正的"实验"应该具有可控性。显然,"统计分析"并非"可控实验"(controlled experiments),或并非物理学家眼中真正意义上的"实验"。这里值得提及的是,经济物理学家基于统计物理的分析与数学家的统计分析方法有着比较显著的区别。大体说来,物理学家更多关注的则是金融(经济)系统整体的普适性(如标度律等)。其实,这个区别亦可从统计物理(物理学)与统计学(数学/统计学)之间的差别来理解之。

统计分析的代表性研究成果可见下例。

股票价格的"胖尾"分布(见图 2.15.2)可被视为统计分析方面的一个代表成果[①]。经济学家通常认为股票价格变动遵循的是无规(或高斯,Gaussian)分布,与胖尾分布相比,无规分布忽略了股票市场中大的起伏,而事实上正是这些大的起伏导致了整个金融市场、甚至整个国家的危机。因此,这个分布被揭示后,相关的经济学模型也需要做出修正。这里值得

---

① R. N. Mantegna, H. E. Stanley. Scaling behavior in the dynamics of an economic index. *Nature*, 1995(376):46.

一提的是，在20世纪60年代，其实已经有经济学家[①]提出这个胖尾分布，并认为该分布是列维(Levy)稳定分布，经济物理学家在此的新贡献主要是揭示了这里的分布规律与之前发现的列维稳定分布有所区别，特别是在小概率事件的发生方面，显著偏离了列维稳定分布。

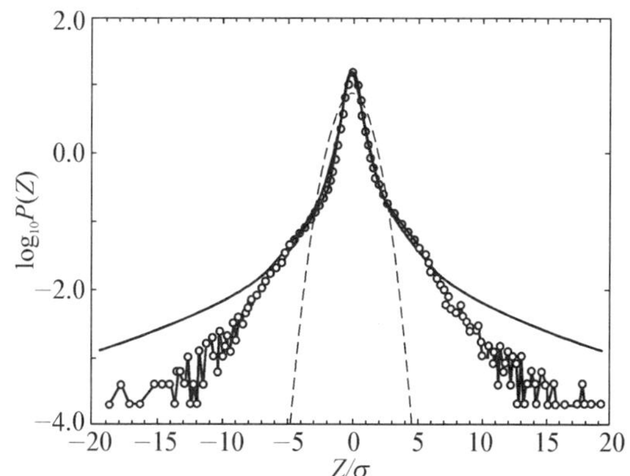

图2.15.2 1984年1月—1989年12月6年间高频标准普尔500指数(Standard & Poors'500 index)的概率密度函数与高斯(Gaussian)分布(虚线)和列维(Levy)稳定分布(实线)的比较，数据尾部显著偏离高斯分布，体现出"胖尾"现象[②].

(2) 方法二：建模。

建模分为基于行为人的建模(agent-based modeling)与非基于行为人的建模(non agent-based modeling)。计量经济学家们也有不少基于行为人模拟的方法，但是，他们的模拟方法与经济物理中行为人模拟的显著不同在于，计量经济学家们更关注的是典型事件("个性")，经济物理学家们更强调的则是不同系统的普适性("共性")，如相变、标度律等。至于非基于行为人的建模，例如一些价格动力学建模就属此类。

建模的代表性研究成果有以下两个方面。

从解析理论方面看，Black-Scholes期权定价公式是一个典型成果。这个公式起源于物理学中著名的布朗运动。因为这个期权定价公式，R. C. Merton和M. Scholes在1997年分享了当年的诺贝尔经济学奖。可

① B. Mandelbrot. The variation of certain speculative prices. *The Journal of Business*, 1963(36):394.

② R. N. Mantegna, H. E. Stanley. Scaling behavior in the dynamics of an economic index. *Nature*, 1995(376):46.

以这么说，正是因为这个公式，使得很多物理学专业毕业的学生获得了在金融学领域发挥光和热的机会。

从计算机模拟方面看，当以瑞士弗里堡大学的华人经济物理学家张翼成教授与合作者在1997年提出"少数派博弈"(minority game)的模型为代表，这个模型随后风靡至今，并得到了显著发展。发展过程中的代表人物有香港中文大学许伯铭教授等人，我的课题组2009年在此领域也有新发展，建立了"市场导向资源分配博弈"(Market-Directed Resource Allocation Game)模型(见图2.15.3)①。少数派博弈模型及其衍生版本可以用于解释不少金融市场中的程式化事实(stylized facts)，其原因并不复杂，因为市场是人构成的，分析单个行为人的行为理当最接近市场的本质。

图2.15.3　市场导向资源分配博弈的示意图②

(3) 方法三：可控实验。

姑且不论法律不允许任何人可以人为地操控市场，客观上源于实际

① W. Wang, Y. Chen, J. P. Huang. Heterogeneous preferences, decision-making capacity, and phase transitions in a complex adaptive system *PNAS*, 2009(106):8423.

② 一群人选择进入房间1或房间2，这两个房间内分别存放有 M_1 和 M_2 数额的人民币。选择进入房间1的 N_1 人将平分 M_1，即每人可得人民币的数额是 M_1/N_1；同样，选择房间2的 N_2 人，每人可得人民币的数额是 M_2/N_2。如果 $M_1/N_1>M_2/N_2$，则此轮房间1获胜。与实际市场相对应，这里的"人"可以是自然人，也可以是机构投资者，而这里不同的房间则代表不同的投资渠道，其中 M_1 和 M_2 可视为利润。图中卡通人物、房屋等构成要素源自网络，它们的版权归原作者所有。

金融市场的复杂性，任何人都无法基于真正的金融市场来做实验研究，这里的实验特指物理学家眼中的可以调控的实验。同样，与行为经济学中真人实验不同的是，行为经济学家们关心的是具体特例，而经济物理学家们在可控实验中更关注的仍旧是系统内蕴含的普适规律。

可控实验的代表性研究成果如下：

我们聚焦于非均匀分布的资源分配问题，开展了一系列真人可控实验①(见表 2.15.1)，结果发现：即使完全没有实验参加者之间的直接交涉，也完全没有外部力量对参加者进行协调，实验中的虚拟资源的配置还是达到了有效状态，即看不见的手起作用了。然后，在"少数派博弈"模型的基础上构建了"市场导向资源分配博弈"(图 2.15.3)模型。新模型很好地解释了实验结果。与此同时，通过模拟，我们发现看不见的手起作用的充分条件是：资源竞争的参与者所持有的策略必须具备足够的多样性，对分布于各处的资源的偏好能随环境演化而自动调整；市场参与者的决策能力必须与环境的复杂程度相匹配。更为有趣的是，在我们的模拟结果中存在多个相变过程，而正是在这些相变的临界点附近，看不见的手的调节功效可以被发挥到极致，此时的资源分配市场呈现出配置有效、波动稳定、波动方向不可预测的状态。我们的部分实验结论随后被 Bohorquez 等人用于独立佐证他们论文②中关于"信心阈值"这一基本理论基础的可靠性。

表 2.15.1　第 G 组 10 位玩家(皆是复旦大学的学生)参加图 2.15.3 所示"市场导向资源分配博弈"的实验数据③

组(人数)	轮数	M_1	M_2	$\langle N_1 \rangle$	$\langle N_2 \rangle$
$G(N=10)$	1～5	3	1	5.4	4.6
$G(N=10)$	6～10	3	1	8.2	1.8

---

① W. Wang, Y. Chen, J. P. Huang. Heterogeneous preferences, decision-making capacity, and phase transitions in a complex adaptive system *PNAS*, 2009(106):8423.

② J. C. Bohorquez, S. Gourley, A. R. Dixon, M. Spagat, N. F. Johnson. Common ecology quantifies human insurgency. *Nature*, 2009(462):911.

③ 此时，资源比 M_1/M_2 和每轮的人数比 N_1/N_2 皆不公布给这些玩家，他们获得的外界信息仅仅是"房间 1(或房间 2)赢"。实验过程中，玩家之间不允许有任何形式的交流。从表 2.15.1 可以看出，人数比与资源比趋于相等，即似乎其中有只看不见的手在起着优化资源配置的作用。即便在第 21 轮，实验组织者悄悄改变了资源比，其后人数比与资源比仍旧能够趋于相等。此表取自下面的文献，更多的实验数据亦可从该文献获得：W. Wang, Y. Chen, J. P. Huang. Heterogeneous preferences, decision-making capacity, and phase transitions in a complex adaptive system *PNAS*, 2009(106):8423.

(续表)

组(人数)	轮数	M_1	M_2	$\langle N_1 \rangle$	$\langle N_2 \rangle$
$G(N=10)$	11~15	3	1	7	3
$G(N=10)$	16~20	3	1	7	3
$G(N=10)$	21~25	1	3	7.8	2.2
$G(N=10)$	26~30	1	3	4.2	5.8
$G(N=10)$	31~35	1	3	2.8	7.2
$G(N=10)$	36~40	1	3	2.6	7.4
$G(N=10)$	41~45	1	3	2.4	7.6

4. 一个争议颇多的话题:经济物理学赖以成立的可能的物理理论基础

众所周知,传统物理学得以成立的理论基础就是俗称的“四大力学”,即统计力学(含热力学)、经典力学、量子力学和电动力学。经济物理学是不是也可能以这四大力学为其理论基础呢?

欲回答该问题,为便于理解起见,这里先从经济市场(经济物理学所关注的对象)与复杂流体的表观相似性出发,做个比较。关于复杂流体,这里需要先补充几句,它是传统物理学中软凝聚态物理所关注的系统,根据 1991 年诺贝尔物理学奖获得者 P. G. de Genns 的著作①,复杂流体主要包括以下 4 种,即液晶、高分子、胶体和表面活性剂。

若从研究对象上看,经济市场中的行为人(散户或机构投资者)构成了市场中的最小功能单元。所以,从表观上看,经济市场似乎可被视为复杂流体之一种,——一种非传统意义上的复杂流体。大体说来:颗粒悬浮液(复杂流体中的一个典型系统)中含有大量的固体颗粒,这些颗粒在外电场或磁场的影响下,源于自身极化之特性,可形成链状或柱状结构(见图 2.15.4),从而使得系统内的颗粒分布从无序到有序。

股票市场(经济或金融市场之一种)中含有大量的行为人,他们在外场(此处外场可以视为国家发布的宏观政策等外界信息流)的影响下,源于自身趋利避害之特性,在某一时期内可形成“买”或“卖”占据主导地位的状态,从而使得系统内行为人的行为从无序(买方与卖方各占 50%)转

① P. G. de Gennes. Soft Matter. *Reviews of Modern Physics*, 1992(64):645.

变为有序(买方或卖方占据主导地位)。至此,从研究对象上看,似乎可以这么说,经济市场是一种非传统意义上的复杂流体。

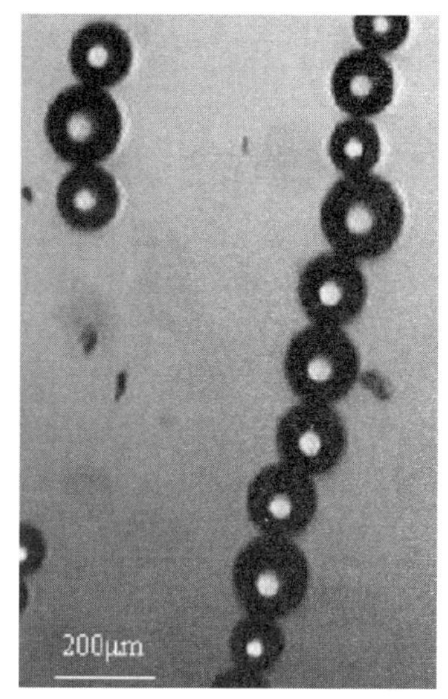

图 2.15.4　外电场导致介电颗粒形成链状结构①

然而,分析经济市场和复杂流体的具体方法,尚不尽相同,人们迄今还无法为两者找出完全意义上或定量上的一致性。R. N. Mantegna 和 H. E. Stanley 的经典著作《经济物理学导论》(中译本)②第 11 章的标题是"金融市场和湍流",他们声明"我们的目标是论述这两个学科之间的交叉研究是很有用的,而不是论述根据湍流进行类推在定量研究中是正确的",他们撰写的第 11 章很好地回答了他们自己提出的一个问题,即"我们对湍流的研究能否帮助我们研究金融市场上价格的变动"。答案是肯定的。——正如他们最终的研究结论所显示的。

我想,人们不应该只满足于经济市场与复杂流体统计规律上的部分定性一致(而这类一致正是 R. N. Mantegna 和 H. E. Stanley 在他们著作的第 11 章中所关心的!),我在上文中为两者建立联系的出发点是建立在这两类系统的微观结构的相似性上。显然,这样的类比可以启发我们做些新的思考:这两类系统中的微观动力学机制是否也有其相似性呢?

针对这个问题,根据上面的简单类比分析(颗粒悬浮液与股票市场),我的答案是"有"。换言之,我在这里建议我们从构成经济市场的行为人的角度出发,类比传统复杂流体(如颗粒悬浮液等)中的颗粒们,去构建我们的基于行为人的模型。我想,这该值得我们深入探讨。从操作手法上

① 此实验图片出自下面的文献:M. Shen, J. G. Cao, H. T. Xue, J. P. Huang, L. W. Zhou. Structure of polydisperse electrorheological fluids: Experiment and theory, *Chemical Physics Letters*, 2006(423):165.

② R. N. Mantegna, H. E. Stanley. Introduction to Econophysics. Cambridge, UK, Cambridge University Press, 2000(中译本:经济物理学导论. 北京:中国人民大学出版社,2005).

看，处理传统复杂流体时常用到的分子动力学模拟方法显然可以为我们构建新的基于行为人的模拟提供有价值的参考。但是，这个任务任重道远！

我在上文中试图给出复杂流体和经济市场之间表观上的联系，并试图给出我的观点——经济市场可以视为复杂流体之一种。但是，前面的内容更多的是现象的论述，作为科学，我们有必要透过现象看本质，较为深入地论述一下两者之间的联系。为此，我这里尝试从这两个系统赖以成立的理论基础做比较谈下去：

复杂流体作为传统物理学所关注的系统之一，它显然以上文提及的四大力学为其理论基础，即统计力学（含热力学）、经典力学、量子力学和电动力学。关于这些，我这里不必过多论述，因为它们早被大量的实验证实了。当然，这里有必要一提的是，对于复杂流体，很多时候人们在研究它们的物理性质时，并不考虑微观的量子效应，这并非说它不满足量子力学，仅仅是因为所考虑的性质中，量子效应不显著，故而不予考虑。

那么，表象上与复杂流体类似的经济市场是否也以类似的四大力学为其理论基础呢？作为经济物理学领域的研究人员，提出这个问题应该是非常有意义的。这个问题若能讨论清楚，那么我们也就为“经济市场是否果真是复杂流体之一种”这个命题找到了科学的答案，更为重要的是，若能清楚回答这个问题，可能有助于人们效仿传统物理学，按图索骥，深入开展经济物理方面的研究工作。对此，我个人的看法是这样的：

统计力学在经济市场中功效显著，这已经是不争的事实。自20世纪90年代初以来，H. E. Stanley教授及其合作者已经在此领域做出卓越贡献。统计力学中的一些标度、相变等图像，在经济市场中皆已被完美地揭示出来，这些对理解实际市场有着举足轻重的意义，故而我们可以很有信心地说：“统计力学是经济市场的理论基础之一。”

经典力学在经济市场中的贡献，也早为人知。许多传统经济学理论都是基于“供求平衡”提出的，而供求平衡正源于经典力学中的受力平衡。考虑到经济市场中看不见的手的作用，人们认为，正是这只手引导着市场实现了供求平衡。但是，这个引导力显然不是经典力学中牛顿（Newton）的3个定律能够简单描述的，因为这个引导力是一种“等效力”，它是各种相关“作用”的合力，有点类似于经典力学中力的合成与分解。从等效的意义上看，我们似乎也可以说，经典力学也是经济市场成立的理论基础之一。

量子力学在经济市场中的可能功效，已经有大量的研究。这些研究得到一些学者的狂热追捧，同时，也得到不少学者的无情抨击①。类似的争论在一门新学科诞生之初非常常见，不足为怪，就是量子力学本身也有此遭遇，量子力学诞生之初的不少争议已经构成了科学史上浓墨重彩、妙趣横生的一页，如玻尔(N. Bohr)与爱因斯坦(A. Einstein)两位大牛之间近40年的争辩等。我认为，当前这些横亘于量子力学与经济市场之间的争论，并不妨碍量子力学成为经济市场得以运行的可能的物理基础之一。——对如此年轻的一个研究方向，我又怎么忍心随便否定“她”、扼杀“她”于摇篮之中呢？若无坚如磐石的否定证据，当前我唯有对“她”网开一面。在这个方面，我期望看到更多的争论，这些争论最终可能使得量子力学光明正大地登上经济市场的殿堂，也可能把量子力学彻底驱离经济市场的大舞台。

电动力学在经济市场中的功效，通常不被人注意，至少没有系统地注意过。我们知道，电动力学中最重要的物理图像之一就是场(如电场)。处于场中的物体，场对它的作用与它对场的反作用，皆可通过麦克斯韦(Maxwell)方程组结合适当的边界条件研究。其实，研究经济市场时，外部信息对行为人的影响亦可视为一种场的作用，行为人在这种“外场”的作用下，调整策略、开展相关的经济活动，其结果亦对外场有反作用。当然，这里我们不能简单地应用麦克斯韦方程组来研究，但是，这些思路为人们构建基于行为人的模拟、开展可控实验研究，确实大有裨益，——尽管这些思路还不成熟。鉴此，我同样认为电动力学可以成为经济市场得以运行的物理基础之一。当然，倘要我这里的结论非常坚实，仍需更多实质性的研究成果横空出世！

因为物理学家系统地介入经济市场的研究，也就十几年时间，所以，作为一门年轻的交叉学科，亟需进一步的发展。尽管上文阐述了经济市场中可能存在的理论基础——四大力学，这绝不意味着四大力学中所有传统物理规律皆对研究经济市场适用、或可原封不动地照搬套用。需知，我这里比较经济市场与复杂流体，这绝非目的，仅是期望两者之间建立关系，以便通过类比等研究手法，为更多的突破做好催生的工作。也许，憧憬如斯，实与痴人说梦无异？这里还得一提的是，这些类比的目的也仅仅是论述经济物理与复杂流体之间的交叉研究是很有价值的，而不是论述根据复杂流体进行类推在定量研究中是正确的。故而，期待这些类比有助于人们探索出更多有意义的新课题。也正因为这些目的的客观存在，

---

① 引自 http://en.wikipedia.org/wiki/Econophysics；原始文献亦可从该网页获得。

所以，倘若有人进一步问我：为什么经济市场属于复杂流体，而不属于复杂非流体(或其他)？对于这样的问题，我暂时无法回答，因为区分复杂流体和复杂非流体与此处目的之间的关系并不大。换言之，只要我们愿意，我们可以说经济市场是任何东西，但这么说的唯一前提应该是：是否已经或即将有助正确理解经济市场？如果答案是肯定的，那我们就有继续下去的理由。最后，话说回头，即便人们不把经济市场归入复杂流体中思考、研究(从研究的多样性角度看，这样的行为理当被允许)，但它们二者都隶属于复杂系统这个大家庭，这却是众所周知的事实。——简单说来，复杂系统就是指介于规则系统(regular systems)与无规系统(random systems)之间的系统。据此，研究复杂系统的一些思想、方法等，也许还是可以为两者的互通提供便利。

三、能否准确预测是检验经济物理学理论正确与否的唯一判据

1976 年诺贝尔经济学奖得主 M. Friedman 在他的《实证经济学的方法论》(The Methodology of Positive Economics)①中给出了检验经济学理论正确与否的判据：能否准确预测。因此，要想使得经济物理学理论能够为传统经济学家们心悦诚服地接受，能否准确预测也应是经济物理学理论正确与否的唯一判据。这里值得提及的是，正如 M. Friedman 指出的那样，这里的预测并非单纯预测未来即将发生的事情，还包括预测过去已经发生的事情，当然，前提条件是对这件事情所作的观察尚未进行，或者是虽然对这一事情的观察已经作出，但进行预测的人并不知晓。

四、经济物理学的终极目标是什么

这里我不想也不能脱离现有的基础，过于夸大经济物理学对经济学发展的重要性。物理学家们研究自然界时更多的是为了满足自身的好奇，我想，对人类社会(如经济市场)的研究也仅仅是物理学家们满足自身好奇的一个崭新的场所。物理学家们为了满足自身的好奇，深入研究了自然界之后的副产品是极大地丰富了人类的物质文化生活。当物理学家们再次为了满足好奇，把目光投向人类社会时，显然，人们有理由期待更多。但是，在这些期待被真正兑现之前，任何猜测皆可能沦为不切实际的

---

① M. Friedman. Essays in Positive Economics. University of Chicago Press, 1953. 此书的导言是一篇以《实证经济学的方法论》(The Methodology of Positive Economics)为题的文章。

狂想,因此,当今的经济物理学家们唯有埋头苦干、踏踏实实做研究。其实,在对经济现象共同的兴趣以及经济问题对人类的重要性面前,经济学家和物理学家之间根本就不应该有门户之争。需知,应用是随着一门学科的不断壮大而拓展开来的,当前经济物理学这门学科尚处于起步阶段,任何人若以未知的应用价值来揣度这门学科本身的价值,尚言之过早。

五、结束语

经济物理学是一门正在发展的学科,这门学科还很年轻,距离成熟还很遥远。正如1957年诺贝尔物理学奖获得者杨振宁先生在香港中文大学做报告时曾经说过的,年轻人在选择研究课题时,最好在那些正在成长的方向中选择,与一个研究方向一起成长,通常是在科学的殿堂取得成功的一个捷径。经济物理学,正是这样的一个学科,一个适合年轻人接受挑战的新学科。所幸的是,国内在此领域的研究与国际水平相比,并不落后。除了我在复旦大学的课题组之外,当前国内以经济物理为主要研究方向的课题组还有(以姓名笔画为序):北京师范大学王有贵教授课题组、中国科技大学汪秉宏教授课题组、北京师范大学狄增如教授课题组、浙江大学郑波教授课题组,以及华东理工大学周炜星教授课题组等。

[致谢]

在撰写此文的过程中,先后收到组内不少同学的建议、批评和修改,在此一并致以最衷心的感谢,这些同学分别是:博士生王玮、博士生魏建榕、博士生赵璨、博士生梁源、硕士生宋坤钰、硕士生郑文智和本科生杨光。

2.15 针对中学生开展科研活动的几点建议[①]

我经常应邀担任中学生(包括初中生和高中生)科技创新大赛的评委。我佩服于现今的中学生从事科学技术研究的能力与热情,远非20年前的我所能比,但是,担任评委多了,发现不少中学生及其作品存在一些比较普遍的问题,这里简单罗列如下,希望能够起到一些提醒的作用。

1. 问题一:不了解研究背景

很多中学生在向我讲述自己的作品时头头是道,但是,一旦问他国际

① 此文最初于2013年3月31日发表于科学网博客:http://blog.sciencenet.cn/blog-683185-675609.html。

上这个领域的最新进展时，不少人不知如何回答。这说明，这些学生在从事科研创造时，他们没有对相关背景调研，或者即便调研了，可能因为调研技术不够齐全、不够先进而未能准确调研。这个问题比较严重，并且如果不克服的话，不少中学生做的研究基本上就是重复别人的劳动，这是智力和财力的浪费，非常可惜。所以，我建议任何一位中学生在确定自己的课题前，务先做好背景调研，如此才能确保自己在正确的跑道上起跑。

2. 问题二：不了解自己作品中的科学原理

这让人觉得有点尴尬，声称作品是自己创造（设计）出来的，自己却不了解其中的工作机制或原理。这说明了什么？说明作品不是自己设计、创造的，更恰切地说，自己的原创性不够，别人（如老师或家长）代劳太多。对于这类作品，作为评委，我通常是不会支持的。

3. 问题三：作品远远超出了中学生的知识结构和能力范畴

不少中学生拿出来的参赛作品，一看便知，属于国家级研究项目的子课题，这是很恐怖的一件事情，因为这样的作品拿出来无疑是直接告诉评委，这个作品不是参赛者自己做的，即便参赛者能够讲清楚其中的工作机制和原理，但是，评委若问些延伸性的问题，这些学生通常回答不出，很显然，这样的作品他本人的原创贡献远远不够，即便他了解其中的原理，但对基本的延伸问题却不能回答，这只说明参赛者之前做了足够多的排练。对于这样的作品，评委的评价一般不会正面的。

4. 问题四：夸大研究意义

很多中学生在展示自己的作品时，常常会“王婆卖瓜，自卖自夸”，把作品的意义提升到非常高的地位。这也非常不恰当，一件作品的意义通常评委一看便知，中学生在叙述意义时，若能保守一些说，倒反而能够给评委一个“谦虚”的印象，否则，夸大地叙述却会给评委“浮夸不实”的印象。我建议，所有中学生在陈述作品的意义时，尽量保守一些。——因为任何应用在成为真正的现实之前仅仅是期望。

问题主要就体现在这 4 点。可能有同学会问：“那么，你能否告诉我，我们中学生该如何选择课题呢？”

这个问题很好，我的答案很简单：“从生活中找。”是的，你在生活中遇到的每一个难题或困境都可能孕育着新的科研课题（或机会），如果你运气和能力都很好的话，你的好运会让你找到这样的课题，你的能力则会使你如愿获得新结果。对于这样的课题，因为它很有中学生的生活气息（恰切地说，就发生在中学生身边！），所以，从问题的提出到执行的过程，以及最终的结果，都将很容易打动评委。试举二例：

(1) 你出门堵车了,你是不是想:怎么样才能不堵车呢? 然后可以从各个方面设想解决的可能,例如:设计新奇的、优化的轨道交通? 通过先进的通讯工具统一管理? ……

(2) 你买到假鸡蛋了,你是不是想:怎么样才能在购买时就检测出假鸡蛋,而不必等到回家后打开才知道? 然后,你可以从各个方面设想解决的可能。如从材料方面检测、从色素方面检测……

2.16 物理与文学①

看到这个标题,有人会说:"你瞎扯了!"其实不然。物理与文学看起来风马牛不相及,然而,它们之间的关联却正如赵本山在小品《不差钱》中所说,"这个可以有"。例如:

有人用物理学中的方法来研究《红楼梦》以及莎士比亚的著作。基于汉字或英文单词出现频率的研究,有人发现这些文学作品中蕴含标度现象(数学上通常用幂律表示),这个现象是物理学相变理论中的一个核心概念,所以,物理学家们非常关心各种系统中出现的标度现象,因为这里可能蕴藏着新的相变现象。事实上,基于这些标度的分析,为人们厘清哪些著作是莎士比亚的真品、哪些不是,提供了不少有力的佐证。例如,历史剧《Edward Ⅲ》是不是莎士比亚的著作,学术界尚有争议,为此,有物理学家研究了单词数目的标度,结果发现历史剧《Edward Ⅲ》的幂律指数是0.700,而莎士比亚其他的一些历史剧的幂律指数介于0.640至0.666之间,所以,其结论是《Edward Ⅲ》并非莎士比亚所著②。从这里似乎可以看出,物理学方法对文学研究还是有所裨益的。

另一方面,文学作品中其实也蕴含很多物理。大约500年前,吴承恩在写《西游记》时,那时天上飞的动物,除了鸟儿、除了昆虫,几乎什么活物也没有,但是,他在《西游记》中塑造的孙悟空这个人物,一个筋斗十万八千里,这不正是今天的飞机、火箭和神舟飞船在几百年前的预言吗? 而飞机、火箭和神舟飞船,正是在科学家们正确运用物理学原理后得到的产

① 此文写于2013年5月5日晚,5月13日修改后发表于科学网博客:http://blog.sciencenet.cn/blog-683185-689569.html。

② C. K. Hu, W. C. Kuo. Universality and scaling in the statistical data of literary works, in *POLA Forever: Festschrift in Honor of Professor William S-Y. Wang on His 70th Birthday*. Edited by Dah-an Ho and Ovid J. L. Tzeng. Institute of linguistics, Academia Sinica, Taiwan (2005). 115 - 139.

品。至于《西游记》中的神仙千里眼,不正是今天的全球定位系统(GPS)吗?另一位神仙顺风耳,不正是今天的手机等远距离通话系统吗?此外,孙悟空的72变,不正是当今物理学家们正在研究的光学隐身衣吗?

呜呼,从某种角度看,文学作品的想象力与物理学作品的想象力并不矛盾,前者可以为后者的发展提供方向!而后者则可以在前者的指引下,在满足人类好奇心的同时,为改善人类物质文化生活提供可能。

想象力,使得物理与文学走到了一起!希望我们每个人都具有丰富的想像力。

2.17 权威,不能不信,不能全信

权威的存在可以使得我们在很多领域(包括科研选题)少走弯路,这点毋庸置疑,他们一个小小的指点,有时却可以节省我们几个月的时间。多向权威学习、多向权威请教,能够显著提升在科学殿堂打工的效率。可见,权威不仅值得信赖,而且信赖权威简直就是必须的。但是,权威并不是在所有场合都值得信赖的,需要辩证看待。试举二例:

发明家爱迪生一例。继爱迪生(1847—1931)发明直流电电能传送系统之后,特斯拉(1856—1943)发明了交流电发电机,并且认为交流电比直流电更适合远距离传送。这时,爱迪生说,交流电不可能有什么用处,并且做了很多事情证明交流电不仅无用,甚至有害。后来的事实证明,这位天才的发明家这次错了,当今世界,远距离输电采用的都是交流电。特斯拉赢了。

中国两弹一星元勋钱学森一例。《中国青年报》于1958年6月16日第四版刊登了钱学森先生的一篇文章,标题为“粮食亩产量会有多少”(见本文附录)。其中一个结论是“稻麦每年的亩产量就不仅仅是现在的两千多斤或三千多斤,而是两千多斤的20多倍”。科学发展到今天,袁隆平先生研究的杂交水稻的亩产量还不到两千斤。这个事实使得很多人对钱学森1958年的结论有着很大的怀疑,甚至受到诟病。当然,我本人也很怀疑。(作者注:怀疑归怀疑,我没有确实的证据,因为在钱学森先生的这篇文章中,他的分析方法是科学的,是基于能量守恒得到的结论,尽管这个结论在现在看来离现实还比较遥远,但是,如果纯粹从科学的角度看,把所有其他因素忽视不理(这么做在农业角度看是否合理这里不议,但这么做是一个合理的科学分析方法,一种控制单一变量的分析方法),只计入能量的转化,他的结论不仅过去正确、未来也还是正确的。另,通过此文

似乎也可以做个提醒：科学家们在做科学研究时，对于自己不熟悉的领域，需要加倍谨慎。）

权威，在某些时候、某些领域，是真正的权威；
权威，在所有时候、某些领域，已未必是权威；
权威，在某些时候、所有领域，也不可能权威；
权威，在所有时候、所有领域，肯定不是权威。

［附］

粮食亩产量会有多少（钱学森）

“前年卖粮用箩挑，去年卖粮用船摇，今年汽车装不了，明年火车还嫌小！”这是江西井冈山农民的一首民歌。我们的土地正在农民双手豪迈的劳动中，付给人们更多的粮食，6月12日青年报第一版上发表了一个动人的消息：河南省遂平县卫星农业社继小麦亩产2 105斤以后，又有二亩九分地平均每亩打下了3 530斤小麦。

土地所能使人们的粮食产量碰顶了吗？

科学的计算告诉人们：还远得很！今后，通过农民的创造和农业科学工作者的努力，将会大大突破今天的丰产成绩。因为，农业生产的最终极限决定于每年单位面积上的太阳光能，如果把这个光能换算农产品，要比现在的丰产量高出很多。现在我们来算一算：把每年射到一亩地上的太阳光能的30%作为植物以利用的部分，而植物利用这些太阳光能把空气里的二氧化碳和水分制造成自己的养料，供给自己发育、生长结实，再把其中的五分之一算是可吃的粮食，那么稻麦每年的亩产量就不仅仅是现在的两千多斤或三千多斤，而是两千多斤的20多倍！

这并不是空谈。举一个例：今年河南有些特别丰产试验田要在一亩地里收160万斤蔬菜。虽说蔬菜不是粮食，但到底是亩产160万斤！

所以，只要我们有必需的水利、肥料等等条件，加上人们的不断创造，产量的不断提高是没有问题的。今天条件不具备，明天就会创造出来，今天还没有，明天一定会有！

（原载《中国青年报》1958年6月16日第四版）

第 3 篇

研究方法

3.0 引言:孕育出科学家这个特殊动物群体的必要条件是勤于思考、擅于思考

针对具体的研究课题,其研究方法可以是各种专门的理论分析工具或实验仪器等等,但是,所有科学家是否有一个共用的研究方法呢?有,这个方法就是思考。思考本身并不依赖于具体的学科专业,它是所有科学研究过程中必须用到的方法,勤于思考、擅于思考应该是科学家必备的素质之一。

科学家会不停地思考,对任何方面,这其实也是好奇心的一个体现。一位科学家可以缺很多东西,但唯一不能缺的就是好奇心。正因为拥有一颗好奇心,科学家好奇的对象不应只局限于研究方向本身,应该是多方面的、全方位的,对此,科学家的思考应该是另辟蹊径的、入木三分的、合乎逻辑的……今天的学生倘若想成为明天的科学家,可以尝试对身边的很多问题进行思考,如农村教育、幸福的理解等等,如果你们自己的思考符合或接近上述要求,那么,这就说明你已经拥有了初步的独立思考的能力,这个能力有助成就你未来的科学事业——当你的科学家梦想成为现实时,其实,你需要的也仅仅是运用你独立的思考能力思考科学问题,届时思考对象不同,而思考过程和对思考本身的要求,却如出一辙。可见,反思自己这方面的已有能力,并有意培养和提高这方面的能力,对成就未来的科学家梦想大有裨益。

本篇所列文章是一些尝试,这里与读者分享;但需要声明的是,这些思考尝试离上面所要求的层次还相差甚远,因为大家都知道——说永远比做容易(比如很多法律条文设置得尽善尽美,但执行起来却难如登天,就是这个道理)。所以,还望读者在阅读之时不能苛求。当然,除了这些思考外,本篇也涉及一些具体的研究方法,如"如何听学术报告之我见"等,这些内容中已经蕴含了思考的功效,只不过其思考的对象与科学研究内容的距离更近了一些而已。

勤于思考、擅于思考,是孕育出科学家这个特殊动物群体的必要条件!

3.1 中国内地高校研究组的运作模式
——平面结构？宝塔结构？①

自我2005年加盟复旦大学物理系以来，时不时听到关于中国内地高校研究组现行的两种运作模式孰优孰劣的争议。此文将以我熟悉的物理系为例，来谈谈这两种运作模式：一种是平面结构，另一种是宝塔结构。

何为平面结构？美国高校物理系的研究组大抵如此，通常是一位教授就是一个研究组，这就是所谓的"平面结构"。那何为宝塔结构？欧洲高校物理系的研究组大抵如此，通常是一位教授带领几个教授或副教授或助理教授，组成一个研究组，即为"宝塔结构"。

当然，这里得承认的是，实际情况是美国既有平面结构，也有宝塔结构，只是以平面结构为主，而欧洲也类似，只是以宝塔结构为主。对此，并不细分，只是针对大体情况就事论理而已。再者，根据我自己的经验，作为学生，无论是身处平面结构、还是身处宝塔结构，对学生的影响并不显著，因为对于学生，只要做好自己的课题即可，至于该课题是属于宝塔结构研究组承担的某个大项目中的子课题，还是属于平面结构研究组负责的一个小项目中的子课题，在学生眼中，这并不十分重要，显然这是由学生身份的短期性决定的。所以，下面我在谈这个问题时，将主要从教授的角度阐述。

平面结构有助于发挥成员的独立性，从而充分发挥成员的主观能动性；而宝塔结构则有助于集中力量完成重大项目，此为优点。依此类推，它们各自的缺点则是：平面结构，因力量分散，而较难整合各方力量，攻克某一重大项目；宝塔结构，则因成员的主观能动性受到一些限制，从而客观上有损科研过程中亟需的那种"敢为天下先"的开创性。

但两者究竟孰优孰劣？我认为，这个问题属于伪命题。因为放眼欧美，两种模式各有所长，它们皆已孕育出大批诺贝尔奖获得者，以致一些亚洲高校，有采取宝塔结构的，例如日本，也有采取平面结构的，例如香港。

而中国内地高校，情况则不尽相同，平面结构和宝塔结构兼而有之。例如南京大学物理系，主要采用的是宝塔结构，其结果是，2006年他们的

---

① 此文的英文版于2010年8月2日发表于《环球时报》：http://opinion.globaltimes.cn/commentary/2010-08/558765.html。

一个重大项目的研究成果获得国家自然科学一等奖，此等殊荣，非常难得。而复旦大学物理系主要采用的则是平面结构，近年来在不同的研究方向皆产生了不少高端的研究成果，受到了国际同行的青睐。再有复旦大学物理系近几年从海外引进了不少新人，我与其中的一些年轻人交流过，平面结构的模式对他们的吸引力功不可没，因为他们认为这个模式有助于他们自由发挥。

最后，我要说的是，无论是平面结构、还是宝塔结构，这些其实仅仅是研究组开展各种研究的一种手段，这种手段与能否做好研究并无密切关系。欲做好研究，采取何种模式并不重要，最重要的是：研究人员的人格自由必须从各个方面皆得到保障，只有自由之人格，才能孕育自由之精神，唯有自由之精神，才能诞生自由之思想，而这样的思想正是一切科研创新之源泉。这点对诸如物理学这样的基础学科的健康发展，尤为重要。无疑，这对研究组的负责人有着很高的要求，不仅要求他拥有扎实的科研能力，而且要求他拥有卓越的领导能力。也正因此，内地高校大可百花齐放，或平面结构、或宝塔结构、或兼而有之；且在实际开展研究的过程中，这两种结构的存在亦可以是动态的、有弹性的。——如此方可全方位地满足国家、乃至人类的各种创新需求。

3.2 2010年8月7日在高中生“未来科学家夏令营”闭幕式上的发言①

尊敬的领导、老师、同学们，大家好：

首先感谢“未来科学家夏令营”的组织者，谢谢你们给我这个机会，让我可以在这里与大家分享我的一些看法。我这次讲话的题目是“一个中心，三个意义”。“一个中心”讲的就是“以创新为中心”，“三个意义”说的就是这次夏令营活动对组织者、导师和同学们3个方面的意义。

1. 一个中心

正如已经提过的，这个中心就是以创新为中心。同学们，你们从上学到现在，一直在做3件事，这3件事就是：学习、学习、再学习。你们学习的是什么呢？是前人的知识。这些知识都是经过千锤百炼、反复检验过的真理。这样的学习其实就是继承。但继承之后，你们该怎么办呢？可

① 此演说稿于2010年8月8日发表于新浪博客：http://blog.sina.com.cn/s/blog_53af0c0f0100kit5.html。

能有同学回答我：我继承得好的话，就可以考进复旦大学了。这是你继承的目的吗？如果这样的话，那么我得批评你，你这个继承的目的太短浅了。可能有同学要问了，那我们继承前人知识的目的到底又是什么呢？我告诉你们，是为了创新，这是一个长远的目的！那么，创新是什么？简单地讲，创新就是创造新知识。前辈大师们在创造那些知识时，他们固然是在创新，但是，当那些知识放到教科书中后，等到你们来学时，你们就仅仅是在继承了。好了，我已经说了，继承的目的是为了创新，那么，创新的目的又是什么呢？切记，创新是个人、国家、人类一切进步的阶梯！试想，如果人类没有创新，我们现在大概还呆在原始森林呢，你的邻居可能就是一只猴子或一只松鼠。可以这么说，人类的每一个进步都是与创新息息相关的。这里我就以计算机为例，举个例子吧：

如果没有创新，怎么可能从20世纪40年代的电子计算机时代，发展到五六十年代的晶体管计算机时代？更不可能发展到六七十年代的集成电路计算机时代。如果没有创新，70年代至今的大规模集成电路计算机的时代更是不可能出现。如果没有计算机的出现，大家可以想象我们现在多姿多彩的生活将会变得多么地枯燥无味啊！

说到这里，可能有同学要说了，既然计算机这么重要，我以后就学计算机了。别急，让我来告诉你，计算机的突飞猛进，其实是与物理学中的一个重要的研究方向息息相关，这个方向就是“半导体物理学”，可以说，如果没有半导体物理学的突破发展，就不会有现在的大规模集成电路计算机的出现。从这个角度看，各位在感谢计算机给你们带来多姿多彩的生活时，更应该感谢的是那些工作在物理学这个基础学科、特别是工作在半导体物理学领域的前辈们。BTW，组织这次夏令营的陆昉教授就是一位著名的半导体物理学家。

有人曾经开玩笑地说，“创新就是没事找事”。这话很通俗，但是，意思概况得简单明了。是的，我们就是要“想他人之所未想、发他人之所未发”，如此，我们自身才能进步，运气好的话，还能带着这个社会和我们一起进步。

到这里，我可以为第一部分总结了：继承是创新的基础，创新才是继承的目的。如果说创新是一座大厦的话，那么继承就是构建这座大厦的“砖头”，只有砖头积累得足够多了、并且质量合格，这个大厦才能建好，才能经受得住风、霜、雨、雪的考验。所以，希望同学们回到各自的学校后，好好学习，积累好基本知识，以便为未来顺利建立创新这座大厦，保驾护航。

最后，作为第一部分的结束语，这里我想套用贝多芬的一首诗来收尾：

网游诚有趣，逛街品自高；
若为创新故，两者皆须抛！

2. 三个意义

第一个意义是，组织方组织此次活动的意义重大。组织方的辛勤付出，为同学们提供了一个从事科研创新的平台。这个平台的搭建，不仅对直接参加的同学们意义重大，而且具有很重要的引领作用。这个引领作用主要体现在，它可以激励社会、学校和家庭，重视对青少年创新潜力、创新意识和创新能力的挖掘和培养。无疑，这是利国利民的伟业。其实上海市教委、上海市科委也一直在这个方面兢兢业业地工作着，并且已经做了不少创举，如每年一次的百万青少年争创“明日科技之星”评选活动等等。

第二个意义是，作为研究生导师的我们，参加此次活动，意义重大。我们现在在做研究时，都是与研究生们一起开展工作的。通过与这些中学生合作，让我明白了一个道理，这个道理就是：科研不仅可以从娃娃抓起，而且应该从娃娃抓起。在与这些可爱的同学们接触之前，我从来没有认为中学生也能从事课题研究，但在与他们接触后，我的看法被鲜活的事例改变了：中学生其实也是可以从事科学研究的，而且可以做得很好。因为，他们的想法有时也很有新意。为什么呢？因为他们的头脑，不像我们那样有太多的束缚，他们可以非常自由地思考。也正因此，我认为，也许“科研真的应该从娃娃抓起”，在他们还没有太多束缚时，协助他们建立起比较牢固的创新意识，我想这同样是影响深远的事情。顺着这个话题，在此，对于各位中学生朋友，我想多说几句：

科研时，你们不要怕犯错！不必怕！“我是中学生我怕谁”！有了自己创新的设想后，你们只要遵从爱因斯坦说的“大胆设想、小心求证”，把研究做下去，你就至少成功一半了。这个成功的一半就是指你已经有的创新意识！当然，至于成功的另一半，就是创新成果了，这个倒不必太过于关心，创新成果的有无、或者创新成果的重要与否，对中学生而言，并非当务之急。这就跟我们大家当初学习走路一样，绝对不要因为怕摔跤就不学走路，学着走下去吧，不要怕摔跤，摔跤摔多了，也就会走了，看，在座的各位同学都走得很好啊，不仅会走、而且会跑。其实，我们大家为了获取最终的创新成果，其过程与学走路类似，不要怕犯错！

第三个意义是，各位同学作为学生，参加此次活动的意义更是非凡。

大家通过参与具体的研究课题，知道了什么是创新，并借助各种工具开展了创新研究，得到了一些创新的成果。即便可能一些成果并不理想、即便若干年后，你们也将不太记得清楚这次研究课题的具体内容，不必担心，因为我认为通过这次研究活动，对你们创新意识的培养远过于对创新能力的培养、或远过于对创新结果的期待。有了创新意识，创新能力的形成必将与日俱增，随之而来的是，创新成果的获取也将仅仅是个时间问题。我猜，这也是组织者举办这个夏令营的初衷之一。虽然各位同学在未来的数年内，主要任务仍旧是学习，也就是说继承前人的知识，我相信有了这次夏令营的训练，各位在未来学习的生涯中，将会更为深刻地体会到知识的重要性，也会更深切地明白培根所说的那句话“知识就是力量”的深刻意义。

最后，感谢本次夏令营的组织者，感谢在座的所有领导、老师、同学们，你们的参与和付出，为本次夏令营画上了一个圆满的句号。谢谢大家！

3.3 经济物理学的发展亟需可控实验[①]

1. 经济物理学与金融物理学

经济学与金融学的最大区别在于，金融学偏应用，经济学偏基础。物理学是个基础学科，当我们研究金融市场或经济市场中的物理(基础)问题时，我认为，经济物理学的叫法比金融物理学的叫法更合适，这时物理学之前的修饰语理当从金融(关注应用研究)回归到经济(关注基础研究)。

此外，还有一个证据：就字面上看，金融物理学似乎应该翻译为“financial physics”，可是，financial physics 在业内远不如 econophysics 来得广泛。所以，经济物理学或金融物理学的英文名称业内公认为“econophysics”，它源于”economic physics”(经济物理学)。

话说回头，一个既定事实是：中文刊物中经济物理学和金融物理学的两种叫法已被视为等价物，读者们也就不必拘泥于我这里的个人看法了，喜欢叫哪个就叫哪个吧。

2. 经济物理学的 3 个研究方向

从研究方法的角度看，我把经济物理学分为 3 个方向：①统计经济物

---

① 此文最初于 2011 年 4 月 25 日发表于新浪博客：http://blog.sina.com.cn/s/blog_53af0c0f0100qm6s.html。

理学；②计算经济物理学；③实验经济物理学。

(1) 统计经济物理学：研究的是基于股价等金融数据的统计规律，如标度、相变、相关性等。研究方法为统计物理。

(2) 计算经济物理学：对经济或金融市场，构建代理人模型（agent-based modeling），运用计算机模拟研究其中的动力学机制及统计特性等。研究方法为计算机模拟（含解析理论）。

(3) 实验经济物理学：以宏观或微观经济体为研究对象，构建能够在实验室（或市场）中开展的可控实验（controlled experiment），从而在环境维持不变的前提下，变化条件，获得结果。研究方法为可控实验。

3. 经济物理学的发展亟需可控实验

传统物理学离开了可控实验（controlled experiment），就不可能取得今天的辉煌成就。作为物理学一级学科下二级学科理论物理中的一个重要方向，经济物理学倘要有大发展，同样离不开可控实验。唯其如此，方可实现从实验前提（含假设）、到实验过程、到实验结果的可重复性、科学性……

3.4 关于研究生培养的几点拙见①

[题记] 献丑了。不过要谈研究生培养，就不得不谈及导师，此文若有得罪我的同行（研究生导师们）之处，还望见谅，因为我仅仅是就事论理而已，良心作证，绝无丝毫卑鄙的人身攻击或诽谤之意。

(1) 从人类社会的进步角度看，本科生的作用，主要在知识的传承和使用，而（硕士或博士）研究生的作用，主要在创造新知识（和使用）。

(2) 若要创造新知识，对前人知识的积累显然必不可少。较本科生而言，研究生的研究领域通常很狭窄——实际上，如果宽广了，没有多少人能够干好——所以，研究生需要积累的知识相对而言更集中。只是在知识的选取上，需要谨慎。如何选择呢？其实不复杂，只要选好导师就行了，每位导师都有自己特定的研究方向，导师选择妥当了，需要积累的知识也就顺理成章、脉络清晰了。不明白吗？问问导师或师兄或师姐即可。

(3) 既是做研究，就是创新，既是创新，导师不会懂得比自己的研究生更多，所以，在新的课题面前，导师和研究生常常一样的懵懂。——这

① 此文最初于 2011 年 2 月 11 日发表于新浪博客：http://blog.sina.com.cn/s/blog_53af0c0f0100oo9b.html。

是很多一般老百姓不明白的道理，然而，这是事实。导师比研究生多的通常仅仅是过往研究的丰富经历，譬如船开到了桥头，导师知道该把船扭扭直了，而研究生们由于经验的缺乏尚不知道，或即便知道，却不知道为什么。

(4) 作为低年级研究生，向高年级研究生学习，是科研入门的捷径。诚然，向导师学习铁定有助科研入门，可是，导师们通常很忙，研究生们与导师当面讨论的机会通常不是大家想象得那么多，特别是当前每位导师带那么多研究生的情况下，更是如此。这是事实，不必抱怨，其实，即便研究生可以与导师面对面讨论，但是由于导师对研究生的一些课题生疏(这里就不讨论其中的客观或主观原因了)，很多时候也很难给出恰如其分的帮助，但是，其余的高年级研究生却能！可见，研究生的进步很多都是从彼此学习的过程中获得的，既然如此，研究生们之间的团结显得很重要。作为课题组负责人的导师，维持课题组的团结，责无旁贷——尽管一个课题组就是一个社会，其中常常布满各种“政治斗争”、“党同伐异”。(最后这句诚然是夸张，但有一些事实的影子，值得导师们留意啊!)

(5) 研究生(特别是理科研究生)最终能否顺利完成学业，各个学校都有自己的论文要求，论文完不成，拿(硕士或博士)学位成问题，找个好的工作基本就是天方夜谭(除非他/她的爸爸是李刚)。这里我要说的是，任何一位研究生若不能顺利毕业，导师都有不可缺少的责任，只是依赖于相关研究生的勤奋程度，导师的责任有大小之分而已。一位研究生不能顺利毕业，若导师把相关责任都推给学生，这样的导师不是一位合格的导师；但是，如果学生把相关责任都推给导师，这样的学生肯定也不是一个合格的学生。这么说了，有人可能觉得我在捣糨糊，但我还是坚持这么说，希望遇到类似事情时当事人能够客观对待(因为研究生与导师之间的怨愆很多都是由此发生的)——包括我本人亦是如此(BTW，迄今我有两位研究生毕业时未能按时拿到学位，对他们我感到很抱歉)。

(6) 任何研究生都应该尽力超越他/她的导师，在基础知识的积累上，也许暂时无法超越导师，但是，在创新能力上应该力求超越导师。更何况，很多导师都是研究生的父辈人物了，创造新知识的能力通常自然衰减，这好像是客观事实。不少研究生抱怨自己的导师不做研究，只做科学政客，这个批评过分了些，但是却是某些事实的间接写照，对此我想说的是，导师这么做原因很多，其中的一个原因就是他的创新能力已经衰减得非常厉害，既然如此，导师若能把科学政客做好，为研究生创造一个良好的科研环境，这样的导师同样值得尊敬——作为研究生，如果没有足够经费的资助，很多研究也就没法做了，何来成果？任何研究生在入门时，导师的作用至关重要，无师自通者（特指是理科方面的）我没有见到过。

（7）从新知识的传播角度看，作为（理科）研究生，就应该把自己所有的创新成果整理成论文发表出来、公布于众，接受同行的检阅、批评，以促使未来可能的应用，同时也是对纳税人提供的科研经费的一个公开答复、回报。至于以发表论文作为晋升或取得学位的台阶，这样的做法并不可取，但是也没有办法，国内外很多研究人员或研究生都在这么做、这么想，包括我本人也不能全然免俗。但这也全非坏事，正是因为这些“俗”的激励机制，客观上确实促进了当今科学的发展。所以，多发表论文、发表好论文，主观上可以用于晋升、获取学术荣誉，客观上却是功在当代、利在千秋的大业。人们最好不要因为前者的“俗”而否定后者的“雅”，或不假思索地一味地批评“论文满天飞”的现象，只要这些论文内容本身的来源是可靠的、不是抄袭或伪造的，对于论文作者的劳动，作为旁观者的人们就应该鼓掌。道理很简单，农民种地生产了五谷杂粮，我们大家都会赞赏农民的劳动，而且，我们不去区分是“五谷”更重要、还是“杂粮”更重要，因为人类的生存需要它们；同样，科研人员生产了论文（科研成果），我们也该赞赏他们的劳动，而不必区分哪篇文章更重要，因为科学的发展需要这些。这里需要补充的是，论文诚然可能有重要与不重要之分，但是单纯凭借发表期刊而人为地划分重要与否通常是危险的，事实上，影响因子不高的期刊上也有重要的成果发表，成果重要与否留着同行们去评议吧，一般公众就少操些心吧，如果同行们囿于各种原因未能客观评价（这种情况也颇常见！），那就让时间来检验吧，论文作者们需要有信心啊。只要付出了辛勤的劳动，我们就应鼓励，这该是科学发展的健康之道，而不应人为地设置障碍、党同伐异。至于成果的重要与否，与科研人员的能力有关，只要有多少力就使多少力，我们就该赞赏、不应冷嘲热讽，就像我们赞赏农民的辛勤劳动那样，否则大家都躺倒不干了，科学研究也就形成不了气候，没有气候怎么能够吸引更多的年轻人加入呢？怎么能够促进科学发展呢？为了研究生自身，为了科学伟业，发表论文重要。不要告诉我当年的伽利略、牛顿、法拉第等大师做研究是如何的孤胆英雄（特指当年自发形成的“大气候”远远远远比不上今日国家或团体激励、引导形成的“大气候”！）、如何的不食人间烟火，此一时彼一时，试想，若不是当今各国把科学作为头等大事来发展（形成了气候），何来20世纪以来人类生活翻天覆地的变化？这些是伽利略时代、牛顿时代、法拉第时代不敢想象的。科学研究需要形成气候，若要形成气候就需要鼓励年轻人加盟，若要年轻人加盟，就该实实在在地解决年轻人的生存问题，若要解决年轻人的生存问题，就不要指责发表论文过程中的一些“俗”的理念（正如上文已经提及的）——因噎废食要不得。此外，还特别值得一提，诺贝尔物理学奖获得者 Pierre-Gilles de Gennes 在他的科普著作《软物质与硬科学》中明确写到，“发表论文，否则完蛋”，而他本人终其一身共发表论文上千篇（听说的，我没查证！），何其勤奋哉！让所有研究生都向 de Gennes 学习吧！（这里我尽可能客观地表达了我的意见，如果有强词夺理之处，还望大虾们不吝赐教。）

（8）名师出高徒，很多；高徒出名师，同样很多。所以，研究生们千万不要以为选择了如我这样的非著名导师而气馁，一定要对自己成为“高徒”有自信——人没有了自信，自己就把自己撂倒了，什么事情也干不成的，对此，我很有体会，尽管写在这里相信的人可能不多。再说，你们若没有了自信，我们这群非著名导师也就没有指望成为“名师”了。

（9）研究生若对导师有怨愆，导师必须承担主要责任。虽说一只巴掌拍不响，但是，研究生与导师之间有弱势与强势之分，两方势力并不对等，所以，处于强势一方的导师理该承担主要责任，既然如此，导师理该检讨自己并尽力改正，从而为相关研究生创造一个和谐的研究氛围，否则，这些研究生满腹牢骚、什么研究也做不好，这样对研究生本人无益，对导师亦无益。我曾希望与我的所有研究生们做朋友，但是，当看到一些研究生躲着我走的时候，我知道，我的这个“希望”仅仅是空中楼阁、海市蜃楼，我只能做他们的导师，不可能做他们的朋友，因为朋友是平级，而导师是上级。由此也可以看出，作为导师我还有许多功课要做、要学……

（10）“文章不是写出来的，而是改出来的。”10 年前师兄告诉我这句话时，我就记住了。明眼人一看便知，这话重点强调“改”在论文整理过程中的重要性。需要说明的是，这里建议的“改”并非仅指一个人在那儿苦思冥想，而是建议把文章拿出来多交流、多讨论，以便多听取导师、师兄或师姐、或合作者们（非竞争对手！！！）的意见，然后修改之，之后再投稿。至于投稿之后，虚心听取审稿人的修改意见再度修改，其重要性我不说大家也很清楚——除非投稿的目的不是想让文章被顺利接受。值得再次强调的是，我们应该把改文章的时间花在投稿之前，否则，急急忙忙地投了出去，编辑和审稿人那关可不好过啊，与其把时间花在后面，给编辑和审稿人留下“不认真”的负面印象，还不如把时间花在前面，给编辑和审稿人留下“很认真”的正面印象。何优何劣，岂不一目了然？

3.5 从复旦大学希德书院说开去[1]

随便谈谈而已，有兴趣阅读此文者切不能抱着过高的希望啊，因为希望越大，失望也越大。

复旦大学希德书院的学生戏称自己是“白加黑”——“白”，小白鼠嘛，学校拿他们做实验品了；“黑”，黑户嘛，希德书院在学校的很多部门没名儿，很多部门压根就不知道希德书院的存在。这个情况上学期初很严重，到现在好多了。好了，希德书院究竟是个什么东西，且听我罗嗦下去：

复旦大学推行通识教育的第一个大的举措就是成立复旦学院，现如今，每年9月进复旦大学的大一新生都在复旦学院学习，而传统的专业院系（如物理系等）只负责这些新生的教学（和科研实践）。为了进一步推广通识教育，自2011年9月起，学校新成立了一个希德书院，这个书院保留了复旦学院中来自4个专业院系的学生（这4个专业院系分别是：物理系、核技术系、社会学院（含心理学系）、中文系），也就是说，这4个专业院系的学生大一时属于复旦学院，而到大二就不属于复旦学院了，但也不回专业院系，而是呆在希德书院学习，直至他们大四本科毕业。显然，希德书院是为进一步推进全校本科生的通识教育而生的，她的任务巨大，她若成功，该模式将被推广至全校本科生；她若失败，学校也只能尝试其他途径推进通识教育了。

很荣幸，自2011年9月，接受领导的安排，我已经“非正式地”参与复旦大学希德书院的筹建至今已数月。从刚开始的任务不明确，到现在的分工明确，书院已经基本走上正轨。满怀欣喜之余，也有一些感慨不吐不快：

（1）当今大学生的感情（恋爱）问题已经成了困扰学生学业的头号问题。这个问题很多学生解决得不好。作为老师，我们需要做的还非常多，尽管作为老师的我们绝大多数都不是感情问题专家，只能硬着头皮上了。

（2）任何一项大的改革措施都会遇到方方面面的困扰或障碍，希德书院也不例外。遇到这些困扰或障碍时，常常因无章可循而四顾茫然。此时，唯一能支撑我们走下去的也只有信念和责任了。然而，环顾当今世界，最缺的好像就是信念和责任了。

---

① 此文最初于2012年3月2日发表于科学网博客：http://blog.sciencenet.cn/blog-683185-543254.html。

(3) 至今我无法评价希德书院是否已经成功,至少到目前为止她没有出现因为改革而产生的特殊的不安或不和谐。我能说的仅仅是,做好我们该做的,然后由学生、导师和领导去评价、去权衡、去纠正。

(4) 既然是改革,我们无法向领导请示更多、因为领导对未来的一些方向也不清楚,我们只能自己思考如何向下一步走去,领导同意,就做;领导反对,就不做;领导既不同意也不反对呢,也做。因为这是尝试,谁都不希望出错,领导也不例外,有些事情只有干下去才知道正确还是错误。

(5) 我一直认为,如果学校老师什么都不教给学生,但是有一样务必需要教给学生,这就是"感恩"。很多学生不知感恩为何物,以致一直在索取,向父母索取、向老师索取、向社会索取……就拿父母来说事吧,待将来的某一日,父母老了,没了他所需的可索取之物,反而给他带来了无尽的麻烦,此时,没有感恩之心的他会怎么做呢?任何人、任何时候,没有任何理由抛弃父母,没有任何理由抛弃老师,没有任何理由抛弃社会!!!

(6) 希德书院每位学生都有自己的导师,至于能否利用好导师提供的各种资源,是由学生自己决定的,而非导师。因为学生应该主动,"求学"二字何意?"求"老师教我"学"问嘛。

……

3.6 祝贺学生的学位论文获奖①

祝贺本组2005级博士生高勇同学(现就职于上海第二工业大学)的博士学位论文"几种复杂流体的物性研究",获得"2011年上海市研究生优秀成果(学位论文)"(颁发单位:上海市教育委员会和上海市学位委员会,(http://www.shmec.gov.cn/web/hdpt/wsgs_detail.php?subject_id=288)。

此文亦获得2012年度全国百篇优秀博士论文提名奖。

在此之前,本组2006级硕士生田文佳同学(现就职于中国极地研究中心)的硕士学位论文"电场下胶体颗粒的物性研究",获得"2010年上海市研究生优秀成果(学位论文)"(颁发单位:上海市教育委员会和上海市学位委员会,http://www.shyjsjy.fudan.edu.cn/s/108/t/360/5d/aa/info23978.htm)。

---

① 本文最初于2012年3月3日发表于科学网博客:http://blog.sciencenet.cn/blog-683185-543689.html。

曾经的学生获得这些殊荣，我只能说，我比较运气，比较运气与这些同学合作，他们以及其他所有同学的勤奋让我在复旦的科研能够进展得比较顺利。我常常这样憧憬（＝痴心妄想？）：高徒出名师。我现在还远非名师，但我希望有朝一日，我的“高徒”多了，我也就“名师”起来了，希望这一天能够在55年之内出现啊！不算很远，因为白素贞1 000岁才下山谈恋爱……得等啊！

3.7 物理学为什么能够迅猛发展？①

我的愚见很简单，就两个字：包容！

是的，源于物理学家们的包容，物理学的发展不仅迅猛，而且效果显著，我们的生活已经被物理学的成果彻底改变了。

若不论效果，只看新的分支学科方向，物理学亦令人惊叹不已，如化学物理、数学物理、生物物理、经济物理、交通物理等等。显而易见，这些方向都是物理学与其他学科杂交后的新生儿。

除此之外，还有一点也体现了物理学包容性的冰山一角：物理学的学术期刊在进行内容分类时，往往有个专门的栏目，就叫“交叉学科物理”（Interdisciplinary Physics），如物理学的旗舰刊物 Physical Review Letters（物理评论快报）中就有。直接以交叉学科来命名其中子方向的，除了物理学，还有其他哪个学科有如此的气度呢？（即便有，也不多！）这种气度正体现了物理学家们的包容性。

一个学科要发展，其中的研究人员必须具有包容性，如此在吸收新鲜血液后，才有利于这个学科的茁壮成长。物理学的发展就是一个很好的例证。物理学中的热力学第二定律告诉我们，一个系统若与外界隔绝，任其自身发展的话，它只能朝着混乱无序的方向发展，可是如果它与外界有了物质与能量的交换、或外界对这个系统做了功，这个系统却可以朝着整齐有序的方向大踏步前进。物理学家们积极借鉴其他学科的精华，正是使得物理学这个系统接收外界对它做功，从而使得物理学蓬勃发展、欣欣向荣。

有个朋友几年前连续申请国家自然科学基金委＊＊学部（非数理学部）的面上基金，几次申请皆未成功，后来改为申请数理学部物理二处的

① 此文最初于2012年9月6日发表于科学网博客：http://blog.sciencenet.cn/blog-683185-609656.html。

“统计物理与复杂系统”方向，申请一次就成功了，他觉得不可思议。我想，这同样也是国内物理学家们巨大包容性的一个体现，后来这位朋友经常参加物理学家们的学术会议，尽管他的工作单位和学术背景与传统物理几乎没有关系，但是，物理学家们非常欢迎他的加盟，因为他给传统物理带来了新气象、新发展。

希望所有学科的科学家们都能够努力使自己学科的包容性越来越广，不要固步自封、坐井观天。因为各种学科的划分原本就是人类无能的体现，因为我们无能、不够博学，所以，我们区分什么是物理、什么是化学、什么是社会学、什么是经济学、什么是管理学……于是，我们也就都在自己的“一亩三分地”中安居乐业，而有意或无意地忽视了到“邻居家”串串门。另一方面，作为邻居的我们为什么不欢迎别人来家里坐坐呢？

希望此文也能够对其他学科的发展提供一定的参考价值！

3.8 为复旦大学物理系在本组选修“科研实践”或“毕业设计”的同学而写①

本文的读者群体：复旦大学物理系的本科生，特指那些有意在本组选修“科研实践”（大三上学期）或“毕业设计”（大四下学期）的大侠们。

本组每学期招收“科研实践”或“毕业设计”的同学最多5名。为此，不设门槛，按照先来后到的规则接受同学加盟，直到名额用完为止；但是，为了确保研究的深入性，选择“毕业设计”的同学，之前必须至少在本组参与研究（或组会）1个学期，否则恕不能接纳。

关于这两门课的具体安排（下文的“你们”特指已被接受在本组选修“科研实践”或“毕业设计”的同学）如下：

1. 关于物理系每周学术报告

物理系每周二下午2:00的学术报告，选修该课程的这个学期内，你们必须参加至少6次（选修“科研实践”的同学）或10次（选修“毕业设计”的同学）。每次参加完后，自己填写一下附录中的文件，然后找负责老师签个字。换言之，学期末各位至少有6张或10张签好字的纸交给我；若无，期末这门课的成绩将自动为“F”（不及格）。

① 本文最初于2012年9月10日发表于科学网博客：http://blog.sciencenet.cn/blog-683185-611057.html。

2. 关于研究课题

至于研究课题，我说过的，需要你们自己找。领域和方向皆不限制。我以及相关研究生，全力配合（参阅条目 3 中关于组会之介绍）。从事研究性课题（research project）者，期末（论文）成绩最高可为“A”；从事综述性课题（review project）者，期末（论文）成绩最高为“C+”（这个安排的理由是：考虑到本科生在相关领域尚无积累，所以，若想写出高质量的、有见地的综述论文，其可能性非常之低，故而不鼓励；而本科生凭借自己已有的物理知识，若想在某一个小的领域中取得创新的研究成果，却非常可能，故而鼓励之）。开学后的 1.5 个月内，你们需要确定好相关课题，并主动联系我讨论以最终敲定；如果我觉得不合适，我将建议你们继续修正。

3. 关于组会

每周一晚 6:30—9:30 的组会必须参加（因为组会上的学习与讨论是创新灵感的源泉！这也是我和研究生们可以协助你们构思自己的研究课题的一个有效途径！当然，组会之外也欢迎你们随时找我们讨论），整个学期最多可以请假 1 次，超过 1 次者，将视为自动退选“科研实践”或“毕业设计”；不请假而旷组会者，亦视为自动退选“科研实践”或“毕业设计”。每学期的第一次组会将于何时举行，请等电子邮件通知。

每位同学每学期需要在组会上做 1～2 次报告，其内容可以是讲解文献，也可以是汇报研究进展。期末亦需在组会做一次报告，作为论文答辩，时间限制分别为：20 分钟（其中 5 分钟答疑，“科研实践”的同学）和 30 分钟（其中 8 分钟答疑，“毕业设计”的同学）。

4. 邮件沟通

为保证信息沟通的顺畅，请每位同学每天至少检查一次电子邮件，否则，一切后果需要自己承担。

5. 课程评分

除了参考上述条目中的特定要求（如参加每周学术报告情况、参加组会情况、组会答辩表现等）外，无论是“科研实践”、还是“毕业设计”，学期末皆需提交一篇课程论文。课程论文的基本技术要求（原则上，用中文撰写，除非有特别要求）如下：

(1) 科研实践。

研究性课题论文：A4 纸，5 号字，不少于 10 页；参考文献不少于 15 篇；

综述性课题论文：A4 纸，5 号字，不少于 20 页；参考文献不少于 30 篇。

(2) 毕业设计。

研究性课题论文：A4 纸，5 号字，不少于 25 页；参考文献不少于 30 篇；

综述性课题论文：A4 纸，5 号字，不少于 40 页；参考文献不少于 50 篇。

上述基本技术要求不能满足者，期末课程成绩自动为“F”。

6. 纸质版课程论文递交方式

各位的课程论文，在打印前记住把电子版本（word 文件或 LaTex 文本＋EPS 图形文件；不要单独发 pdf 格式，因为不便进一步修改）发给我先看一下。所有计算源程序或补充材料，请放在论文末尾作为附件（或另行打包，单独发给我保存），以便后来者跟踪你们已有的研究。

之后，请你们把纸质版的课程论文投入光华楼东主楼 24 楼电梯对面我的信箱中；递交给我的截止日期，请以系里下发给你们的截止日期前移 3 天为准。我（们）将相应处理、评分，并统一递交给系里。务请不要单独交到我的办公室，因为这样的办事效率很低。

合作愉快！

［**附**］

在黄吉平课题组选修“科研实践”或“毕业设计”的同学参加物理系每周学术报告的情况*

1. 报告人（姓名、单位）：
2. 报告题目：
3. 报告日期和地点：
4. 报告内容简要概括（200 字以内）：

....

....

....

....

....

同学签名：　　　　　　　　　　　　　　负责老师签名**：

**把本页所有内容填完后，于学期末交给黄吉平；*

***请相关同学于**每次报告结束**后找负责老师签字（找负责老师签字前，需完成 1～3）；本系的每周学术报告每学期都有一位教授负责，这位教授即为“负责老师”。*

3.9 浅议中科院和中信所期刊分区对国内科学研究的可能误导①

国内不少学术机构对学术期刊都有自己的分区，例如复旦大学就有。自从中科院发布了期刊分区以来，中科院的期刊分区方法已经(基本)成为全国各个学术机构在考核科研人员时的一个最重要的参考，这主要是由中科院的崇高地位决定的。

显然，如果分区得当，对科研自当能够起到一些正面的引领作用的，我想这也是期刊分区制定者的夙愿之一，值得肯定。

然而，最新(2012年)的中科院期刊分区又出来了，我注意到，美国物理学会(APS)的刊物 Physical Review E《物理评论 E 辑》这个期刊被划分到3区，而它的姐妹期刊 Physical Review A－D 皆是2区。物理领域的研究人员都知道，Physical Review A－E 收录的论文是有明确分工的，大体而言，它们对应着物理学一级学科下的各个二级学科。(物理学一级学科的 APS 刊物是 Physical Review Letters《物理评论快报》，它在中科院分区中被列为1区，这是众望所归！)如果这个分区具有权威性的话，以后软物质等学科的科研人员最好转行，因为他们的顶尖专业期刊是 Physical Review E，他们再怎么努力，充其量也就是发个3区期刊，如果他们改行研究凝聚态物理，花费同样的努力，一样可以发 Physical Review B，却是2区期刊了。相关研究人员都知道，Physical Review A－E 的收录标准都是一样的，从此亦可以看出，现有的这个分区标准是如何的荒唐？也许这个分区的制定者会辩解："谁叫 Physical Review E 的影响因子在这个系列期刊中最低呢?"我想说的是，这个期刊关注的内容是新兴领域、交叉领域，这个领域的从业人员相对于其他领域而言要少得多，如此自然导致这个期刊的影响因子偏低。但是，现在这个分区却把它列为3区，而其他的4个期刊都是2区，如此分区，对(国内)新兴领域和交叉领域的发展的打击是非常大的，特别在不明就里的学生眼里，因为他们相关的背景知识很少，从而使得他们在选择专业时很易受到误导！

此外，我也注意到，中科院的这个分区把 Nanotechnology《纳米技术》列为1区，这个玩笑开得有点过了！

---

① 本文最初于2013年1月13日发表于科学网博客：http://blog.sciencenet.cn/blog-683185-652565.html。

我认为,如果期刊分区制定者希望全国的科研机构严肃地对待你们的期刊分区的话,你们的期刊分区就应该严肃一些!

又,近期学校叫我们这些研究人员按照中信所的期刊分区统计过往几年的论文发表情况,不统计则罢,一统计吓一跳:PNAS(即《美国科学院院刊》)被中信所列为2区期刊,APS的Physical Review Letters也被中信所列为2区期刊……更多的也就不说了。我的天,分区不严肃至此,让我们这些科研人员如何能够相信中信所在相关领域发布的相关信息的权威性?——这里暂且不必再提对科学研究的误导了。

最后,总结一句:期刊分区,如果得当,自当有利科学研究;如果不当,自动荼毒科学研究!

建议中科院和中信所负责期刊分区的相关人员:你们如果希望大家尊重你们的期刊分区,你们自己必须先严肃地对待期刊分区。如果你们自己不懂的话,在发布前最好先咨询一下相关领域研究人员的意见。你们基于影响因子(等)发展出来的算法而得到的期刊分区,若不能被专业的研究人员认可,只能说明你们的算法有问题,回头改改你们的算法,重新分区,直至专业的研究人员认可后再行发布吧。

[**附**] 刚才注意到,科学网的博主武夷山研究员正是中信所的,因为武前辈是我非常尊敬的前辈之一,且他的博文我经常阅读,所以,非常希望中信所的这个分区能够在武前辈的影响下,拨乱反正,即便如武前辈所说,"为特定单位做的分区'流散'到社会上,被误解为是我们制定的普适标准,我们也很无奈(http://blog.sciencenet.cn/blog-1557-652613.html)。"

3.10 库仑定律的历史给我们的启发有哪些?①

[**题记**] 库仑定律是电学的基石,这个定律的形式非常简单,但历史上它的获得却来之不易。这里首先介绍其发展历史,然后介绍它给我们的启发。此文若能对科研入门者领悟科研的真谛有些许帮助,鄙人将深感欣慰;若"些许帮助"也没有,那就——没有呗。

1. 与库仑定律有关的主要历史进展

1687年,牛顿(英国)的万有引力定律正式发表于他的专著《自然哲

① 本文最初于2013年2月26日发表于科学网博客:http://blog.sciencenet.cn/blog-683185-665319.html。

学的数学原理》中，揭示了万有引力服从平方反比规律。

1755 年，富兰克林(美国)做了空罐实验，发现带电的银罐的内部却测量不到电荷。

1759 年，F. U. T. Aepinus(德国)在书中假设电荷之间的斥力和吸力随带电物体的距离的减少而增大，于是对静电感应现象作出了更完善的解释(但仅为猜测，尚无实验验证)。

1760 年，D. 伯努利(瑞士)首先猜测电力会不会也跟万有引力一样，服从平方反比规律。

1767 年，J. Priestley(富兰克林的英国好友)重复了富兰克林的空罐实验，并在《电学历史和现状及原始实验》一书中，提出"电的吸引与万有引力服从同一规律，即与距离平方成反比"(但仅为猜测，尚无实验验证)。

1769 年，J. Robinson(苏格兰)设计了转臂支架装置，对静电力进行了直接测量，得到平方反比关系，他的实验比库仑早 16 年，可惜没及时发表，对科学的发展未起到应有的推动作用。

1773 年，H. Cavendish(英国)用两个同心金属球壳作实验，得到平方反比定律。他的同心球实验比库仑用扭秤测电力的实验早 12 年，而且结果比库仑精确。可惜没及时发表，对科学的发展未起到应有的推动作用。1879 年，在开尔文(即 W. 汤姆生，爱尔兰)的催促下，麦克斯韦(英国)整理发表了 Cavendish 的手稿。

1785 年，库仑(法国)做了扭秤实验，得到了库仑定律。

2. 库仑定律的历史给我们的五大启发

总结库仑定律的历史脉络，它给我们的启发如下：

(1) 类比方法，居功至伟：把万有引力定律的平方反比规律类比到电力这个新的领域，使得库仑定律的产生一开始就行走在正确的康庄大道上。

(2) 理论实验，相辅相成：人有左右手，物理学也有，它们就是"理论"和"实验"，如果不是 Robinson 和库仑在万有引力定律的理论启发下，勇敢地把实验结果中对平方的修正项视为实验误差而删除，库仑定律也就得不出来了。

(3) 国际合作，步步推进：无数科学家奋斗后，才得到最终的库仑定律，这些科学家的国籍各异，但他们的目标都是一样的。科学研究过程中，合作、交流至关重要，如此才能集众人之智慧，促科学之发展！

(4) 及时发表，才是王道：发表论文，诚然带给作者的是荣誉，但更为重要的是，及时发表，有助交流，它能够尽快推动科学的发展，以便尽早使得科学造福人类。在此，Robinson 和 Cavendish 是反面的例子，我们如果向他们学习，那就说明我们傻！

(5) 科学发展，道路曲折：今天来看，这库仑定律也忒简单了、忒小儿科，但历史上为了得到它，无数科学大师不得不为之折腰。所以，我们不要期望科学的发展一帆风顺，一旦决定从事科学研究，就该有面对刀山火海的勇气，不要指望一蹴而就，如此才能有足够的耐心与毅力为科学的发展贡献出自己的光、自己的热！

……(一定还有更多的启发，请有兴趣的读者补充。)

[**附**] 文中所录的一些历史资料，或源于网络，或源于《物理与文化——物理思想与人文精神的融合》(倪光炯，王炎森，高等教育出版社)一书，在此恕不一一标注出处。感谢原作者！

3.11 这春天，有点冷……[①]

(一)

这春天，有点冷。要是往年，阳春四月，早已春意暖暖，催人慵懒了……

还记得，清明前回家乡一趟，油菜花们熙熙攘攘地挤满了田野，金黄金黄的，煞是好看。故乡的油菜花，多年不见了！虽然童年的我，每逢春日，无论上学还是放学，皆是在油菜花中穿行，然而记忆终归记忆，虽未尘封，终因年代久远而失去了当日的鲜活。这正如多年的老朋友，许久不联系，在一个不经意的场合中碰面了，未免有种生疏的感觉。

(二)

朋友，原本就是一个与回忆息息相关的名词儿。

次和一位朋友谈起越王勾践，甚为感叹，倘若越王没能熬到返回故国的那一天，那么，历史上后来的一位"枭雄"就早早地沦落为"狗熊"了，未免沦为后人笑柄。可见，个人能力重要，时间更重要。我们谁也熬不过时间。历史上"大不假年"、"可怜白发生"的事例太多太多了。然而，很多时候，时间对我们的唯一功用就是"被用来浪费的"，虽然我们不自知、亦不愿承认。可能我们需要时时刻刻提醒自己：此时此刻我做的事情是否对明天、后天有益？

---

① 此文最初于 2010 年 4 月 27 日发表于新浪博客：http://blog.sina.com.cn/s/blog_53af0c0f0100hxpi.html。

一次和朋友聊起秦桧，同样甚为感叹，倘若秦桧不是秉承上意，他岂敢谋害岳飞？结果沦落为千古罪人。此事给我们的启发就是，我们可以做上级吩咐或暗示的任何事情，但决不能做坏事。倘若明知是坏事，那还做了，那就做好准备吧，群众的眼睛真的是雪亮的，今日没被发现，明日终究藏不了。否则，即便你躲了，但是，你的子孙呢？还记得，我初中时有个同学，据说(!)是吴三桂的后裔，这位同学的爷爷（或爸爸?）在文革中因为是吴三桂的后裔而被批斗了。我们这些同学间每每提及此事都很感慨，祖先做了违背当时正道的事情，子孙在几百年后还得为之付出代价。可见，做任何事情，尤其是大事，不能不慎。想今日，作为孔子、岳飞的子孙，仍旧觉得脸上熠熠生辉，而作为秦桧、吴三桂的子孙，则羞于提及。做了坏事，虽然自己未受到报应，而子孙终究跑不了。这也算是天网恢恢之一种么？

（三）

我觉得西蜀后主刘禅是一位有大智慧的主儿。被俘入宫后，司马昭问他在这里过得怎么样啊（“颇思蜀否”）？刘禅说，太快乐了，我不想家（“此间乐，不思蜀”）。结果被后人嘲笑，说他“乐不思蜀”！其实，如果刘禅说“我很想家”，结果会怎么样？司马昭会认为：其心有异，必诛之而后天下安。这样刘禅也就活不到 65 岁寿终正寝。可能有人笑了，会有这么严重吗？不信么？想想南唐后主李煜被俘获后，整日“春花秋月何时了，往事知多少，小楼昨夜又东风，故国不堪回首月明中……”，结果被俘 3 年就被宋太宗赐死。对比刘禅，谁有大智慧，岂不很清楚？

（四）

既然年轻，就该犯错。现在不犯错，等年纪大了再犯就迟了。犯错，是一种历练，一种成长。容忍年轻人犯错吧，但容忍的同时，我们需要把握好方向。作为老师，我们理应如此。

（五）

上周去看了世博会，觉得美妙之处很多、很多。美，是一种主观的感觉。这种感觉常常因人而异。情人眼里出西施，说的就是这个道理。在某些人眼中美仑美奂的名画，在我的眼中仅是孩童的涂鸦之作。一方面，这固然是因为我不懂欣赏，另一方面，这些名画是不是美得也太不那么客观了？欣赏名画时，辅以主观的润色，名画更美。倘若主观之情与客观之景，不期而遇，浑然天成，构成共鸣，能够不学自通地欣赏名画，斯为“天才”。其实，人和人之间的“一见钟情”，该算作一对“天才”的相遇。主客观交融后，美得令人心醉，美得令人心焦。此时，主观之“美”催生出客观之“折磨”。还好，世博会虽“美”，于我而言，现在还非折磨，只是有种感觉——叫“累”……

（六）

现在有不少人都在批评中医中药，说中医中药无效！我想，我们不该把批评作为第一要务，我们该以“为什么中医中药无效”为命题，开展新的探索与对话，弄清其中的原因，例如：人为原因？药理原因？……根据我周围人的切身体会，我觉得中草药的效用还是非常好的，而中成药则次之（我非常不满意现有的一些中成药的效用！），至于不少民间偏方，则非常非常有用！

（七）

这春天，有点冷。这样的季节，是个催人思考的季节。

3.12 2010年5月记①

人生中总有那么一些原则于我，正如拐杖之于年迈老大爷，拐杖若丢了，老大爷走路也就变得踉踉跄跄。然而，过于坚守某些原则，导致的结果常常是：损人不利己。于是，“走路”同样变得艰难起来——呜呼，坚守还是放弃？着实是个问题。

“烦”字中间有“火”，当什么事让我们心烦之时，也就是说，这事让我们心中生“火”了。这“火”啊，倘若释放出来，常常烧了别人，若留在心中，往往烧了自己。

有些东西，得之，幸；不得，命。又有一些东西，得之，命；不得，幸。

所有英雄雕像的正面形象都是光彩照人、熠熠生辉的，而其背后却常常是潦草不堪、应付了事的。许多人在我们面前正是一尊尊英雄雕像。

一辈子所遇之人中，总有一些是欺骗过我的，也总有一些是被我欺骗过的。别人欺骗我，却被我识别了，我将视别人为路人，因为他防我正如防贼；我若欺骗别人，却被别人识别了，我将寝食难安，因为欺骗（与背叛一样）乃天下最恶之行为！然而，倘若欺骗未能被识破，我们通常都一边得意于自己的足智多谋，一边担心着东窗事发后的结果。

---

① 本文最初于2010年5月9日发表于新浪博客：http://blog.sina.com.cn/s/blog_53af0c0f0100i6cc.html。

3.13 2010年6月17日随记[①]

每个人一生中都会邂逅6个左右能够显著改变你命运的人。其中，3个人使得你的命运显著转好(飞黄腾达!)，所以，当这3个人出现在你身边时，你需要把握好上天赐给你的机遇；同时，另3个人的出现，却是使得你的命运转坏(直线下降!)，所以，当这3个人出现在你身边时，你需要好好学习老祖宗的话了，“惹不起，躲得起”。然而，如何甄别、如何判断，着实是个问题。因为每个人的判断力都是不等的，有人把前面的3个人误以为是后面的3个人，故而——躲之；也有人把后面的3个人误以为是前面的3个人，故而——迎之。结果啊，生活真的成了一团麻，剪不断、理更乱。

我们该如何做科研？记得上次的组会上，我和组内的学生们讲，“对待合作者，我们需要无条件地信任对方，如此我们方能确保把我们的研究做好、做深，也唯其如此，我们才能从合作者身上学到知识。”话虽这样说，但如何才能做到，不仅需要很宽广的心胸，更需要的却是一种自信，我认为，这种自信若变成火焰，能够烧干东海之水。(作者注：这最后一句的用法，印象中莎士比亚同样爱用。)

“我是来学习的”，这6个字不应该成为口头禅。虽说“活到老，学到老”，但当这6个字成了口头禅、成了同事们之间打交道的惯用语时，呜呼，“学习”二字的原意已经变质了，变质后的内容等于“我是来打酱油的”。说错了么？好吧，若不等于“我是来打酱油的”，我改一下，那么等于“我是来做俯卧撑的”。

3.14 随便说说——人性弱点[②]

对人性弱点揭露之深之广的莫过于文学，与文学相比，哲学同样揭露人性弱点很深，但其广度却不够，概因文学的表达形式更为通俗且参加创作者众。

---

① 本文最初于2010年6月17日发表于新浪博客：http://blog.sina.com.cn/s/blog_53af0c0f0100j7hp.html。

② 本文最初于2010年6月20日发表于新浪博客：http://blog.sina.com.cn/s/blog_53af0c0f0100jabz.html。

古今中外的文学巨著多矣，看几辈子也看不完的。因有文学作载体，故描述人性弱点的一些语句也别有一番文采，例如：

权："党同伐异"，"成则为王，败则为寇"，"窃钩者诛，窃国者侯"等。至于"一将功成万骨朽"则是更深层次的了，换成今天的话就是"把别人当炮灰"或"自己的幸福是建立在别人的痛苦之上"（嗯，其实当前南非世界杯期间的欢呼与哀叹，也约略体现了这个意思），又，这里之所以把这句话做重点推介，是因为这句话的存在使得另一句话沦为亘古至今凄美之最，它就是"可怜无定河边骨，犹是春闺梦中人"。

财："人为财死，鸟为食亡"，"财迷心窍"等。

色："饱暖思淫欲"等。

其他："好逸恶劳"，"久病床前无孝子"，"这山看，那山高"等。

然而，既是人性之弱点，显然并非某个人的弱点。既是弱点，善良之人就会克制，有的人自制力强，克制住了，结果取得极大成功。我的一位MBA朋友告诉我，"管理学上有研究表明，自控能力强的人更容易成功。"这话说的就是这个道理。人生百年，诱惑太多，唯自控力强者方可笑到最后，唯笑到最后者方才笑得最好。

然而，很多时候人们并非如此，任人性弱点如野火燎原般蔓延，东窗事发后人性的另一弱点也就随之浮现，"嫁祸于人"、"打击报复"、"穿小鞋"、"推诿"等。

……

也许，面对人性之弱点，人们需要坦然视之并摒弃之。孔子说他老人家每天"三省吾身"，我们并非圣人，"三省"当然做不到，"一省"也许还是可以做到的……

写完此帖后，突然发现，此帖内容彻头彻尾体现了人性的另一弱点，即"站着说话不腰疼"或"语言的巨人，行动的矮子"。

3.15 幸福——一种自私的感觉①

"幸福"是种感觉：

——你需要人关心时，真的有人送来"关心"，你感到"爽"，这叫"幸福"；如果此时没有人来关心你，你就感到"不爽"，这就叫"不幸福"。

---

① 本文最初于2010年6月27日发表于新浪博客：http://blog.sina.com.cn/s/blog_53af0c0f0100jhg7.html。

——你需要独处时，不需要人在你身边，所有人都离你远去，你一个人呆着，因独处而“爽”，这叫“幸福”；如果此时还有人在你身边唠叨着，吵得你心烦意躁，你因烦躁而“不爽”，这就叫“不幸福”。

——你帮助别人了，你感到一种“施舍”的“爽”，也叫幸福；你不需要别人的帮助，别人却帮助你了，你感到一种“被怜悯、被施舍”的“不爽”，这也叫“不幸福”。

……

幸福是一种感觉，一种自私的感觉。脱离了有血有肉的自我，幸福将不复存在。不信么？同样一件事，张三感到幸福万分，而李四却感到痛心疾首。这样的事，还少吗？所以，当我们在讨论幸福时，如果脱离了自我，幸福将仅仅是脱离你手的气球，看起来轻盈美妙，迟早都会“香消玉殒”的。

然而，当我们个人脱离了“小我”，而以“两人、多人、一个组、一个家庭、一个集体、一个国家乃至全人类”为“大我”，从而追寻大我的幸福，不可否认，这也是一种自私的感觉，但这种自私将因小我羽化为大我而升华……如此，自私亦蜕变为“大爱”。

3.16 自行车①

那年我出生　我就看到它
高高的身材　宽宽的座呀
驮着我上学　笑伴我回家

大学我毕业　我就看望它
低低的草棚　破旧的它呀
躲着我疗伤　静盼我回家

今年我休假　我再探望它
湿湿的空气　幽幽的它呀
躲着我流浪　不等我回家

---

① 此文最初于2010年7月11日发表于新浪博客：http://blog.sina.com.cn/s/blog_53af0c0f0100juk9.html。

3.17 寄语本组2010届毕业生[①]

决定你未来之路大体就两个数
一个是“背后大树”的高度
一个是“白发占总头发”的百分数

倘若你独自踩着自己的凌波微步
很快走出一条辉煌之路
那着实是——愚师出高徒

［补注］（1）本学期本组共4位研究生毕业，1位（博士）去了江苏徐州，1位（博士）去了河南郑州，还有2位（博士和硕士）留在上海。

（2）对于新参加工作者，在此特别建议阅读一下一个有用的定律，即“蘑菇定律”，可参见 http://baike.baidu.com/view/259921.htm?fr=ala0_1_1。

3.18 酷夏，一个胡思乱想的季节[②]

来自敌人的明枪易躲，来自朋友的暗箭难防。或，不怕敌人明枪，就怕朋友暗箭。

领导叫我们做事，原本是领导给我们面子，给了这个面子后，我们也认真地做好了，算是回了个完美的面子给领导，这其实恰恰是“年轻的我们”的人生发展之正道。一味的一意孤行、阳奉阴违，终将被领导识破（如果领导真的具有领导才干的话），此时，虽然领导给我们面子、让我们做事，我们却不做或不好好地做，也就是说，不给领导面子，只是应付了事，对于领导而言，以后找别人干即可，何苦烦我们大驾？这时，我们人生的发展也就偏离了正道。虽然我们坚定地认为，“是金子总要发光的”，其实我们是金子这不是最关键的，最关键的是拾金子的人，没有“拾金子的人”的出现，大路上的金子经受着雨雪风霜，实与垃圾无异。（作者注：这段话绝非叫读者怕马屁，这与拍马屁迥然不同，需知在其位、谋其政！别人说，

---

① 本文最初于2010年7月12日发表于新浪博客：http://blog.sina.com.cn/s/blog_53af0c0f0100juzb.html。

② 此文最初于2010年8月2日发表于新浪博客：http://blog.sina.com.cn/s/blog_53af0c0f0100kfbz.html。

屁股决定脑袋;我想补充说,屁股不仅决定脑袋,还决定手,做事的手啊。)

如果我可以借来一只手的话,我愿意举 3 只手(所有的手啊!)同意心理学上的这句话:人都有种渴望被他人认可的需求,这一需求与人对吃饭、睡觉的需求类似,是人的基本需求之一。

科学,试图解决的是人类在物质世界遇到的所有问题;宗教,试图解决的是人类在精神世界遇到的所有问题。所以,有信仰宗教的科学界人士,也有相信科学的宗教界人士。

“亲”君子,君子将以“同物”相赠;“亲”小人,小人常以“异物”回报。——该“异物”的构成十分丰富:阿谀奉承、懈怠、傲慢、自以为是、表里不一、背叛等。所以,诸葛武侯《出师表》中有“亲贤臣,远小人”之句。君子只凭道德约束即可,小人若非法律限制不行。(作者注:完全同意我的意思的人估计不会很多,但是,建议不同意的读者诸君可简单查阅一下历史上一些没有善终的皇帝和他的宠臣们,就明白我的意思了,——虽然有点偏激,但我想,交友谨慎的我之本意终究不会错的。)

3.19 加盟复旦 5 周年[①]

我是 2005 年 8 月 28 日正式来复旦报到的,昨天是 2010 年 8 月 28 日。5 周年了,总想说点什么……

5 年前,可以说是踌躇满志,觉得自己无所不能;5 年后,终于知道,自己不仅不是无所不能,而且仅能干那么几件小事,能把这几件小事干好,就非常非常不错了。所以,我课题组的研究方向已经压缩为两个,一个是复杂流体,属于软物质(软凝聚态物理),我们试图就纳米通道的输运性质进行一些初步的研究;另一个就是经济物理,我们尝试运用物理学中的思路、方法,研究经济/金融学家们可能关注的一些课题。凡此种种,前路如何?我们还处于蹒跚学步之中。

这个世界如果有后悔药卖的话,我敢肯定,这个药必定最最畅销,因为不仅身心有贵恙之人需要它,身心健全之人亦需要它。例如我,如果有此药,我也是要买一大箩筐的。需知这 5 年内做了很多事情,其中不少事情,若叫现在的我去做,给我一座金山也不会去做的。故后悔药十分重要

① 此文最初于 2010 年 8 月 29 日发表于新浪博客:http://blog.sina.com.cn/s/blog_53af0c0f0100kvgb.html;对狭义相对论内容有兴趣的读者,可点击超星学术视频,观看作者的授课视频:http://video.chaoxing.com/serie_400007223.shtml。

啊。科幻电影中的时光隧道可视为后悔药的一个构想，因为穿过时光隧道，人们可以回到过去，从而修改历史。但是，根据我对狭义相对论的了解，这些违反因果律的事情，是不被狭义相对论承认的，因而时光隧道也仅仅是虚幻而已，没有科学基础，于我无实际用途。（作者注：根据狭义相对论，人只能向未来旅行，并且是单程的，不能回头的那种，也就是说，你可以以某种方式到2110年旅游，但一旦去了，你就回不到2010年了。）当然，一定要说有后悔药的话，那么还是可能有的，它就储藏在我们每个人的梦中。在梦中，我们可以根据我们的意愿任意修改历史，然而，一旦脱离了梦境，我们还是需要正视现实的，勇敢地面对现实吧。

年轻人干事还是需要激情的，有了激情，就可能犯错，犯了错，承认并道个歉即可。倘若别人不接受，自己原谅自己即可。很多时候，人都是自己跟自己过不去的，即便别人跟自己过不去，但自己不把它看作一回事，不就什么事情都没有了么？

为人处事，谦虚至关重要，它的重要性绝不亚于我们的博士学位：我们经过廿年寒窗苦读，拿到了博士学位，这仅仅是给了别人一个从客观上愿意接受我们的机会，而我们的谦虚谨慎，则是引导别人从主观上愿意接受我们的向导。需要谦虚谨慎！需要戒骄戒躁！

3.20 从“类比”这个科研方法谈起[①]

（一）

我在组会上多次强调了“类比”在科学研究中的重要性，并举了一些经典的例子，例如爱因斯坦的光电效应（把波看作粒子）与德布罗意的物质波（把粒子看作波）等等。

我相信我的这些可爱的学生们都已经透彻理解我的良苦用心了。但是，我还是心有余悸：倘若类比运用不当，将会流于肤浅。那么，如何避免肤浅呢？

现在我可以说的是：倘若你个人不能十分确定，那么，集思广益将是唯一有效的途径。秀出你的思想，铺到展台上，让众人评价吧。与志同道合者合作，是研究过程中的至乐之事！当今世界，若从事科学研究，单兵团作战早就落伍了，集团军的冲锋陷阵，才是克敌制胜之良方。

① 此文最初于2010年10月7日发表于新浪博客：http://blog.sina.com.cn/s/blog_53af0c0f0100lnyj.html。

（二）

2010 年 9 月，我参加了南开大学承办的中国物理学会秋季学术会议。南开大学的正面如中国的大多大学一样，有着一个宏伟的大门，大门内矗立着高大的周恩来总理的塑像，塑像下赫然刻着周总理的一句话“我是爱南开的”，——倘若你愿意多花些时间在校园内徜徉，在校园的其他角落也会邂逅到这句话，从这句话可以清楚地领悟到敬爱的周总理对南开大学深厚的感情。会议结束后，返回上海，源于好奇，我到网上查了一下相关资料。获知：南开大学是周恩来以正式在校生身份就读过的唯一的高等院校，这一身份总共有 4 个月的时间。

1919 年 9 月 8 日，周恩来注册入学（时为南开学校大学部）。1920 年 1 月 29 日，周恩来等 4 人领导天津各校学生数千人赴直隶省公署请愿，竟被拘捕。羁押期间，周恩来被南开大学开除，他的学籍直到西安事变之后方由校长张伯苓亲自宣布恢复。塑像下的那行字源于周总理的一封信（与此信有关的背景，请点击：http://zhidao.baidu.com/question/132523029.html）：

> 你们诸位离天津远，还不知道内情。我是现在天天到南开去的。**我是爱南开的**，可是我看现在的南开趋向，是非要自绝于社会不可了。人要为社会所不容，而做的是为社会开路的事情，那还可以；若是反过脸来，去接近十七八世纪，甚而十三四世纪的思想，这个人已一无可取，何况南开是个团体。团体要做的事情，是为“新”，倘要接近卖国贼，从着他抢政府里的钱、人民的钱，实在是羞耻极了，哪能谈到为社会的事实！

（作者注：以上内容来自于网络，而非第一手资料，若有讹误，欢迎指正。）

（三）

在物理学家的眼中，主导这个世界的物理规律是简单的——不仅应该，而且必须。不少人对此不是很理解。是的，在物理学家的眼中这个世界确实是简单的，根据我的个人体会，其理由是：我们生存的这个世界，呈现着过于纷纭复杂的多样性，看起来混乱实则有序。如果主导这个世界的物理规律很复杂，那么很难形成如此有序的世界。举例来说：

目的：从 A 演化到 C。

路径 1：A→B→C；路径 2：A→B→D→E→F→…→C。

显然，欲达“从 A 演化到 C”的目的，路径 1 出错的可能小于路径 2。这是因为，与人类类似，在自然界演化、发展的历程中，步骤倘若过于复杂，自然界也更容易出错。

所以,物理学家们眼中主导这个世界的物理规律应该是简单的。在这个哲学思想主导下,物理学家们确实在认识世界、解释世界、利用世界方面做出了彪炳千古的贡献,如爱因斯坦的质能方程。还有,粒子物理学家告诉我们,我们身边的所有物质只是由 6 种夸克和 6 种轻子构成的。——哈,从这个角度也可以看出:人,是生而平等的。

然而,一个具有启发意义的问题是,既然主导自然界的物理规律是简单的,那么主导人类社会发展的物理规律是否同样简单呢?对人文学科的定量研究是物理学与其他学科的交叉研究方向之一,值得我们探讨。

(四)

什么是复杂系统?当我与朋友聊天时,每当我告诉他们,我的研究方向之一是"复杂系统"(complex system)时,他们眼中充满的迷茫告诉我,他们有话要问:"复杂系统是什么东西呢?"这时,我就举例说,"经济市场就是一种复杂系统。"说到这里,朋友们当然完全明白了。

但是,作为复杂系统的研究人员,我的回答显然不是很标准,正如软物质的定义(http://blog.sina.com.cn/s/blog_53af0c0f0100jhdz.html)一样,对于复杂系统的定义也很费脑筋。鉴于复杂网络(complex network)也是复杂系统之一,其实回答好什么是复杂网络,也就很好理解什么是复杂系统了。那么,什么是复杂网络呢?简单起见,复杂网络就是介于规则网络(regular network)与无规网络(random network)之间的网络。至此,什么是复杂系统也就很好理解了,即介于规则系统(regular system)与无规系统(random system)之间的系统。显然,经济市场理应归于其中。

3.21 琐思或琐事(14 则)①

(一) 曾经有朋友问:"人一辈子最多活多少岁才好?"

我答:"只要走在父母、爱人之后,不管能活多少岁,都是最好的。"

(二) 所有人都想健康长寿,但是,很多人都在做有损健康长寿的事情。无欲则刚,这个"欲"字正是很多人摆脱不了的魔障,正是这个魔障影响了很多人的健康长寿,——我也不例外。

(三) 我的一位计算机专业本科毕业的同学在一所牧校工作,有一天,他向校长建议发给每位教计算机的老师一台电脑以方便教学。这位

① 此文最初于 2010 年 11 月 7 日发表于新浪博客:http://blog.sina.com.cn/s/blog_53af0c0f0100mgx2.html。

校长答复:“给每位教计算机的老师发台电脑,那么,是不是也要给每位教兽医的老师发头猪?”从此,这位校长被老师们私下称为“猪脑校长”。我觉得,这位校长很幽默。

(四) 我得公开地说:“我们这些人都应该爱国。”如果还要添个修饰语的话,我想添3个字:“必须的”。这么说了后,不少人很可能会质疑我的动机。然而,我要争辩的却是:如果一个国家不安宁,一个家庭如何能够安宁?一个家庭不能安宁,作为个人的我(们)又如何能够安宁呢?反之,我(们)幸福安宁了,我(们)的家庭也幸福安宁了,整个国家也幸福安宁了。这就是我的逻辑。所以,我们应该爱国。推广出去,我们应该爱我们所在的每个集体,大到国家、学校,小到课题组,不为别的,就为我们自身的现在和未来能够幸福、安康。其实,聪明的古人早就用一句话很好地概括了我的意思,这句话就是“皮之不存,毛将焉附”,好好地呵护我们依附的“皮”吧。

(五) 如果能够与所有曾经或正在仇恨或怨恨我的人成为真正的朋友,这该是多么美妙的事情啊!“生”易,“活”易,可“生活”却不易啊。我们的生活本身就不易,如果人际关系和谐些,那么生活也就会惬意些。所有我曾经得罪过的人啊,请放弃你的恨,成为我的朋友吧;所有曾经得罪过我的人啊,请放心吧,在我的心里,你(们)都是我的朋友。我突然想起“恍若昨日骑竹马,堪堪已是白头翁。百年修得同船渡,千年修得共枕眠”这几句话来。

(六) 我喜爱徐志摩的诗,与其说喜爱他笔下的文采,不如说更爱他胸中的激荡之情;我喜爱泰戈尔的散文诗(冰心翻译版),与其说喜爱他创造的优美意境,不如说更爱他对生活的挚爱之情。同一个“情”字可以概括徐志摩与泰戈尔两位文豪的全部,“情”是高尚的、崇高的、世人皆需也皆有的,“情”造就了徐志摩、造就了泰戈尔,也造就了我们所有人。欲以崇高的“情”(亲情、友情、爱情、对待生活的激情和挚爱之情……)来让自己的心安逸、舒适,我们就该用“心”去欣赏、去感受、去领悟、去感动……任何强迫或诱惑,都是肮脏的、都是丑陋的、都是下流的、都是我不耻也不屑为之的,因为这些“强迫或诱惑”的行为有损“情”之高尚、之纯洁、之无邪。

(七) 我也犯过一些不可饶恕的错误。但我及时地原谅自己了,因为犯这些错误说明我只是一个非常一般的人。而我曾经认为自己不是个一般的人。犯这些错误后,让我认清了自己的能力和局限性。我希望我能够充分利用自己有限的能力,做好有限的事情,例如科研等。原谅自己并非允许下次犯错的借口,只是倘若不如此,我原本能够做好的、有限的事情也都做不好了。为了能够做好有限的事情，让我们都记住“知错改错不算错，知错不改错中错”这句话吧。

（八）有一位比我年轻的教师朋友问过我：“我们该如何教育现在的学生?”

我答：“先把自己教育好。”

之所以这样答，是因为老子他老人家说过：“是以圣人处无为之事，行不言之教。”

（九）几天前，我去朋友家玩。

朋友对他12岁的儿子说：“去给叔叔搬张椅子来。”

“哥现在没空。”他12岁的儿子答道。

众人大笑。网络文化之影响于此可窥一斑。

（十）“水至清则无鱼，人至察则无徒”（见班固《汉书》卷六十五）。所以，有时人该学着让自己的眼睛里容得进沙子。然而，想做到这点，说来容易做来难哪。因为，欲达此目的，自信与气度，缺一不可。

（十一）年轻的我们最好不要生病，也不要犯错。如果生病了、犯错了，那又如何？还很年轻时，生一场大病，有助提早珍惜身体，从而更多地享受延年益寿；还很年轻时，犯一次大错，有助提早珍惜生活，从而更多地享受安居乐业。

（十二）创造一个适宜科学研究的环境，以吸引新生力量加盟，且能够激励成员们自我鞭策、发奋图强。——这是带领一个课题组开展科学研究的上上之策。所以，作为课题组负责人，当在创造宜人的研究环境上下大功夫。

（十三）自信——自己相信自己；自卑——自己否定自己。它俩与“自己”有关，与别人基本关系不大。然而，事实上，当我们自卑时，我们可能更多的是怨您别人的不理解、不尊重，而少从自己的角度拷问。视不同的环境而论，同一个人，有时非常自信，有时非常自卑。可见，自信与自卑亦是相对的，并非绝对的。

（十四）当我们在面对一件非常棘手的事情而六神无主时，这时我们通常更容易依靠别人、并听从别人的意见，而不去分辨对方意见可靠与否，主观上不愿，客观上不能。这就好比一位落水者，在水中挣扎的他，即便抓到一根稻草也会揪住不放。这位落水者并非认为靠这根稻草，自己的性命也就有了保障，只是此时的他没有旁的依靠，别无选择而已。事异理同。自己的事情，自己做主，别人的意见仅供参考，更何况，倘若别人正是此事的间接或直接关系人，要说他的意见或建议不藏私心，鬼才相信。

3.22　冬日抒怀①

1. 汉字

意如诗，形若画，凡诗俗画怎比它?

2. 孔子和秦始皇

文孔子，武始皇，文武中华万古长!

（作者注：我认为，中华民族之所以能够蓬勃发展至今，从源头上看，对此功劳最大的当属孔子与秦始皇。孔子，用文章统一了中华儿女的思想；秦始皇，用武功统一了中华儿女的家园。）

3. 叹《论语》

如君影，随君行，如影随行泰山顶。

（作者注：前两句断自“如影随行”之语，第三句断自“孔子登东山而小鲁，登泰山而小天下”（《孟子·尽心上》）。我认为，作为中国人，可以任何书都不看，但有一本书不能不看，这本书就是《论语》。）

3.23　碎叶(8 则)②

［**题记**］　近来很冷，感觉空气都结成了冰。每到这个光景，我都会忆起家乡的那些树儿，水杉、槐树，应有尽有，它们没有树木盆景的婀娜丰腴，有的只是光秃秃的干瘪枝桠，上面零星的挂着几片树叶。印象很深，那些枝桠恰似愤怒人的手，笔直地戳向空旷的蓝天，质问着什么；而那几片树叶在寒风中不停地挣扎，直到乏力了，飘飘荡荡地落下来，追随已经牺牲了躺在地面上的同伴们。尽管如此，我的印象中从无它们的哀号，虽然它们的身影那么伶仃得令我心碎，我只听到周围凛冽寒风的嚣张狂吼……故，此贴题为“碎叶”，其本意正如题记中所述，然而，此帖正文与本意关联不大，唯其内容散乱故名之“碎叶”，一定要说有关联的话，我想，每念及寒风中碎叶的伶仃身影而产生的萧瑟之感，与此文正文欲传达的精神倒颇有些一致之处呢。然而，读者做其他理解也未尝不可。

---

① 此文最初于 2010 年 12 月 19 日发表于新浪博客：http://blog.sina.com.cn/s/blog_53af0c0f0100nha2.html。

② 此文最初于 2011 年 1 月 5 日发表于新浪博客：http://blog.sina.com.cn/s/blog_53af0c0f0100nufh.html。

（一）

一位朋友告诫我：

> 社会领域中的真相往往是丑陋的，自然界中的真相往往是美丽的。前者为什么“丑陋”？因为有“人”；后者为什么“美丽”？因为无“人”。

我觉得他的意见有失偏颇，但是我该如何驳斥他呢？

（二）

另一位朋友告诫我：

> 当朋友因为某种原因，而向你撒谎，这时候，你最好的做法可能是不要去揭穿它，否则，朋友都难做下去了。
>
> 当你的下级因为某种原因，而向你撒谎，这时候，只要不涉及原则问题，你最好的做法可能还是不要去揭穿他，否则，下级的日子不好过、你的日子也不好过。

这里的建议有点世故，但是，谁有更好的办法呢？

（三）

有人说，不说谎话办不了大事；我要说，说了谎话也办不了大事。谎话说多了，诚信也就没有了，没有了诚信，还能干成什么大事呢？即便一时运气，干成了某件大事，但是，没有诚信做支撑，这样的运气又怎能持久呢？持久的诚信是干成大事的敲门砖。

（四）

N年前读到《论语》中的“吾日三省吾身”，觉得那是吹牛，整天吃饱了撑的，有啥好“省”？后来才发现人若想进步，其源动力是自己，也仅仅是自己，旁人的教诲、劝告等皆不是最本质的源动力。自己的领悟才是能否进步之根本。所以，对于先贤来说，“三省吾身”就够，但对我辈庸人而言，“N省吾身”才够啊（$N \gg 3$），——如果真心诚意地追求进步的话。

（五）

最近参加了一次同学聚会，一位曾经很要好的同学和我提及：

> 你若不小心得罪了你的同学或同事，接下来你可惨了，在他们眼中，你过去、现在或未来为他们做的任何事情皆是别有用心的、大逆不道的、错误的。

这位同学是以他自己的经历说事的。我听了后，觉得有一定道理，此所谓“恨”屋及乌。但是，总觉得还有些问题在其中，如果双方的气量不太狭隘，我想同学所担忧的情况该不会出现的。

（六）

做科研需要思考。思考多了，也就习惯于对任何事情都想琢磨个子丑寅卯来。中医上好像有这个说法,思虑过多,容易伤神。这个说法虚了点,但感觉有道理。可是,如果不多加思考的话,人之何以为人?对一个科研人员而言,不多思考是不是就是科研生涯的提前终结呢?新的时期,我该如何思考才能做好自己的研究呢?我想,思考的方向该有重点、有选择,思考值得思考的问题……

(七)

古代中国崇文,对于文人通常有两个对立的评价,喜之者、爱之者称他"才子"、"有才",憎之者、恨之者讽他"酸秀才"、"卖弄"。这个区分于今亦然。至此也就明白为什么战国时的俞伯牙在钟子期过世后,把心爱的瑶琴在青石上砸了个稀巴烂,并十分悲伤地说:"我唯一的知音已不在人世了,这琴还弹给谁听呢?"我不揣鄙陋、稍有闲暇就撰写博客的目的亦然,一来自娱自乐,二来,也是更重要的是,写给如钟子期那样的知音。至于旁人,我想阅读我的博客的意义总觉聊聊,虽然尚不至有害。

(八)

今天一位高中同学来访,他在一家韩国公司做部长,手下有 N 位员工。交谈过程中,同学告诉我,他非常偏爱其中的 1 位员工,因为这位员工工作认真、踏实,并且有把各种工作做好的独特的想法,后来有一天,这位员工向我同学诉苦,他被其他 N－1 位员工孤立了……

同学走了后,我思考了一下,我感觉对这个事情的研究可以成为一个管理学课题。领导与员工,就似猫和老鼠一样,是天然的"敌对"(请允许我用这个词的中性含义)关系,但这位员工得到领导的偏爱后,在其他 N－1 位员工眼中,这位员工自然也就站到了领导的那边,所以,也自然地变成了(领导和 1 位员工)对(N－1)位员工的"敌对"状态。此事意味着,作为领导,对待员工应该一视同仁,否则,你偏爱某位员工的同时却是害了他。

同学的这件事情和我的理解合并在一起可以算是一个新的管理学原理么?

3.24　与教育有关的一些浅见(8 则)[①]

(一) 大学不等同于职业培训机构,这话我完全赞同。但是,当不少(如果不是"大量"的话)本科生和研究生走向社会时,他们无法找到合适

---

① 此文最初于 2011 年 1 月 17 日发表于新浪博客:http://blog.sina.com.cn/s/blog_53af0c0f0100o4tf.html。

的工作，作为老师，我想我们还是该提早为学生们未来的工作做些思考或铺垫。物理系的培养目标注重学生基础技能的培养，可是物理系的学生们在找工作时，面临的竞争常常来自专业色彩很浓厚的专业的同学们……尽管如此，我们不少人通常(包括我本人曾经也)很自豪地说："物理系出来的学生可以干任何工作。"我觉得这句话需要重新审视……我感觉，物理学与其他学科的交叉(例如生物、经济/金融等)该是一个非常值得关注的方向，其实用价值和学术意义皆值得所有的物理学人期待。

(二) 有位名人说过，大学不是有高楼之谓也，而是有大师之谓也。我们这个时代一直在呼唤大师，可是真正的、公认的大师还很少很少。既然大师很少是个客观的事实，我们是不是不必过于去区分谁是大师谁不是大师呢？把人人为地分成三六九等已经花去了太多人的太多时间，急功近利(部分)因此而蓬勃发展，因为谁都想成为金字塔顶端的那位，于是无所不用其极，既走正道也走歪道……

(三)《论语》中有"人无远虑，必有近忧"，这句话的意思很好理解，即人如果没有远大打算，就必定有当前的忧患。对这句话，我希望能够反过来重复理解一下，一个人如果只有当前的忧患、惆怅，那说明他没有远大的打算、没有宏伟的抱负。所以，我们每个人最好把目标定得高一点、远一点，如此，眼前鸡毛蒜皮的烦恼也仅仅是自己能力得到提高的前奏曲而已，此所谓神马都是浮云。

(四) 我们如何能够坚持不懈地干一件事呢？把目标定得适当地高一点。管理学上的"篮球架原理"就很好地说明了这一点，打篮球时，倘若球框高达 20 米，就是飞人乔丹复出，也只能望之兴叹而退避三舍，如此还有谁愿意打篮球呢？另一方面，如果球框低达 1 米，我辈篮球盲似乎也可以轻松进篮，如此又有何趣？所以，我们在定目标时，目标需要高、还需要适当，如此方才能激励我们坚持不懈地追逐着自己的梦。

(五) 还记得本科时，学校操场很简陋，荒草如席，几乎铺满整个操场，当时我喜欢晚上与三两朋友一道在操场上跑步、闲聊，当时的操场是开放的、免费的。后来，操场变了，跑道变成了塑胶跑道，荒草也没了，取而代之的是……，我和朋友们再也无法像往常那样在操场上跑步、闲聊了，这时的操场是封闭的、收费的。当我们都在为耗资巨大的竞技体育带来的每一块金牌欢呼雀跃时，我怀念全民体育、免费的全民体育、草根的全民体育。还记得在香港念博士时，去体育馆打球都是零场地费，而且羽毛球和羽毛球拍都是免费借用的，去体育馆锻炼身体需要的仅仅是一张学生证或教师证。现在在复旦，我也经常去体育馆打球，羽毛球是自买的、球拍也是，场地都是收费的……这里我绝非抱怨体育馆工作人员的收费(事实上，按照现行的规章制度，他们的收费是合理的)，我只是觉得，锻炼身体如果是免费的，那该会造福多少如我这样常常懒于锻炼身体的年轻人呢！年轻人身体棒了，诚然对自己有益，同时，也可以更好地为国家、为社会服务！(当然，我这里的建议绝非唯一途径，仅仅是点到为止，善良的读者们千万不要过于较真呢……)

(六) 如果我理解得没有错，儒家经典中强调：对待师长，学生或晚辈需要严格服从(即尊师重教)；而西方文化强调的却是：吾爱吾师，吾更爱真理。由此可见，儒家文化更重人，而西方文化更重物。这是不是也是近代西方猛超中国的一个原因呢？作为老师，培养的学生却不能超越老师本人，这样的老师该是不合格的，对一个国家而言，这样的老师多了，这样的国家也就是退步的了。可是，我们的儒家经典暗示我们(我理解错孔圣人的意思么?)，老师，特别是圣人，是不应该、也不能超越的，不仅如此，他们还应该无条件地受到尊重。嘘，这个思想已经荼毒国人几千年了。(温馨提示：话虽如此，但这里千万不要走文革的极端，否则罪莫大焉!)

(七) 大学的灵魂是什么？我个人认为有且仅有一点，它就是“创新”。而创新之形成需要两个要素：一是自由的思想(对教师和学生而言)；二是独立的人格(对教师和学生而言)。大学此外还有一个很重要的功效，就是“教育”，即教书育人，在此，教师是主动的，而学生是被动的。这里我要说的是，在创新的过程中，教师与学生都是主动的，也都应该是主动的，唯其如此，创新才不会失去前进的源动力。

(八) 作为研究生导师，我只能教我的研究生们两件事：一是如何开展研究；二是如何整理成果。这两个方面我可以作他们的“导师”，其余方面我的水平常常只可做他们的“学生”。例如，具体研究什么，不少研究生们就比我更灵。也正是因为和研究生们交流多了，我对我课题组的长远发展更有自信了。——教学相长该是一个研究组长久健康发展的良方，我认为。

3.25 我是一位成功的研究人员吗？(6 则)[①]

快乐而繁忙的春节越走越远了，闲暇也就越走越近了，于是，我也就

① 此文最初于 2011 年 2 月 11 日发表于新浪博客：http://blog.sina.com.cn/s/blog_53af0c0f0100onzz.html。

有时间把近期的一些零星的思考整理起来了……

（一）一个研究人员，如果他/她的累累硕果能够得到同行们的欣赏，那么，他/她就是成功的；一位教师，如果他/她的为人师表能够得到学生们的欣赏，那么，他/她就是成功的。作为一个研究人员、一位教师，我成功了吗？我常常问自己这个问题，但答案总是否定的。继续努力！

（二）转述一则听来的故事：一位90后保姆第一天上班，晚上主人说："明天早晨我6点就需要出发。"这位保姆答："没关系的，我起得晚，你们不要管我，我自己可以吃早饭。"——朋友告诉我时，我大笑不已，但事后觉得发人深省。各行各业都有各行各业的专业知识，任何一个行业的从业人员都应该是这个行业的专家，然后才能做好自己的本职工作。职业错乱是这个社会的一个典型不良现象，例如：领导做着该下属做的事情，而下属却管着该领导管的事情；很有演技的专业演员不考虑如何演好下一部戏，却考虑如何去做个好歌手（有此追求，诚然很好，误了主业，实属不当）……我把这些都叫"职业错乱"。一点愚见：各行各业的人，只要兢兢业业地把自己职业范围内的事情都尽可能做到最好，这个社会就会像功能健全的机器一样健康、和谐地运行。让我们都向"不务正业"说再见吧！

（三）古人云：兼听则明，偏听则暗（语出《新唐书·魏征传》）。当甲乙之间有了矛盾，且不管这个矛盾的产生是有意的，还是无意的，甲向丙（可以是上级，也可以是其他，例如同事、朋友、同学甚或父母等）告状或诉苦时，通常都会挑（或编）对自己有利的说（谁不这样干，就一个字："傻！"），这时甲总是喜欢用放大镜看乙的过错、看甲自己的冤屈，喜欢用望远镜看乙的冤屈、看甲自己的过错。所以，老百姓中有句话是这样说的，"君子不听一面之词"。这句话也就给丙提出了要求，要想做君子的话，丙就该辩证地看待甲的倾诉，不要被一时的义愤填膺而迷糊了双眼。然而，实际生活中又有多少人能如此理智思考呢？

（四）有人云：不患位低，而患不能。我想补充：不乐位高，而乐有才。——若要有才，唯有阅读加思考。当前，我本人还处于"不能"的境地。继续努力！

（五）历史上不少朝代的更替，通常都源于内忧外患，发人深思的是，这些外患常常起于内忧，于是前朝被新朝取代。呜呼，自己人灭了自己人，何其可惜哉。所以，大到国家、小到团体，团结是做好一切事务的基石，有了基石的稳固，才有参天大厦的耸立！

（六）伟人告诫我们，"没有调查就没有发言权"。这话我认为正确得咄咄逼人。然而现实中又有多少人能够做到呢？就我而言，我时常根据一些支离破碎的了解，就对某件事或某个人评头论足，现在想来如此行为何等不智。

3.26 就从这个寒假胡说开去吧[①]

［题记］ 非正式声明：此文就是些胡说八道。——虽然内容合法（合乎各个国家的各种法律）且健康（非少儿不宜），但琐碎平庸。

寒假不到一个月的时间，去了很多地方，有农村、有城市；见了很多人，有官员、有商人、有市民、有教师，还有农民。据报道，中国已经成为全球第2大经济体。从我最近接触到的这些人，可以很清楚地感受到，即便除去通货膨胀的影响，老百姓的钱包也已经足够鼓了，生活已经相当富足了。一个佐证：我去过N个小区，它们都面临一个共同的问题：停——车——难。

一位名人说过：人，不可有傲气，但，不可无傲骨。我的老师们从来没有告诉我该如何理解这句话。我自己的理解：这里的“傲气”指形于外的高傲之气，它容易拒人于千里之外，故曰“不可有”；而这里的“傲骨”则是指藏于内的高傲之态，不显山露水，但遇到困难时能够逢山开路、遇水架桥，故曰“不可无”。无傲气，则众人亲之，有了事业发展之基础；有傲骨，则自强不息，有了事业发展之引擎。

中学教育，特别是高中教育，正在走向垄断。几乎每个地方都有一所出类拔萃的中学，老百姓们为了能够把子女送到这所学校，千方百计地使出浑身解数……结果导致这个中学异常地膨胀。这样的垄断要得、还是要不得？我暂无明确的答案。因为我向来反对最优（教育）资源的彻底平均化。——当一个地方的一所中学过于膨胀时，从经济学角度看，这是“马太效应”（富的越富，穷的越穷）在起作用。

朋友评价我的博客，说：“你的博客不会有多少人看的。”

我答：“要有很多人看，不是我这样的写法。”

“愿闻其详。”朋友继续道。

我说：“追踪热点就行。例如，对最近央视马东先生与清华美学教授之间的争论写些评论，等等。”

人一辈子可以什么都学不会，但有一点一定要学会，它就是独立思

---

① 此文最初于2011年2月20日发表于新浪博客：http://blog.sina.com.cn/s/blog_53af0c0f0100ovt6.html。

考。独立思考太重要了,否则,别人把你卖了,你还在帮他数钱。这里的别人可以是你的亲朋好友,还可以是你的父母等至亲。有人可能会批评我“言过其实”,我只想回答“不信么,走着瞧”。(即便如此,还望能够辩证看待我的意思。)

一个坚强的人,也有脆弱的时候;一个脆弱的人,也有坚强的时候。欲全面了解一个人,委实不易。但学会全面了解可能影响你一辈子的人,真的很重要。

基于100%的信息,能够做出正确决定的人,是常人;基于50%的信息,能够做出正确决定的人,是高人。学会见微知著,非常重要。因为对任何事情,我们每个人所能获得的信息通常都是不全面的、支离破碎的。

有些人,你可以不喜欢,但你不能不服。

实现一切梦想的唯一途径就是进步。倘若无法真的进步,也得永葆一颗上进之心,否则,进步的可能都被扼杀了,遑论梦想之实现?

家之于我们正如加油站之于汽车。

对别人说不,可以为你节省很多时间,从而小日子过得挥洒自如;对别人说不,也可能让你得罪了别人,从而小日子过得困顿不安。所以,无论何时,让我们都在三思后再说不吧——因为这个世界什么药都不缺,就是缺后悔药。

3.27 中学生和本科生为什么需要学物理?(9则)[①]

(一)

中学生和本科生为什么需要学物理?

从个人角度看:传承知识、培养能力、升华素质;

从国家角度看:国家发展离不开科学,科学发展离不开物理;

从人类角度看:人类进步离不开科学,科学发展离不开物理。

(二)

不写博客才近一月,

这个世界就已不受我的控制了:

大日本:震了、辐射了;

小超市:疯了、盐没了;

① 此文最初于2011年3月22日发表于新浪博客:http://blog.sina.com.cn/s/blog_53af0c0f0100pw96.html。

利比亚：炸了、乱套了；
日本大地震之后的核辐射再次说明：
人类已经具有在地球寿终正寝之前自我毁灭的超能力；
核辐射引起的食盐抢购说明：
我们这个世界很像个小村庄；
史无前例的食盐抢购潮却戏剧性地以竞相退购为句号说明：
谣言等于虎，等于纸糊的老虎。

(三)

谣言传久了，
容易让人信以为真；
真话传久了，
容易让人视为炒作。

(四)

有事才想起的，算不得朋友；
没事也想起的，才是真朋友。

(五)

事关两人的一件纠纷，
若任何一人单独向第三方倾诉时能够检讨自己，这人是人间少有的神。
法庭审案时，如果把被告的嘴缝上，只有一个结果，
被告将被宣判为比撒旦还恶毒卑鄙的恶魔，
殊不知，世界上只有一个撒旦，还躲在圣经中。

(六)

你把别人捧得越高，
别人也会把你举得越高；
你把自己举得越高，
别人就会把你摔得很惨。
学会尊重身边的每一位人将会使得我们更幸福，
因为——尊人者，恒被人尊。

(七)

宁可相信一个讲究诚信的强盗的话，
也不要相信一个满腹虚伪的君子的话。

(八)

“文人墨客”有时也叫“骚人墨客”，
撇去“骚人”源于《离骚》的引申义，这里可能还有它的本意——

普通老百姓眼中的文人似乎都爱无病呻吟地发骚。

3.28 闲来偶得[①]

(一) 偶得之一：

公务员易当，因为不必承担责任；

公务员难当，因为不敢承担责任。

(二) 算小小说么？

一位德高望重的教授的妻子问教授：

“如果我死了，你会不会再娶一个？”

教授斩钉截铁地答道：“不会！”

停顿了一会儿，抑扬顿挫地补充道：

“我——受——够——了。”

(三) 如果上则不算小小说，再来个可以算的：

G村发现了一口油田。石油公司派人去开采，为了便于运输，在村内用铁管临时铺设了一条钢管路，以方便大型货车进出。

G村有个X厂长，他的母亲Y某今年80岁。某个晚上，Y某沿着钢管路走，被迎面而来的电瓶车撞倒，不幸的是，她的头触及钢管，死了。

肇事电瓶车的车主是个一穷二白的穷光蛋，X厂长拿他没辙。

于是，X厂长把Y某的遗体抬到油田所在地，要油田的S田长赔偿30万元。理由是：油田铺设的钢管路直接导致了Y某的死亡。

S田长深表同情，同意支付10万元的赔偿金。X厂长不同意，觉得太少，坚持索要30万元的赔偿金。S田长不同意。

X厂长把油田告上了法院，要求赔偿30万元。法院裁决的结果是油田不承担任何责任。

法院判决后，S田长找到X厂长，告诉他：关于此事，油田工人们深感遗憾，大家私人捐款3万，以示慰问。X厂长嫌少，不接受。

在Y某出殡日，X厂长把所有花圈堆到油田的土地上，继续向油田索赔30万。油田所在地的10家农户找到X厂长，说：“你怎么能把花圈放到我们家的地头上？想让我们家触霉头么？”X厂长赶紧把花圈搬走了事，并且依次到10家农户登门道歉，燃放鞭炮(注：当地人的习俗，燃放鞭

---

① 此文最初于2011年4月20日发表于新浪博客：http://blog.sina.com.cn/s/blog_53af0c0f0100qi5f.html。

炮可以驱走霉头)。

事情至此结束。

(四) 算绕口令么?

一位不尊重下属的领导不是好领导,

一个不尊重领导的下属不是好下属;

一位不尊重学生的教师不是好教师,

一个不尊重教师的学生不是好学生;

一对不尊重孩子的父母不是好父母,

一个不尊重父母的孩子不是好孩子;

一位不尊重读者的作者不是好作者,

一个不尊重作者的读者不是好读者。

(五) 最近逛了趟书店,感觉:

80 后著名作家韩寒,仿佛是用杂文的手法在写小说;

80 后著名作家郭敬明,仿佛是用诗歌的手法在写小说。

(六) 记忆中的一次对话

一次,由于工作的关系见到一位名校化学学院的副院长 X 老师(国家杰出青年基金获得者和教育部长江学者奖励计划特聘教授)。

闲谈之余,我有点好奇:“你的科研事务这么繁忙,怎么还愿意当副院长?”

他说:“Y 院长当初找我当副院长,我就去咨询我的老板 Z 院士(注:Z 院士是 X 老师博士时期的导师),Z 院士提醒我,‘Y 院长找你当副院长那是给你面子。’于是我就当了。”

别人找你做事,你可能有的两种对立心态是:一是你觉得是别人在高姿态地赐给你面子(可能适用的情形:你比别人层次低);二是你觉得是别人在卑微地乞求你帮忙(可能适用的情形:你比别人层次高)。另外,还会有的第三种心态是,双方平等得犹如朋友之间的互相帮忙(可能适用的情形:你和别人的层次一样高)。

3.29 农村教育浅议①

刚才看到一则博文,题为“出生改变命运——农村孩子一开始就输

① 此文最初于 2011 年 8 月 7 日发表于新浪博客:http://blog.sina.com.cn/s/blog_53af0c0f0100wbwl.html。

了”(http://blog. sciencenet. cn/home. php? mod = space&uid = 200056&do=blog&id=472735)。推荐大家一看。

我认识很多复旦大学物理系的本科生,这些本科生中来自农村的极少极少!鄙人本科是20世纪90年代中期就读于苏州大学物理系,当时班上来自农村的同学在一半左右,包括鄙人。

为什么农村的孩子比较难进重点大学呢?这绝非重点大学有意为之,而是基于(大体)统一的标准,层层选拔之后的必然结果。

那么农村的孩子与城市的孩子相比,差在哪儿?其实,从统计的观点(人才分布规律)看来,两者很近、应该没有差别,但是,农村的孩子上重点大学的几率就是比城市的孩子少。原因何在?鄙人试着从3个方面来分析看看,以达抛砖引玉之效。

(1)从国家提供的教育环境来看,就其整体水平而论,很显然农村的教育比城市的差。欲解决此问题,需要国家整体协调教育资源,我讲的教育资源的重中之重就是师资力量(并非高楼大厦之谓也)!没有高水平的老师,永远教不出优秀的学生,此所谓“名师出高徒”!

(2)从农村家庭提供的教育能力来看,很多家庭囿于经济和/或(父母)视野的限制,导致小孩的发展受到致命的遏制。就经济上而言,现在农村的整体经济水平正在大幅提升,相比较(父母)视野而言,情况比较乐观些。父母自身的视野对小孩的限制是非常巨大的,这里我特别想用“巨大”这个词,很多小孩(特别是小学和初中)在未来的选择上非常被动,通常都是父母全权处理,父母叫他/她放弃上学,他/她也就放弃了(案例一:我认识一个成绩很好的农村学生,情况就是这样,尽管她当时的成绩考上了比较好的高中,但还是不得不听父母安排回家务农,现今的她已经是几岁孩子的妈妈!!案例二:当年鄙人初中毕业后考上了县城里的省重点中学,这所学校是城里孩子的父母梦寐以求的地方,但是,鄙人的一些长辈以鄙人没有能够考上他们心目中的理想场所(中专)而议论不已,结果搞得当时的鄙人亦以考入此学校为羞愧。现在看来,可笑啊!)。欲解决这个问题,鄙人暂无比较有效的建议,唯建议各种公众媒体的合理引导(这也许看起来还算切实可行些)。

(3)从孩子自身看来,我看不出他们比城市小孩差在哪儿。而事实上,我眼中很优秀的儿时伙伴,现在(或此刻)正在田间劳作,或在各个城市里顶着“民工”的头衔在干着各种各样的活儿。我不是说他们现在的工作不好,我只是说,他们——如果他们当初出生在城里——原本也可以以他们优异的学习成绩而干些不同的工作。

附带一说:我课题组里的研究生来自农村的比较多,他们在研究上的表现我非常满意,我看不出他们与其他城市小孩的差别,其实在埋头苦干方面,他们的表现还常常令我惊讶。(也许)可见,当城里小孩和农村小孩置于同一种教育环境下,从研究和学习的表现上看来,他们是没有差异的,至少在鄙人的课题组内情况如此。

人是不可再生资源。农村的小孩是一个大的群体,如果社会能够、却没有让他们得到足够的发展,该是社会的悲剧,是对有限资源的极大浪费。我们这个社会绝不应让资源变成负担,否则就是无能或不作为的一种体现。每一位教育工作者有责任和义务为减少城市小孩和农村小孩之间的差距而尽力!

3.30 思考的碎屑①

只见方法之比较,而不见具体问题之探讨,这样的讨论有比没有更糟!例如:

有人认为对社会科学的定量化研究是害了社会科学。我认为,如果把社会科学完全定性研究,也是害了社会科学。这话怎么讲?关键得看研究的具体课题是什么,就是传统物理学领域的研究,其中囿于研究对象或时空的客观限制,也无法完全定量(特指精确的定量),这正是物理论文中为什么有那么多唯象理论横空出世的理由(之一)。

人常说"屁股决定脑袋",我要说"屁股决定脑袋,脑袋决定嘴,没有屁股就不要有嘴"。这里想表达的意思很清楚,"屁股"是指"位置","脑袋"是指"思考","嘴"是指"指令"或"牢骚"。有了"屁股",这时的"嘴"中所发出就是"指令";没有"屁股",这时的"嘴"中所发出的就是"牢骚"。我这里表达这些意思时还是絮叨了不少,其实一言即可概括之:不在其位,不谋其政(语见《论语》)。

阿Q可能曾经也想过:"全世界53亿人中,52亿9 999万9 999人都是傻瓜蛋,只有我1人是聪明的,那光景该是多么的、多么的美好啊!"我们某些时候自觉或不自觉地就成了这样的阿Q!

由"爱屋及乌"可以类推得到"恨屋及白"。

我认为不要"痛打落水狗",给落水狗一条活路是人道,要知道,落水

① 此文最初于2011年9月20日发表于新浪博客:http://blog.sina.com.cn/s/blog_53af0c0f0100y66z.html。

狗也有爹妈和孩子，那些人需要他/她/它。

当理想与现实产生极端冲突时，通常有 3 种处理方法：一是落荒而逃；二是坦然面对；三是浑浑噩噩。绝大多数时候，我们的理想和现实都是不一致的。

才离狼嚎，又闻虎啸。还有更惨的么？要么认命，要么抗命。如果认命，就不该以抱怨度日；如果抗命，就该立刻拔刀相向。

"人在矮檐不得不低头"。这时最好的处理方法就是，直接把"矮檐"砸个稀巴烂，取而代之的是，以白云作"檐"，昂首阔步地走路……

尽量不要得罪身边的每一位人，这很重要。每个人出现在我们身边，这都是一种"缘份"，我们该学着珍惜这样难得的"缘份"。

滴水之恩必当涌泉相报。一味地贬低或诋毁自己的恩人或曾经帮助过自己的人，这样的人比较接近动物的本性。写完此句，我立即继续思考了，我是不是也贬低过谁呢？

3.31 答疑：关于"经济物理"之"行为人模拟"①

2010 年 4 月 18 日收到本组一位同学的电子邮件：

想问一下黄老师，您觉得对于 agent-based model（代理人模型）的构建应该基于什么样的基本原则？我之前一直觉得对于经济或社会问题的建模分析是很玄的东西。它不像传统物理学问题那样，可以在一定假设下，通过逻辑以及数学的演绎最终得到理论结果。对于这样的建模分析，我们随便更改或添加点东西就可以做出一个新的模型，但为什么要用这种方式而不是其他方式去做修改，其他的修改方式可能也会得到同样的模拟结果，这是很难回答的。我觉得这一领域好像只能通过逻辑来构建模型，尤其是模型最基本的框架。这点要请黄老师多多指教了。

以下是我的答复（此处转贴时，原答复邮件中的同学姓名皆被隐去）：

至于你提及的 agent based model 构建应该基于什么基本原则，这个问题很重要，我也思考过，迄今没有非常非常明晰的答案（因为这个问题的解答本身就构成了经济物理的一个研究内容）。但此刻我想我可以从两个方面给出该问题的（初步）解答。

① 此文最初于 2010 年 4 月 18 日发表于新浪博客：http://blog.sina.com.cn/s/blog_53af0c0f0100hr9f.html。

经济学里也有 agent-based model，他们的模拟通常是基于具体问题来构建模型的。例如，研究 H1N1 的传播，他们构建一个城市，然后，根据机场、车站、旅馆等客人流量设计模型参数，最后得到一些可以与实际比较（或值得现实借鉴）的结果。他们这里在做模拟时，多是从实际世界（生活）出发来构建模型，其结果的可靠性似乎蛮令人信服的（主要源于其过程的现实性）。但他们的模型构建过程中其实也不可避免地用到不少近似，例如，假设有多少比例的旅客来自墨西哥这样的高发源，假设有多少旅客会选择住进旅馆 and 会呆多少天，假设有多少旅客会以该城市为中转等。大体说来，这种建模方式，因为与实际贴得很近，其思路值得我们借鉴。对这类建模方式，唯一的评价标准就是是否符合实际或近似地符合实际（以及进一步指导实际）。达此，则幸；不达，则命（？）。

经济物理学家们在构建模型时，通常不是关心一个非常非常具体的事例，通常关心的是一类事情，例如少数者博弈、市场导向资源分配博弈等。这类模型在构建时，离具体的事件确实较远，但它能够概括一类事件，这个可能与物理学家们根深蒂固的“大一统”思想息息相关。就我看来，在社会科学（这里特指经济或金融系统）中，这种“大一统”的思维有存在的必要。我想，人类是无法以“一事一议”的方法来穷尽万事万物（在经济或金融系统中）的，如果“科学”仍旧仅指“science”，而非“engineering（工程）”的话。物理学家的这种“大一统”思想是个非常值得深入的尝试，并且是个有力的武器，用于理解和调控经济或金融系统。我大体（非完全！）同意你“只能通过逻辑来构建模型”的提法。这里我想说的是，也许换了个方法构建了一个新的模型，而得到的结果确实一样（或差不多），若如此，我们可能需要反思的是作为模型构建基础的“逻辑”，哪个更符合实际（欣慰的是，这里检验的标准可以是人为构建或组织的具体的真人实验，而非原先仅仅从现实中简单抽象出来的“逻辑”，显然这个提法已经超出了你原先提及的“逻辑”本身！），然后，择其善者而从之。理论物理学家原本就不缺乏想象力，我们需要把我们的想象力更好地运用到经济物理的模型构建上来，这必将是一条康庄大道，虽然现实充满了蒺藜和暗礁。而验证我们的模型是否可靠（或是否至少具有一点合理性）的唯一途径，就是审察它给出的结果是否与实际经济系统或金融系统吻合，对应于传统物理学领域的行话，就是看“是否符合物理”。看得出来，我这里的回答没有在你的基础上有很多实质性的补充，我只是特别强调了"模型结果需符合实际系统规律并接受其检验"的重要性,并补充了建模过程需要有真人实验(或实际)做支撑的必要性(如此方可显著提升模型的可信度!)。我想,你原有的领悟该是你在此领域深入探索的基础,而你原有的疑虑,该是你在此领域奋斗的动机and未来的研究方向/内容。我本人非常看好这个方向,因为有太多的未知在等着我们(非常刺激的一种期待!)。最后,还值得再度强调的是,尽管我上面已经点出"模型结果必须符合实际",但我们在建模过程中的很多细节其实也是可以(更需尽力!)通过实际(或真人实验)给出强有力证据的,从这个角度出发,经济物理学家们模型构建的本身绝非单纯的"一切从逻辑出发"。如果你没有完全明白我的意思的话,请你查看王玮同学PNAS(2009)论文(即:PNAS 106,8423(2009))中"controlled experiment(可控实验)→MDRAG(市场导向资源分配博弈)建模的过程"就明白我的意思了;另,赵瓅同学构建跟风模型的过程亦同理(即:PNAS 108,15058(2011))。我希望我们以后在构建任何经济物理模型时,其模型构建过程皆需能够有(具有说服力的)实际(或真人实验)做支撑,而其结论皆能够符合"已知"和/或超越"已知"(例如赵瓅探索了跟风效应的机理后的新预测,就是超越了"已知",至少部分超越,或从定量性或深刻性角度超越了)。

一句话,我认为你所担忧的,正是国际上经济物理(特指代理人建模!)研究走不动、走不好的最本质原因所在,而我这里建议的"真人实验(或合适的'实际')+代理人模型"该是接下来经济物理一个新的发展契机(吹牛了么?)!

希望上述答复能够有用,并欢迎指正。

3.32 杂[①]

已有两月,博客上只字未添,非太忙,而实无心情矣。写博客,需有宁静之至之环境方可。回想这两月,似乎没做什么事,除了给本科生讲课,就是和研究生讨论。其间,或高兴,或迷茫,……,五味杂呈,皆有之。生活,本就是一个染缸,我们跳进去后,这个染缸又变成另一种染缸了,我们每个人都有属于自己的染缸,我们时时刻刻改变着我们的染缸,而染缸亦

① 此文最初于2010年4月2日发表于新浪博客:http://blog.sina.com.cn/s/blog_53af0c0f0100hf0z.html。

时时刻刻改变着我们。当我们无法改变别人时，我们只能改变自己。——这叫委曲求全，也叫尊重他人。

当我们对某件事有过高期望时，常因获之不得，而极度失望。倘若我们降低对该事的既定期望，那么人生之意义又何在？降低期望是对人生的妥协，妥协是对自己的不负责，唯其如此，我们理当坚持到底，——倘若我们的毅力足够坚强。

人之成功要素，个人认为，四点足矣，即：

(1) 上进心，强的进取心是成功之向导；

(2) 自控力，强的自控能力是确保人生之旅不偏离轨道的方向盘；

(3) 不笨，只要不笨即可，这个世界太聪明的人多如流河沙数；

(4) 身心健康，身体好，且有正常人之正常心态。

今年的研究生就业形势亦如去年，不容乐观。每当此时，总有资深者教导："不要眼高手低。"其实，冤哉枉矣，一位博士生只想继续做科学研究，这个愿望算"眼高手低"吗？如果这位博士生果断回农村做养猪专业户，这就不是"眼高手低"吗？资深者教导人时亦需将心比心。换位思考，有时真的重要！

愿天下男人都像喜欢美女那样喜欢自己的事业。"爱江山更爱美人"，说的是男人中的男人(伟男子也!)面临美女和事业的尴尬。当然，这其中也隐含着"让美女背黑锅"的嫌疑：国破身亡的殷商纣王，罪不在己，罪在美女妲己，——说书的如是说。男权社会概莫如斯。

3.33 3种经济物理研究方法简介[①]

方法一：统计分析(statistical analysis)

国际上，使用这种方法的课题组首推当代经济物理之父 H. E. Stanley(美国科学院院士)。20 世纪 90 年代起，Stanley 及其合作者开始广泛地把统计物理中各种成熟的研究方法应用于分析经济或金融市场中的海量数据。之后，引起了统计物理分析经济(金融)数据的空前热潮。国内华东理工大学周炜星教授课题组在此亦成果赫赫。鉴于被分析的这些经济(金融)数据都源于现实市场，所以，也有人把这种方法看作实验研究，这里"统计方法"本身可以看作"实验仪器"，而"各种各样现成的经济

---

① 此文最初于 2009 年 12 月 21 日发表于新浪博客：http://blog.sina.com.cn/s/blog_53af0c0f0100g320.html。

或金融数据”则是实验样品。但真正意义上的“实验”应该是指通过限定某些参量，并调节某些参量，从而得到结果的研究方法，物理学家们在实验室做的实验当属此类，恰切地讲，真正的“实验”应该具有“可控性”。显然，“统计分析”并非“可控实验”(controlled experiment)，或并非真正意义上的“实验”。

经济物理学家基于统计物理的分析与数学家们的统计分析方法有着比较显著的区别，大体说来，物理学家更多关注的则是金融(经济)系统整体的普适性(如标度)。其实，这个区别亦可从统计物理(物理学)与统计学(数学/统计学)之间的差别来理解。

方法二：行为人模拟(agent-based simulations)

这个研究方法始于20世纪末，其中以华裔经济物理学家张翼成教授为代表，他在1997年提出“少数者博弈游戏”(minority game)的模型，这个模型随后风靡至今，并得到了显著发展。发展过程中的代表人物有香港中文大学许伯铭教授等等。这个模型(及其衍生品)可以用于解释不少金融市场中的程式化事实，原因并不复杂，因为市场是人构成的，分析单个行为人的行为理当最接近市场的本质。

计量经济学家们也有不少行为人模拟的方法，但是，他们的模拟方法与经济物理中行为人模拟的显著不同则在于，计量经济学家们更关注的是典型事件(“个性”)，经济物理学家们更强调的则是不同系统的普适性(“共性”)，如相变、标度等。

方法三：可控实验(controlled experiment)

姑且不论法律不允许任何人人为地操控市场，客观上源于实际金融市场的复杂性，任何人都无法基于真正的金融市场来做实验研究，这里的“实验”特指物理学家眼中可以调控的实验。2009年，本课题组率先提出基于可调控的真人实验来从事经济物理研究的新方法，从而在国际上开辟了经济物理研究的第三个研究方法。(欲了解相关论文，请点击：http://www. physics. fudan. edu. cn/tps/people/jphuang/Mypapers/PNAS-1. pdf)

同样，与行为经济学中真人实验不同的是，行为经济学家们关心的是具体特例，而经济物理学家们在可控实验中更关注的仍旧是系统的普适性。

方法一和方法二在国际学术界皆已发展10多年，方法三还刚起步，更多的未知等待我们进一步挖掘，幸运的是，方法三已经受到国际经济物理同行的关注。我这次在哈佛大学访问期间，应邀到波士顿大学(即“经济物理之父”H. E. Stanley 教授的经济物理课题组)、肯特州立大学、天普大学做了 3 场学术报告，我把方法三做了详细的介绍，并与相关同行进行了深入切磋，反响令我满意。而且，方法三也已受到金融学家和经济学家的关注。

总之，本文介绍的这 3 种方法是当今拉动经济物理学发展的三驾马车，期待更多的激动人心的成果在可预见的将来源源不断地涌现出来。让我们一起努力！

3.34 本科生加入导师课题组之后……[①]

2009 年 11 月 11 日，收到本科生××同学来信：“我们班最近有一部分人像我一样，进入了一些导师的实验室，学习一些新的知识，为了更好地利用导师提供的资源，不知道黄老师还能不能给我们班写一些寄语，激励我们认真地对待每一次组会，珍惜老师们提供的资源。”

我的答复是，“没有什么不能写的”，只是为了避免让各位生机勃勃的本科生同志们不觉得我这是“动辄教训人，自以为是”，我觉得确实可以写而且应该写。为什么？很简单，若我当年本科时加入导师课题组，我亦会无所适从，周围都是教授、博士或硕士的，吓煞人了，此等场面未曾见过，因未曾见过，亦会无所适从，从而胆战心惊，从而“吓煞人了”。哈，开玩笑了，遥想我之当年，确实会“胆战心惊”的，现在的本科生们，比当年的我要勇敢得多。这是好事，需要充分利用，使之发扬光大。谢谢××同学的这个命题作文！

我把此文的标题定为“本科生加入导师课题组之后……”，这里重点需要说的是这个“……”代表什么。代表 6 个胖乎乎的小圆点，哈，开玩笑了。嗯，欲说这个，需要澄清一下加入导师课题组的目的，把目的分清楚了，那么这个“……”也就脉络清晰了。可能有同学说，目的当然是“做科研呗”。真的吗？如果我问，“除了做科研，想想看，还有其他目的吗？”嗯，这样一问，看来此问题不是很简单就可以回答的了。我不喜欢虚文，只实实在在地说我认为正确的东西，希望没有误导或让大家误会的地方，否则罪莫大焉。如果各位读了，觉得无用，不必留情，请“重拍”，——“重重的拍砖”！要知道，每一位成功的人士后面都“站”着一堆“砖头”的，我后面

① 此文最初于 2009 年 11 月 12 日发表于新浪博客：http://blog.sina.com.cn/s/blog_53af0c0f0100fmt7.html http://blog.sina.com.cn/s/blog_53af0c0f0100fmt8.html。

的“砖头”还没有一堆，才一两块。好，不揣冒昧，写下去了。先从目的说起吧。

“目的之一”：为了多学知识。此所谓为学习而学习。既然年轻，就应该多学点，年纪再长些或参加工作后，再想学习已经不是很容易的事情了(对此观点，各位可参看我的博文：“一句话引起的感叹——兼谈硕士生的选择”，或直接点击：http://blog.sina.com.cn/s/blog_53af0c0f0100fgd6.html)。据我所知，现在参加各个课题组的本科生中，这类同学很多，这是上好之事。我在博文(即“一句话引起的感叹——兼谈硕士生的选择”)中说过，“现在复旦大学物理系大二的不少本科生就知道‘科研’是怎么回事，这是我非常非常羡慕的事情之一，我本人是读研后(1998 年 9 月后!)才逐步明白‘科研’是什么东西的。”所以，对此目的，多说无益，就 3 个字：“加油啊!”还要我多添几个字的话，就是“你们是我的榜样!”(这并非刻意奉承啊，要知道，当今国际、国内，(不少)科研过程中的功利味道比较严重，呜呼……)

“目的之二”：为了好奇。科研究竟是什么东西？不甚了解，故想揭开科研的神奇面纱。好奇一旦满足之后，多半同学会从最初的“兴趣盎然”转为“寡然无味”。好奇原本就不是所有人都能够自始至终保持的东西，这正如食品保鲜一样，刚从超市买回家，显然新鲜(若不新鲜，聪明如我们也压根儿不会买啊)，回到家后想让这份新鲜持久些，只能放进冰箱，如此还可让新鲜多延几日。我们也需要找“冰箱”把我们的这个“好奇”感延续下去。李政道先生教导我们，科研就是为了满足我们的好奇。欲出大成果、中成果、小成果或迷你型的小成果，没有好奇心是行不通的，否则，单纯为了完成任务而做事，无趣之极。这里提及“无趣”，是的，好奇本与兴趣密切相关，有了好奇，也就有了兴趣，若好奇能够持久，则兴趣亦会持久。我一直这么认为，每个人都适合做研究，——因为每个人都拥有一颗好奇心，关键是他有没有找到最最最适合自己的研究方向。参加张三教授的课题组，一段时日后，觉得“无趣”了，没有问题，转到李四教授的课题组吧……如此，在保持好奇的同时，若能找到最最最适合自己的研究方向，以便培养出对物理的持久的浓厚的兴趣，则转组之举，至哉伟哉！所以，对于本科生，想转就转，别怕，“我是本科生，我怕谁”，物理系的导师们都是欢迎你的，因为我们这些导师有义务为了培养学生对物理的兴趣而为学生做力所能及的任何事情。(作者注：本科生与研究生相比，前者偏重学习，后者偏重研究。故若想转课题组，本科生比研究生更合适，——如果一定要转的话；但对研究生而言，除非不得已，不建议转课题组，要知道研究生的毕业论文可不是三两天就能完成的啊，你若转来转去，把头转晕了不说，囿于时间限制，研究工作也无法做得系统、做得深入，届时你将如何完成毕业论文呢？所以，对于研究生，若想转组，不能不慎重啊！）

“目的之三”：为了得到“牛推”。想出国，肯定需要导师推荐，所以，早参加早与导师处好关系，未来的牛推自然到手。如何与导师处好关系？吃饭、喝酒？哈，绝不是。好好参与，好好研究，做出点东西出来，自然打动导师了，牛推也就自然到手了。可能有同学会说，做不出东西，怎么办？这个可以理解，不是任何方向都容易出成果的，就算有的方向相对容易出成果，还得看时机，可能轮到你时，出成果又变得很难了，因为容易的东西都给别人捷足先登了。欲做出成果，“能力＋机遇”，两者一个不能少。总之需要努力，你努力了，导师看在眼里，记在心里，你的目的也就实现了，你心爱的牛推也就自然到手了。

“目的之四”：为了攀比。什么意思？自己的同学都参加了，自己不参加，没面子。嗯，如果这是目的的话，我建议，你不要忙着参与，你还是再想想可有其他更好的目的，然后再参加或放弃。否则，即使参加，很容易浅尝辄止、东张西望、得不偿失。

还有“目的之五”么？我没有想到，大家可以补充到此文的末尾，如果有。预谢。

呜呼，此所谓殊途同归，“富贵不分出身”，你可以为了任何目的而加入任何导师的课题组（只要导师接受你的话），就全身心地投入吧（完备起见，请参阅我的博文“关于物理系本科生参加科研的几点小思考”中结尾的几句拙见，或直接点击 http://blog. sina. com. cn/s/blog_53af0c0f0100ex36. html）。导师及相关课题组成员可以提供给你的是下面的这些内容：

（1）最新的文献信息。很简单，刚进组导师会给你一些文献看看的。很显然，刚开始看，云里雾里，一塌糊涂，这样不奇怪，如果不这样，倒奇怪了，奇怪什么呢，你是天才啊。文献看多了，也就不再一塌糊涂了，看文献时，一遍看不懂，看两遍，两遍还看不懂，最多看三遍，如果还不懂，就看看与此有关的相关文献吧，看到别的相关文献后，你会发现有触类旁通之效的。如果虽然“触类”了，但没有“旁通”，可见此文确实很重要，那么，就向相关研究生请教吧，如果不是很重要，不妨扔到垃圾堆中，也未尝不是明智之举。特别对初学者而言，你无法把你所参与领域中的所有文献都学一遍，你必须充分利用导师给你提供的该领域最重要的文献，你需要投入全身心地把这些导师眼中认为最最重要的文献吃透。你若不参加课题组，若自己看文献的话，通常无所适从，国际上每年的论文几十万篇，你就从现在起什么都不做，看一辈子也看不完的。所以，这时最重要的就是：抓住重点！你自己因为初学，显然无法把握重点，这个没有问题，有人能够帮你把握重点，此人就是你参与的课题组的导师（及相关研究生）。所以，充分享用这个免费的、有效的把握重点的机会吧，此举为你登上科研殿堂提供了极大的便利，不充分利用之，太可惜了去。如果导师已经给你相关（重点）资料了，并且也接纳你参加组会了，你却不好好把握这些资源（“资料＋组会”），我想，你还不如不参加该课题组，否则，你是在浪费自己的时间，同时，也在浪费导师的时间。

（2）国际上最前沿的研究资讯。这个不多说，很好理解。如果你参加了一个课题组大半年，你却不知道这个课题组、这个领域的最前沿的问题（或方向）是什么，那么，我要说，你参加得不成功，其错主要在你，因为你没有积极了解。如果导师（或相关研究生）也明确告诉你了（例如组会上公开介绍、讲解），你却没有意识到或因为不熟悉而没有理解，也就认为导师没有和你提及的话，那么，导师白辛苦了。哈，这时你需要做的就是多参与、多讨论……如果你对这个课题组（和你自己）还有信心的话。欲了解国际上最前沿的研究资讯，还有些方法是你自己就可以做到的，不麻烦，请参考我的博文“答疑之‘如何及时地看到最新发表的文章’”或直接点击 http://blog.sina.com.cn/s/blog_53af0c0f0100etk0.html。

（3）学术报告信息。系里经常有不少学术报告、本科生参加的不多，例如物理系每周学术报告会其实主要就是面向本科生的，然而本科生参加却不多，这比较可惜。当然，也怨不得本科生，因为他们不知道选择哪个报告去听。除非某个大牛来了（例如前不久杨振宁先生来复旦），他们会去听，报告内容多半是听不懂的，这时他们参加的目的主要是一睹大牛风采，参加报告会本身倒是其次。那我们本科生该如何选择参加学术报告呢？向导师请教、向研究生请教吧，据我所知，只要系里有合适的报告，导师若觉得适合本科生参加的话，通常会转发给课题组所有成员（含本科生）的。也就是说，你一旦参加了课题组，导师自然为你做了筛选的工作，没有理由不按照导师的建议去做啊。可能你说，我以后也未必一直跟这位导师的，他推荐我去听，我也未必去听的，反正他管不着我，我去不去，得看本少爷、本小姐的心情，除此之外，还得看本少爷、本小姐是否有空。哈，如果这样，我也不多说，只反问一句，当初为何决定加入这位导师的课题组呢？也有的同学可能反驳，导师只推荐与他课题组有关的学术报告，

我对很多报告都感兴趣，如果这样，非常好，不需要导师推荐，你就主动参与，这本身已经足够好了，我在此罗嗦，倒显得多此一举。因为科研贵在“主动”，科研就是“创新”，创新就是“没事找事”，若想做到“没事找事”，若不“主动”，如何能成?！但怎么去听学术报告呢？请看我的博文“如何听学术报告之我见”，或直接点击 http://blog. sina. com. cn/s/blog_53af0c0f0100ekh0. html。

(4) 免费的专家咨询。——可与导师讨论，亦可与课题组中研究生们讨论。不要怕提问，有问题就问，任何时候！组会时，想问就问，一方面你提出问题，固然是你自己的问题，一旦你提出后，大家能够解决，固然对你有益，若不能解决，则这个问题也就成了大家的共同问题了，幸运的话，这个问题就可能是你的第一篇研究论文……我一直这样认为，这个世界上只有“stupid answers(愚蠢的答案)”，从来没有”stupid questions(愚蠢的问题)”。为什么？因为既然是 questions(问题)，那么就可以是任何 questions，而 answers(答案)一般来说则是固定、有限的(如果不是唯一的话)，所以，提问题的人绝不会 stupid(愚蠢)，而回答问题的人为了避免陷入“stupid”，他们会(应该！)用心回答的。无疑，这样对提问的人大有裨益。再有，现在的通信，也为提问提供了极大的便利，任何时候、任何地方，你都可通过邮件咨询任何你想咨询的问题。当然，还有手机短信等。

(5) 合作研究的可能。你参加了课题组，就可能有自己的点子(或课题组成员给你点子)，而周围的成员则为你的点子成功完成提供了免费的人力资源。这一点非常非常重要啊，要知道，一个过来人的一个小小的指点，有时能够节省一位 zero-beginner(零开始者)大量的时间，这个体会我相信很多人(包括我本人)都有的，此所谓“会者不难，难者不会”。

最后，特别提示，既然是科研，显然研究的都是“未知的东西”，既然未知，对你本人是未知，对你的导师及课题组成员中所有的研究生也是未知，但他们比你多的是解决未知问题的经验，而这些经验，你若想拥有，必须多参与、多练习。科研最重要的就是培养解决未知问题的能力。在科研中，标准答案通常不是事先给定的，需要你和你的合作者们一起琢磨、一起得出。明白这个道理，你也就明白为什么你提出问题后，导师可能会回答你，“不知道，需要你自己查××文献解决。”“不知道”的答复，表示你的问题是新的，你应该高兴，不要觉得导师不想理你、搪塞你，要知道，复旦大学物理系的导师们都是非常负责任的；而“需要你自己查××文献解决”的答复，则是用他已有的经验，给你提供了解决你提出的未知问题的方法，也就是交给你一把打开“未知”大门的钥匙。好好把握这把钥匙吧，太有用了……你在用这把钥匙去开门的同时，既会获得新知识，又会培养和提高自己动手解决未知问题的能力。

再补充，参加课题组后，要学会为师兄师姐们打工，是的，我说的是“打工”(注：这个“打工”之说亦非常适合低年级研究生！)，你只有在这些有经验的师兄、师姐们的直接指导下，你才能在最短的时间内得到最充分的锻炼。可能你说，我堂堂一介复旦大学物理系本科生，凭啥给他们打工，我需要自立山头，自己提 idea，自己做。如果真能够这样，我告诉你，你是天才，我到复旦工作 N 年，这样的天才我还没有见过。所以，听我一劝，放低身段，为师兄师姐们打工，你在为他们做事情的同时，得到他们的直接指导，你的进步将是“linear increase”(线性增加)，而非“quadratic increase”(二次增加)。有了这个基础后，你日后自己自立山头才有了自己的研究基础。当然，若想自立山头，个人的研究能力重要，此外还比较重要的是 leadership(领导力)，这个在我的博文“浅谈物理系本科生的选择(一)”中的“附”内有介绍，或可直接点击 http://blog.sina.com.cn/s/blog_53af0c0f0100eqq0.html。很多本科生参加课题组之所以一事无成，是因为他们没有选择好合适的研究生一起做研究(这是一个很重要的原因，当然并非全部原因！)，当然，他也是可以和导师一起做研究的，这固然好，如果这个导师自己也动手做研究的话。然而，就算与导师一起做，导师通常没有太多精力，也没有太多时间指导太多的细节，这里尚且不论导师自己是否知道这些细节，如果导师自己也不知晓，那就更不必说了。

各位本科生同志们，努力吧，你们在进步的同时，作为导师的我们也在进步！你们参加了我们的课题组，这是双赢之事！

[**附**] 2009 年 11 月 12 日收到××同学的邮件，其内容对此博文的内容是一个必要、有益的补充，故特录如下：

> 我觉得对于本科生加入课题组的意义，还有一点就是锻炼自己各方面的能力，比如说如何做好一个 presentation(演讲)，这个以后不管是搞科研还是走向工作岗位都很重要，自己的工作做得漂亮还不够，要秀得漂亮、讲得漂亮才能吸引人。当然啦，在自己还没有漂亮工作的时候，讲讲别人的工作，用别人的米来练习煮饭也不错！

3.35 一句话引起的感叹——兼谈硕士生的选择[①]

［题记］ 此文是2009年10月31日发给本组14位硕博研究生和19位本科生的电子邮件。此处隐去了相关同学的姓名，并有小修改。

大家好：

“对我来说，在复旦校园里学习和科研是人生最幸福的事情。”——这是××同学昨天写信给我时提及的一句话。当然，他的原话是有上下文的。××这话是发自肺腑的，特别的是，他的情况与各位都不一样，他是工作一段时间后再加入本组读博的。

我记得我大四做毕业设计时，一位老教师曾经语重心长地对我以及我的两位同学(当时，我们三人都将继续读研，方便起见，我这里就把另外两位同学标为A和B)说：“你们读研最好一直读下去，不要等到工作后再来读。”这话差不多是这位老师的原话了。对我本人而言，我当时想读研最直接的原因仅仅是我不想做中学教师，所以就考研了，而研究究竟是怎么回事，我当时根本不知道!! 现在复旦大学物理系大二的不少本科生就知道科研是怎么回事，这是我非常非常羡慕的事情之一，我本人是读研后(1998年9月后)才逐步明白科研是什么东西的。有时想起，未免后怕，这个赌注下得太大了，如果选错了，岂是“糟糕”两字所能描述!?

当时，我听了这位老师的话后，很不以为然，立即反驳：“在职读研不是更好吗？享受的是教师待遇啊!”这位老师再次语重心长：“等你工作后，你就没有时间，也没有精力读书了，所以，你们要么不读，读就读到底。然后，再工作。”虽然这位老师这番话讲得非常语重心长。但当时我仍旧将信将疑，因为我还是觉得在职读书的人更幸福，因为他们拥有比我们这些穷学生多得多的收入，而且还有家人照顾他们。一句话，我认为这些在职读研的人，物质上更丰富、精神上更富裕，所以，他们能够更好地读硕和读博。我以上的观点多年未变。为什么？因为我本人不是在职读研的，所以，没有切身体会。

再后来，我们硕士毕业了，我和B选择的是继续读博，A选择的是参加工作。这里我想提的是A。A在高校工作，工作了N年后，决

---

① 此文最初于2009年10月31日发表于新浪博客：http://blog.sina.com.cn/s/blog_53af0c0f0100fgd6.html。

定在职读博。结果是“聪明绝顶”(真的!)的A没有能够按时博士毕业,A没有时间学习,没有时间做科研写论文,单位的事情、自己家里的事情一箩筐,后来因为条件未达到,一再推迟博士毕业,这一切对A的打击算得上是史无前例、多次挣扎、多次想放弃,再后来颇经周折终于成功博士毕业。这其中的艰难与困苦,我与A聊过多次,也深深地体会到了。这些困苦,我本人没有遇到过,尽管A的“聪明绝顶”超过我太多。至此我方才体会到我大四做毕业设计时那位老教师语重心长的话。而我真正体会这话时已经在复旦大学物理系工作2年,这期间整整9年时间(1998—2007年)过去了。老师的一句话,我花了9年的时间才真正地、发自肺腑地、彻底地领悟了。

昨天看到××发来的这句话,引起了我的许多感叹。因为我深切体会他这话中饱含人生沧桑的深刻内涵。我非常愿意,把他的话再重复一遍:“对我来说,在复旦校园里学习和科研是人生最幸福的事情。”接着他的话,我想,现在我也有责任把我的老师的话传给各位:“你们读研最好一直读下去,不要等到工作后再来读。”但这里我觉得有必要特别补充一点:

如果你们将选择在高校(或研究机构,包括在公司研发部门)工作,客观上,你们别无选择,你们必须读博,如果你们希望自己工作得更加顺利的话。(作者注:个中原因本身就足够阐述成一篇老长的文章了。)

这个“补充”,我曾经与一些同学说过,但是,我知道相信我这个“补充”的同学不是很多,同样,相信我这里转达的我的老师这话的同学(含现在的本科生、未来的研究生!)估计也寥寥无几,因为各位没有切身体会,正如我当初不相信我的老师那样地不相信我现在所说的。不是埋怨,仅仅是因为各位客观上真的还缺少切身体会。这也是我这里郑重写下的直接原因,留待各位日后慢慢品味、细察吧。我接纳我的老师的话,花了9年时间,我希望我写了这封信后,各位可以少花些时间接纳之。

大家常说,西方国家发展几百年才有今日,我们改革开放仅仅几十年就有今天,何等荣耀,何等厉害!其实啊,别人“摸爬滚打”过程中走了不少“弯路”,白费很多时间,结果花了几百年,而我们仅仅是沿着别人花了几百年摸索出来的“直路”(而非“弯路”!)走的,节省大量的时间理所当然——因为按图索骥、有章可循呗。反之,如果我们也花上同样的几百年,那么,证明了什么?证明了……(不再赘述了!)

顺利

黄吉平

[补注 1] 此邮件并非"怂恿"所有的硕士生都来读博。恰切地说,本文适用的对象是那些未来的工作单位在高校(即便这些同学在高校中不以研究本身为主业!)或在各式各样的科研机构(如中科院、公司研发部门等)中的所有同学,不仅仅硕士生!

[补注 2] 有同学可能会说,我不是不同意你说的,我也觉得应该按照你建议的这样做,但我的年纪也不小了,需要结婚、组建家庭等等,所以,读到硕士差不多暂时告一段落,以后需要读博士的话就再读。对此,我的看法是,只要你未来的工作单位符合[补充 1]中提及的,你不一鼓作气地完成学业的话,你的所得必将小于(!)所失——这是肯定的,再则读书期间也是可以组建家庭的,这是法律允许的呀,我没见有矛盾。可能有同学还会说,我未来单位尚未定妥,现在就走一路看一路呗,反正暂时是不想读下去的了。对这类同学,我就不坚持此文中的观点了,因为他们对未来还缺少完整的规划,显然,这类同学该考虑的并非是不是继续读下去的问题;对他们而言,为自己未来的工作定好位,倒是最最迫在眉睫的任务了。

3.36 如何听学术报告之我见①

[题记] 本邮件是 2009 年 8 月 20 日发给本课题组研究生的一封电子邮件。为了保证阅读性和连贯性,略有修改。

××同学的问题:

但对于我们系里的学术报告,我试过坚持参加,但每次都基本没什么收获,令我很苦恼,所以想问问您,您听报告时会提前准备或了解一下他们要讲的内容吗?而且报告的内容各不相同,甚至和我们研究的没什么关系,这些报告怎么听?听了有用吗?这是我心中的一些疑问,请老师指点。

我的意见仅供参考:

(1) 参加哪些学术报告?

就拿从事"水分子的纳米管道输运"研究的同学来举例吧,与此

① 此文最初于 2009 年 8 月 30 日发表于新浪博客:http://blog.sina.com.cn/s/blog_53af0c0f0100ekh0.html。

有关的密切的学术报告,需要参加;不太密切的,如属于广泛意义上的软物质范畴的报告,如生物物理等,都应该参加学习。大体说来,参加或不参加一个学术报告,其判断标准是看这个报告内容与自己的研究方向是否有关、或现在无关但将来有关,如果这样,那这个报告显然应该参加。换言之,如果一个报告的内容,你一辈子的研究都将与它挂不上钩,这种情况,你当然不需参加这个报告了(除非对报告人本身或相关领域的大背景有兴趣了解!例如:报告人可能是超级无敌大教授,或大帅哥,或大美女)。也就是说,对有用的或潜在有用的报告,我们都应该尽可能参加。完全无关之报告,节省时间和精力起见,理当不参加。一辈子时光有限,有所为,亦当有所不为。

(2) 我们该如何听报告?

有了上面的分析,这里就很好回答了:对于与自己的研究关系密切的学术报告,理当做些前期的准备,先行查看报告人的相关论文,而对报告内容的细节亦应该把握。不懂即问,当场问。

对于不是很密切、但潜在有用的报告,我想需要了解概要,例如,what(什么),how(怎样)……而对细节问题,则可待日后用到时再深入学习。这类报告,很多人在听时,都试图当场了解细节,结果一无所获,殊不知,非你不能,而是此举委实不当。但有了这些初步积累后,日后用到时再学习,则非常有效。这对应于我一直强调的"在科研中学习",这时的学习因目标明确而非常高效。我们不可能把所有知识都学好后再做科研,也没有必要这样做,否则,一辈子基本做不了什么科研,因为值得学习的知识太多太多了,这是"知识爆炸"的今天导致的"知识冗余"。我们需要学会把有限的时间、有限的精力花在"刀刃"上。这是技巧,但需自己琢磨如何才能最有效,可自己意会、自己把握!

但,对任何报告,最起码的要求如下:

不管听什么报告,我们都应该尽可能从报告人这里了解到:什么是这个领域最前沿的课题?或这个领域的工作者,最关心什么问题?最想解决什么问题?现在还未解决这些问题的主要原因是什么?这些问题很重要(然而很多人常常忽略了这些问题和思考),因为有了这些积累后,有利于日后我们自己在时机成熟时解决之。否则,我们不知道问题在哪儿,基本无从下手。直接从报告人口中了解到这些问题的答案,比我们自己有意或无意地翻阅相关论文再行总结要便捷、有效得多。而这也是参加各种学术报告的极大好处之一。切记!切记!

至此，我相信，我基本回答完××同学的问题了。希望对诸君有益。

当然，我的意见远非圭臬，欢迎补充、探讨、批评。

3.37 如何开始科研之我见①

［题记］ 本邮件是2009年8月21日发给本课题组研究生的一封电子邮件。为了保证阅读性和连贯性，问题与答案皆稍有修改。

××同学的问题：

关于您下面说的这个问题，我还存有疑惑：

您说，“我们不可能把所有知识都学好后再做科研，也没有必要这样做，否则，一辈子基本做不了什么科研，因为值得学习的知识太多太多了……”

我知道是这么个理儿。可是对于一个领域，具体什么时候才能开始科研呢？当对一个领域的知识学到多少的时候，可以开始进行研究工作了呢？如何在没学完相关领域的知识之前，理直气壮地说自己的想法是别人没有的，是值得做的呢？

似乎这有个度的问题，还希望您指点迷津。

我的回答仅供参考：

我觉得这里没有一个明显的“度”。换句话说，一定认为这里有个“度”的话，这个“度”的提法本身就不太正确。所以，我认为与其问何时开展科研，还不如问怎样开始科研，特别是在自己缺乏先期积累的科研领域中如何开展科研。对此，我这里试图给出可以操作的步骤，建议如下：

我认为，只要国家（或社会、或学术界）的需求与自己的兴趣点有了最佳的结合点时，就是自己在相关领域开展工作的时候。——此即战略。而战术则是“两手抓”，即：“一手抓”相关领域专著和综述各一部（篇），专著给我们以该领域的基础知识，而综述则赋我们以该领域的前沿基础知识；同时，“一手抓”期刊论文，以学习该领域的最前沿研究成果。阅读过程中，结合自己已有的积累，用好类比、嫁接等科研创新过程中常用的方法，也就自然有了自己的 research idea。这

---

① 此文最初于2009年8月30日发表于新浪博客：http://blog.sina.com.cn/s/blog_53af0c0f0100ekh5.html。

两手的开展过程也就是开始研究工作了，如果一定要定义一个“科研起始点”的话。

至于最后一个问题“如何在没学完相关领域的知识之前，理直气壮地说自己的想法是别人没有的，是值得做的呢”，与上面的答复相呼应，也就是说，实际操作时如何确定自己的研究想法是新颖的、前无古人的。我觉得这不复杂，特别是在资讯这么发达的今天，到网上Google一下就知道自己的想法是“盘古开天辟地以来未见的新品”(创新)还是“史前文明”(重复)。当然，专业的检查方法则是求助于isiknowledge. com。

以上答复，希望有用。欢迎提问、讨论、批评！

3.38 新手撰写科学论文的步骤之我见[1]

[题记] 本邮件是2009年8月28日发给本课题组研究生的一封电子邮件。为了保证阅读性和连贯性，稍有修改。

各位在撰写论文时，特别是在撰写你们人生中第一篇科学论文时，写作步骤建议如下：

第一步，把你们自己用到的方法、公式以及得到的结果，整理好；

第二步，撰写Discussion and conclusion(讨论与结论)；

第三步，撰写Introduction(导言)；

第四步，撰写Abstract(摘要)。

妥善起见，Introduction务必留待后面写，这样安排的原因在于：先写自己熟悉的内容(方法、公式、结果等)，然后，再写自己不熟悉的(如讨论和导言等)，而这些不熟悉的内容在你撰写熟悉的内容时，将会逐渐变得脉络清晰、层次分明。

特别一提，我这里把Abstract的撰写放在第四步，非是因为不重要，而是因为特重要！“人有一张脸，文有an Abstract”(审稿人是否愿意接受你的论文，其实只看了你的Abstract后，就有初步的结论，我本人在给期刊审稿时，经验大多如此，当然绝非全部，因为有人的Abstract写得没有正文好、或写得比正文好)！当然，你也可以把Abstract调整到第二步，先通过整理它，从而对论文全局有个构思，该构思则体现在你的

---

① 此文最初于2009年8月30日发表于新浪博客：http://blog. sina. com. cn/s/blog_53af0c0f0100ekhb. html。

Abstract 中。但对初写论文的同学,不建议先写 Abstract。

附带提及,对我本人而言,我自己在撰写论文时,是把 Abstract 放在第二步完成的,其余的步骤依次后推。

希望此信对诸位有参考价值。

3.39 毕业寄言①

[题记] 此邮件是2009年6月24日发给本组研究生的邮件。为了保证阅读性,对原邮件稍作修改。另外为尊重隐私起见,相关学生的姓名尽皆隐去。

AAA、BBB、CCC,你们好:

你们三位没几天就将毕业离校,回想我们大家一起奋斗的这段日子,感慨良多。本组初创于2005年9月,在复旦、在中国乃至在世界,能有今天的一些地位,与你们的贡献密不可分。故值此离校之际,特寄言以互勉,或一笑、或留念皆可。

AAA——“最受欢迎之人”:行事稳妥,助人为乐,本组最资深者;并精于科研,胶体晶体之研究,深受益之。

BBB——“于平地处见惊雷”:前后四年,化繁冗为纲目,纲举而目张,著作甚丰,再为一等奖第一名,当为后来者楷模;为人也,低调平实,可赞可赞。

CCC——“没有办不到,只有想不到”:短短一年余,惊叹之事,多矣。不旦善研究,更是精电脑。非你,则服务器或不成、或不顺,可以预见矣。而区区数月,撰写论文甚丰,遥想当年,我亦不能。

虽然,离校在即;然而,离校非分别。当今世界,资讯之发达,虽远在天边,亦如近邻。诸君走好,常来窜门!

在校,份属师生;离校,情为朋友。扼腕叹息,三寸光阴,何其短暂!几年时光,一弹指间,匆匆去也。与诸君,朝夕相处,时光已罄。欢乐事,终生不忘,可视为至宝;遗憾事,灰飞烟灭,当弃如弊履。

何谓科学研究?——“探索真理、满足好奇”之意也。君意已决,跃出物理之门,驰骋大江南北、纵横五湖四海,探索事业之“真理”,满足人生之“好奇”。呜呼,细推物理者,可做天下事!其情其景,入诗

① 此文最初于2009年8月31日发表于新浪博客:http://blog.sina.com.cn/s/blog_53af0c0f0100ekxy.html。

入画，每每念及，我亦昂然。

今日，诸君在本组；他日，本组在诸君。欲达此愿景，唯与诸君，一起努力，互相帮助，是为长久之计。切切期望之。

黄吉平

3.40 哈佛见闻之课题组规模①

很荣幸，在复旦大学物理系领导和同事的大力支持下，我于2009年6月8日顺利到达哈佛大学，开始了为期1年的学术访问(作者注：因故后来实际访问7个月)。今天是9月8日，访问恰满3个月。

我是在D. A. Weitz教授的软物质实验室(课题组)访问，该实验室是国际上软物质领域公认的Top 1。能够在此访问，近距离接触软物质领域顶尖的前沿研究，熟悉其思想、领略其方法，着实令我受益匪浅，常有如沐春风之感。然而，看到该课题组的规模，如此之大、如是之巨，甚为震撼。

大体说来，Weitz教授的课题组常年维持在50人左右，我刚加入此组才1个月时，私下统计了一下，当时全组总共67人。其成员构成主要是博士后和博士生，比例基本是1∶1；值得一提的是，这个组里的女同学超过1/3，接近1/2；就全组而言，中国人不是很多，仅有5位左右；此外还有一些本科生和为数不多的访问学者(7人)。这么庞大的课题组是如何管理、如何确保日常科研工作的顺利进行的呢?

一位全职秘书负责了该组全部的日常事务，而相关博士后或博士生，则分头负责了与科研有关的方方面面，例如组织学术报告、小组讨论等等。至于Weitz教授本人，则是在每周一次的大组会上公开露面一次。每次的大组会有3个报告，Weitz教授会对每个报告逐一点评。这3位报告人分别来自该组在3个方向上工作的研究小组，即胶体、微流和生物物理。该课题组很大，但一切都在有条不紊地进行着，就像一台大型机器一样，各个零部件的和谐、协调导致整体的健康运行。

记得以前曾经有一位香港的教授告诉我，浙大有位教授的课题组成员总数达30人之多。当时，我很感叹，这么多人如何管理? 那位香港教授告诉我，这位浙大教授手下有几位副教授帮他管理。然而，见到Weitz教授课题组的庞大规模后，30多人的课题组基本也是小巫见大巫了。

---

① 此文最初于2009年9月11日发表于新浪博客：http://blog.sina.com.cn/s/blog_53af0c0f0100eqbt.html。

可是,我本人的课题组现在有 14 位研究生(即 6 位博士生和 8 位硕士生),在物理系内本组规模已经属于为数不多的几个比较大的课题组之一了。然而,如何组织人力、优化资源,以保质保量地完成国家交给我们的科研课题,这本身就是一个大课题。需要努力!需要学习!

3.41 山寨版言论:中国不需要诺贝尔文学奖①

[题记] 此文最初于 2009 年 10 月 8 日发表于新浪博客,此文的观点很清楚,中国文学的成就早已超过诺贝尔文学奖水平。2012 年,诺贝尔评审委员会首次把文学奖颁给莫言先生,这说明评委们也已经意识到中国文学的杰出贡献,已经开始纠正他们一直在犯的错误——漠视中国杰出文学家们的存在。莫言先生作为国内第一位获奖者,第二位又会是谁呢?值得期待。(补记于 2013 年 4 月 22 日。)

何谓"山寨版言论"?本人是复旦大学物理系教师,但这里不谈诺贝尔物理学奖,却谈诺贝尔文学奖,此所谓"师出无名","无名"则直接导致"名不正言不顺",故纯属山寨版言论。——读者诸君如果有事做,先做事,即便无事做,还奉劝想想看,是不是还可以做点其他什么事,如果想了三天三夜也觉得确实找不到事情做了,那么,恭喜你可以看下去了。

最近诺贝尔物理学奖、化学奖获得者名单相继出炉,中国人的诺贝尔奖情结再度"点燃"。我的山寨版观点如下:

中国文学的成就不必以诺贝尔文学奖来衡量其质量!为什么?非其水平不足,而是早已超过!因为它早已经超过诺贝尔文学奖评选者能够品味的上限。说得清高一点就是,孩子们的游戏,大人就甭参与了,否则,孩子们放不开手脚,不利成长~~总之,中国人不必因为没有我们得诺贝尔文学奖而沮丧,相反,我们应该以高姿态来点评诺贝尔文学奖——一场"孩子们"的游戏。

为什么?我这里试图从以下 3 个方面给出我的理由。

1. 翻译者水平

我本人基本不读外国人的文学著作,迄今认真读过的也只有莎士比亚的几本戏剧(梁实秋翻译版)以及泰戈尔的几本诗集和散文集(冰心翻译版)。我之所以喜欢看莎翁的戏剧集,因为它们是梁实秋先生翻译的,

① 此文最初于 2009 年 10 月 8 日发表于新浪博客:http://blog.sina.com.cn/s/blog_53af0c0f0100f3pl.html。

梁先生的文学功底本就是我辈学习的范本之一。所以,他的翻译起到“锦上添花”的作用。同样,冰心先生对泰戈尔著作的翻译亦如此。所以,仅因二次创作就让原作大放异彩!此外,我认真阅读的外国名著非常寥廖,曾经多瞟几眼的也就是《简·爱》。拜伦的一些诗作也看过不少,但除了震撼于他雷人的激情外,基本没有印象,一定要“坦白”还有点印象的也就是那首什么什么“两者皆可抛”的诗了,此外,“白茫茫一片大地真干净”。

要知道,一部外国文学著作的文学水平,在从原始文字翻译为中文时,如果翻译者自身的文学水平不能与原作者的水平可比,这样的翻译基本上就是“糟蹋”外国文学名著,不堪入目。可以类推,如果中国人有自己的、可以与诺贝尔文学奖比肩的奖,姑且叫它“小黄文学奖”,可以肯定的是,西方人得这个“小黄文学奖”将很难很难。姑且不说西方人,就是曾经得过诺贝尔文学奖的黎巴嫩的纪伯伦先生,他也得不到“小黄文学奖”,因为我们有徐志摩先生把他“PK”掉!纪伯伦先生得诺贝尔文学奖后,我读过一些他的著作,只觉得他的风格与我们的徐志摩相类似,但在我看来,徐志摩的艺术水平更胜一筹,这个比较结果还是在纪伯伦的著作能够被翻译为正常的中文的前提下得到的。这里,我强调“正常的中文”,如果翻译水平不够,连“正常的中文”的水平都达不到,那就更不必说了。

我这里提翻译很重要,可能有人质疑,瑞典诺贝尔文学奖评选委员会中有位中国通,中国作家能否得奖就看他了,翻译倒在其次。这人我是知道的,中国人很喜欢他,为什么喜欢他呢?因为据说他经常竭力推荐中国作家(特指拥有中国国籍的作家)入选。我觉得这多少有点讹传、夸张的味道。与一般人的观点相反,我却认为正因为这个所谓的“中国通”,导致没有中国作家得到诺贝尔文学奖。此人一日不下,中国作家只能干等一日。为什么这里敢这么断定?很简单,此人的能力与他“中国通”的名头不相称!!当一个庸才只能靠为中国作家争取(或争取过)诺贝尔文学奖来忽悠中国老百姓的时候,我想,这也正是因为他这个中国通清楚中国人知恩图报的普遍心态才这样说的。我从来没有听说哪位评选委员对其他国家的老百姓有类似的说法,无论是直接的、还是间接的。因此,善良的中国老百姓信他了!感激他了!这也就恶性循环,直接导致这位不胜任的中国通在西方人眼里比其他中国通更中国通了。所以,此人在此位一日不下,中国作家只能再等一日。据我从网络上读到的信息,此人也曾经请人提高中国文学的翻译质量以便西方读者接受,这说明他也意识到翻译的重要性,尽管如此,大事还是不成。我只能说,这是此人再次和中国老百姓开了一个看起来像真的游戏,因为对别的N多国家,我没有见到瑞

典的N多国家通这么做,人家照样得奖,例如日本人!

其实,把中国文学介绍给西方,一般来说应该是西方翻译家的事情,可惜的是,现在西方的翻译家中尚未出现如冰心之于泰戈尔这样的重量级翻译人物(或者已经出现而我却不知),这固然可把原因归于汉语之难学,然而,我想说值得我们期待的是,随着中国经济的发展,中国的国际地位越来越高,显然将会吸引越来越多的西方人来学习汉语、学好汉语,假如10年前只有10人学习汉语,现在至少有100人学汉语,10年后会有1 000人或10 000人学汉语。随着学习汉语的西方人多了,能够学好汉语并在日后以汉语本身为职业的人数可能也就相应提高,而非像现在不少西方人,学习汉语只是想多个工具,多一个和中国人做生意的赚钱工具,一旦这类以汉语为真正职业的西方翻译家出现,可以期待中国文学在西方的出头之日也就指日可待。当前,我们能够做的就是为了中国的经济腾飞而努力!另一方面,也不排除中国自己的翻译家把国人自己的文学作品介绍到西方的可能,然而,中国人的思维通常不会这么干,比如若叫大翻译家王二麻翻译王朔的作品,王二麻首先会想,“凭什么我王二麻要去为王朔做嫁衣?王朔又不是我王二麻的亲戚朋友,我才懒得理他”。国人的这种小圈子意识是中国几千年文化培育出的副产品,小圈子中讲究的是人情、互助和道德,而对小圈子之外的人,则少了“和谐之友善”,多了“尔虞我诈之竞争之倾轧”。此所谓“一个中国人是条龙,两个中国人是条虫”的文化渊源,显然,这“两个中国人”并非一个小圈子内的,正如这里举例的王二麻和王朔。再者,中国的王二麻通常都更倾向于把西方的作品翻译为中文,这样做的直接好处不言而喻,例如西方又有人获得诺贝尔文学奖了(当然毫无例外的是,这位获得者的作品,中国普通大众之前很少读过,——这怨不得普通大众们,之前没人翻译,何以阅读?),王二麻这时把这些作品翻译引进的市场效用可以预见矣!当然,也不乏具有责任心的王二麻是为了给国人介绍西方文学而翻译的,有的确实是在对方得奖之前就翻译引进,这里不再展开阐述。至此说的是王二麻自身的主观因素。至于客观上,这些中国的王二麻是否有能力这么干,则另当别论。但可以肯定的是,要想让国内的王二麻们从主观和客观两个方面皆乐意把中国作家的作品翻译为西方文字,显然需要他们有着强烈的民族责任感!一旦有了这样的民族责任感,提高中国文学的国际地位也就会化“被动”为“主动”了。然而,现在的王二麻们多半适应了“被动”的翻译模式,例如亦步亦趋地跟踪诺贝尔文学奖的获得者们。这种“不迈一步险”的作风同样可视为中国文化中的一方面,但我认为这方面的负面意义远大于正面意义。

2. 东西方文化的差异导致文学审美上的偏差

东方作家着重自然之美，西方作家着重人性之美，亦如“中国山水画”之于“西方油画”。（当然，我这里只是浅层次概括，还望各位大虾们不必过于就细节问题与我较真，谢了！）东方人文学作品中塑造的如诗如画之意境，如冰心的作品，西方人无法体会，似乎也不想体会；与此相对，西方人作品中的境界，虚心的东方人却学着接受和模仿，如古龙的作品。当然，众所周知，这个格局是国际大形势导致的，这里就不赘述。

例如，钱钟书先生的小说《围城》。当钱先生还健在时，曾经有人说钱先生凭这本书可得诺贝尔文学奖。这部小说我本人读过至少6遍，这个数字可能有人不信以为我吹牛，但这是事实，至少完整的6遍，还不包括N次随意翻阅。我个人认为，若凭此小说而给钱先生一个诺贝尔奖没有什么不可以的，但是确实没有。我觉得主要是因为西方人不理解东方文化，或者（清高点说）尚无能力欣赏美妙的东方文化。书中描述的很多令我至今历历在目的场景，一个个大时代背景下的小场景，通过基层民众的挣扎、无奈、尴尬与幽默，映射出了整个大时代的轮廓，其情其景恐怕西方人永远无法品味。

巴金先生的作品亦然。巴金的《家》、《春》、《秋》，反映出一个大的时代背景下形形色色的众生相。这类著作得个诺贝尔文学奖，简直是给诺贝尔文学奖面子，然而没得到。茅盾先生的情况也类似。

老舍先生也是。提起老舍先生，多说几句。关于老舍先生的著作，我们这辈人知道得比较多的是《骆驼祥子》、《龙须沟》这类。其实，这类著作的时代特征过于明显。老舍先生二三十年代起写了不少美文，读的人相对较少，——提起美文我们都知道周作人先生，其实老舍先生在美文方面的成就，我认为不比周作人先生差。例如他写的《济南的冬天》(1931年)、《养花》(1956年)等。

中国人一直很惋惜于沈从文先生没能得到诺贝尔文学奖，据说沈先生差点得奖，若不是他过世较早，——中国人很喜欢这个说法。我感觉此事同样是上面提及的那位“中国通”幽了中国人一默，这个说法对中国人安慰的“虚意”远远地超过了它的实际价值。要知道，沈先生的文学巨著基本都在1949年前写成，而他1988年过世前可有着几十年的时间供评选委员大人们考虑！我认为，沈先生的著作给他一个诺贝尔文学奖没有什么不可以的，他的著作很好地描绘了一个特定时代下特定的角落——湘西。至今读到沈先生著作时，感觉超越时空又去20世纪初的湘西旅游了一趟！何其美妙！——当然，我这里仅仅给了肤浅的点评，我之褒评实

在不及沈先生作品真正价值之万一。

上面述及的这些中国大牛的文学功底，若到那些已经获得诺贝尔文学奖的西方人著作中寻找，是找不到的！——特指“西方人”，不包括日本人！我的这个感觉是不是也正反映了作为东方人的我与西方人之间的文化差异呢?！唯其如此，此奖不要也罢！

3. 政治性

拥有法国国籍的高行健先生得到诺贝尔文学奖，主要靠《灵山》和《一个人的圣经》，这些作品主要讲的是几十年前发生在中国大地上那个特定时代中发生的一些事情。我认为，与其叫“文学奖”，还不如叫“政治奖”，高先生著作中文学的味道远远弱于政治的味道。我读过其中一部分内容，这些内容其实很多当代小说中都有类似的场景，如路遥的《平凡的世界》，把高先生的这些作品与《平凡的世界》相比，我更喜欢后者。然而，正归功于“政治立场的不同”，高先生得奖了。如果这样，我想中国人(特指拥有中国国籍的中国人)此奖不要也罢，因为以这个标准来评奖，中国作家中有相当一部分都可以得个“文学奖”玩玩，只要他们愿意。当然，我这里绝非贬低高先生，(据说)高先生出生于泰州，可以算是我的老乡，我没有必要贬低老乡，只是就事论事而已。想来高先生也不会与小人物我计较。

再，日本文学能够产生诺贝尔文学奖获得者，中国人为什么不能呢?要知道，日本文学的远祖在中国！中国当代文学是嫡系，日本属旁系，嫡系无缘诺贝尔文学奖，旁系却后来者居上，什么原因呢？是不是也有政治因素在内呢？可能有自卑感的中国人会认为，“我们当代中国文学确实不行。”是吗？你怎么知道不行？你读过吗？你如果没有读过，如何知道不行？想想看，每次诺贝尔文学奖名单颁布后，都会让中国人哗然，“哗然”什么？“这位获得者的著作居然没有读过！”看，那些你没有读过著作的西方人得奖了，为什么中国作家就不能得奖呢？例如王朔得个诺贝尔文学奖有何不可？20世纪80年代末，他的著作横空出世，“引领”(至少可视为“见证”)了一个时代的转变，中国人的生活方式亦受其影响，如是具有震撼力的著作给个诺贝尔文学奖有何不可？还有，王蒙也是！

写到这里可以收尾，也学学太史公的《史记》吧，来点带感叹的：

呜呼，我们已经习惯了由别人制定政策，画好圈子，然后以别人的好恶为自己的好恶。规则的制定者，是别人；规则的遵守者，是我们，——可能是主动遵守，更多的却是被动遵守。不仅诺贝尔文学奖如是，世贸组织也是，中国的体育更是……就拿中国的体育界来说吧，当日本人在为柔道的各项规则与奥委会争辩、为日本争取有利条件时，中国人在做啥？在老老实实地学习奥委会的各种规则。就像中华武术这样的体育运动，也居然无缘奥运，这绝不应该怨老外不了解我们的中华武术，只能怨我们自己没有广而告之、没有争取，你自己不争取，老外何罪之有？酒好也怕巷子深呀！我想，委实是因为我们习惯于遵守别人，尤其是强势对象制定的规则，而不积极参加规则的制定，或这些强势对象根本不给我们参与制定规则的机会。欲做一位成功人士，此点不能不察，许多时候，非你不能，而是别人制定的规则把你排除在圈子之外。中国人是没有机会制定诺贝尔文学奖的入选规则了，既然如此，我们又何必计较，大可如大人看小孩游戏一样，做个潇洒的“阿Q”，一笑可也。

3.42 论“老师”①

[题记] 撰写此文纯粹自娱自乐。诸君读后，若觉无益，纯属正常；若觉有益，当属超常！

一千多年前韩愈同志就给老师的职责下好定义：“师者，所以传道、授业、解惑也。”这个定义太完美了，以致这个定义流传至今并未见到质疑。为什么？概括得太好了，好得不得了，然而仔细思考后发现还是有些问题。“传道”，“传”的什么“道”？当然是圣人之道，演变至今，可以扩展为“传授做人的道理”。何为“授业”？旧时显然指传授四书五经之类的经典，现在则指传授“四大力学”之类的。至于“解惑”，则很好理解，就是我们大家在考试前都希望授课教师们做的事情，“答疑”呗！除此之外，我想老师还应该再增加一个职责，即“创新”！是的，现在是知识经济时代，呼唤创新正是这个时代的主题之一。最近几十年人类取得的成就正是源于创新。作为老师，理应传授学生创新的技能和方法，以便培养学生创新的能力和欲望，特别对研究生导师而言，更是如此。社会呼唤创新，时代呼唤创新！所以，现在我斗胆把老韩给教师职责的定义，从原先的1.0版本升级为2.0版本，即：

师者，所以传道、授业、解惑、创新也！

这里的“创新”包含两层含义：一为“为师者，需自己创新”，二为“为师者，需教会学生创新”。

古语云：“名不正，言不顺。”上面谈论的是老师的职责，接下来谈谈老

---

① 此文最初于2009年10月5日发表于新浪博客：http://blog.sina.com.cn/s/blog_53af0c0f0100f27c.html。

师的称呼。

首先我想说的是关于老师之名的延拓。我们知道，在校园内“老师”的称呼正如它的原意，只是代表一类人，主要指代其职业，所以，在校园内有同学见到我，客气地喊一声“黄老师”，当然，也有一些学生远远地见到我时，就客气地把头扭过一边，心里喊了一声“哇呀呀，冤家路窄，这是黄老师”。看，这两类同学称呼我的是什么？是“黄老师”。这个称呼很大程度上是表示我的职业不同于他们的职业——（学生），其中蕴含的尊敬当然不容置疑。然而，“老师”的称呼已经从学校延拓到社会，看看电视就很清楚，大凡访谈节目的嘉宾，主持人一律以“×老师”称呼，很多人觉得这个称呼已经超越了老师的原意，而指对在某个领域有所成就的人的尊敬。但是，如果考虑到孔圣人言“三人行，必有我师”，就会发现对这类嘉宾的尊称也可视为体现“老师”的原意。作为教师的我们，不必过于介意。为什么赵薇也居然被人称呼为“赵老师”，其实没有必要，赵薇可以是“赵老师”，她在行业内的杰出成就理应可做“老师”，然而，她并非“教师”，“教师”一词还是非我们这些教书匠莫属。让我们张开双臂，以开放的心态热烈欢迎这个社会给“老师”含义的极大充实吧。这是好现象。——但愿“老师”这个称呼不会像“小姐”等词汇那样极端异化、庸俗化、丑化。

今年教师节，有同学发邮件祝贺我“老师节快乐！”我一看非常惊喜，何等的创意！“老师节快乐”而非“教师节快乐”！三分创新，透出七分谐趣！看来我提出的老师这一职责的新要求已经在我本人这里得到很好的发挥，得意啊！当时我就给这位同学回信，高度赞扬了他的创举。但同学的答复让我有点意外，他说打字用了五笔输入法，“老”与“教”的输入方法相同，他是打错了。然而，同学的一时疏忽引发我的思索，为何不用“老师节”而说“教师节”呢？“教师”显得文雅，读书人的事，还是文雅点好。可是，同学称呼我“黄老师”，为何不是“黄教师”呢？“老师”比“教师”更为口语化。那么书面文字为何沿用“黄老师”而非“黄教师”呢？想来纯属习惯使然，此外并无深意。哈，我自己在钻牛角尖。

其实，与内地“老师”的称呼迥然不同，香港的中小学生管他们的授课教师叫“先生”，不分男女，现在也是这样。大体说来，在民国及民国以前，中华大地上“教书匠”都被称呼为“先生”。“先生”一词延拓用于描述受人敬仰的一类人，例如“宋庆龄先生”或“谢希德先生”，再如复旦大学物理系内大家常常称呼的“陶先生、王先生、孙先生、苏先生”，这里的“先生”二字透露的已非“教书育人”的本意，更多则是表达说话人对被称呼者的敬仰之情。至于各位出入在上海火车站，有人走来询问“先生，要不要发票”，这里的“先生”大体就是“嗨”的意思，约略显示对陌生人的尊敬，与英文中的“sir”相对应。

以上提及的都是“老师”的褒称，完备起见，尽管不是很乐意，这里还得提一提“老师”的贬称。元朝时，人分三六九等，教师被排在第九等。这就直接导致几十年前在教师岗位上辛勤工作的人被不幸地称为“臭老九”。“臭老九”这个称呼现在想来还让许多人耿耿于怀，然而也奇怪，我们又何必计较几十年前的称呼、几百年前的排序呢？我们为什么不向前看呢？要知道，现在的华夏大地，尊师重教犹如缕缕春风，再度吹绿五湖四海。可能，有人会跳出来批评我，“咄，忘记历史，就是背叛。”哈哈，严重了，我们没有必要整天在故纸堆里打滚，否则未来的人们视今天的我们又会如何？最好的方法就是做些事情，让未来的人们在写我们这段历史时，有值得他们自豪的东西……

最后，关于“一日为师、终身为父”这句“不实”之词，趁此机会一并唠叨几句。这句话表达了对“老师”们的尊敬，至少口头上是这么个意思，其中的内涵没人较真，“较真较真，愈较愈不真”。原本只是客套话，这里特别提它是因为这句说法太客气了，一听就知有假，但是又“假得太客气”，以致言者没当真，闻者倒有点飘飘然。……这与中华民族几千年来的尊师重教关系密切，即便“不实”，语气中流露出的尊敬还是真诚的。再，理解汉语文字的含义，方法之一就是“从无字句处读书”，而实施此方法的技巧之一就是“视一切有形为无形”，故理解这句话当从此话背后的语义理解，接受其真诚之心意，足矣。此外，对于“人类灵魂的工程师”这样的崇高称呼，对待它的方法也同样，只要接受说话人对“教师”这一职业的尊敬之情即可——说这话的人，没有真的如字面描述般如此认为，听这话的我们，更是万万不能当真，但其中蕴含的尊敬之情还是实打实的真金白银，收下吧……

3.43 科研需要激情①

2009年9月21日，我给本组全体成员发了一封电子邮件，其中的部分内容是这样的：

现在因为我自己还很年轻——比各位中最大的也就大两岁，既

① 此文最初于2009年9月22日发表于新浪博客：http://blog.sina.com.cn/s/blog_53af0c0f0100ev7k.html。

然年轻，做事就会很有激情，然而，激情若过头了，有时难免“剃头匠的担子一头热”，若如此，亦望各位及时告诉我其中“不妥当的地方”。请不要忌讳，没事的。我想，等日后年纪大了，我基本可以预测自己现在做的很多事情以后都不会继续做的，随着年纪的增加，做事的激情会衰减。然而，我希望这样的日子越晚越好。

第二天我收到了一个回复（姓名尽皆隐去）：

大哥：

你好！

读了你的信后，我很想写点什么。关于激情。

昨天，我和××几个人去听×××的中德计算会议，给我留下深刻印象的是国外几位白头发老教授的精神面貌，他们个个精神抖擞，全神贯注地听报告。其中一位老教授边听报告边用笔记本电脑记录内容，他的打字速度极快，而且几乎不看电脑屏幕一眼。我感觉他们很年青，很有激情。

产生反差的是，我以前单位的大部分老师，一般四十岁一过全无激情，很多人也不搞科研了。

直到昨天我才想明白这是为什么。这是个目标的问题，我们单位的老师，人生的最大目标是能评上教授，当他们成为教授之后，人生的最高目标达到，因此自然毫无激情。而昨天会上的老教授们的人生目标，是研究出世界上最好的成果，他们为了这个目标将奋斗一生，并且影响很多后来人。

所以，我们为了让自己的人生永远充满激情，就是要定一个最高目标。这个远大的目标是我们要做出世界上最好的成果，振兴我们的祖国。这个目标，虽然很高，困难重重，但会使我们这一生一直在追求梦想，这份热情直到我们很老也不会冷却。

我的结论：治疗激情耗散的良方是“志当存高远”。

祝好！

小弟兼学生：××

随后，我立即答复：

哈，非常有道理，“志当存高远”，自然永葆激情！再接再厉！

[补注]

××给我的激情 decay 论开了一个很好的“良方”，他给我上了很好的一课。谢谢！与其被动面对“随着年纪的增加，做事的激情会衰减”，不如主动出击，“树立‘志当存高远’的理念，并制定一个最崇高、最长远的目标,从而使得自己永葆激情!"我还需要努力!

[附]

此文在网上公布不久,本组的另一位研究生××给我来信:

> 有时和我的同学聊天,刚毕业一年的同学中就有些人觉得生活很无聊,我当时很费解和惊讶,后来想想,这与一个人的"志"有很大关系!胸无大志,年轻也不一定有激情。这不只对于科研。

他的来信,使得本文的主题得到了显著延拓,这个延拓就是"不仅科研需要激情,生活也需要激情"!胸有大志亦为美好的生活提供了激情,提供了保障。谢谢!

3.44 哈佛见闻之"一尊铜像、三句谎言"①

图 3.44.1 哈佛大学的铜像

① 此文最初于 2009 年 9 月 20 日发表于新浪博客:http://blog.sina.com.cn/s/blog_53af0c0f0100eu25.html。

图 3.44.2　铜像下的字

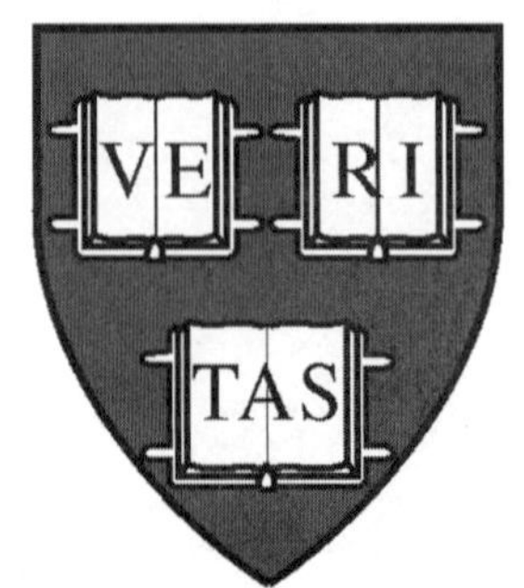

图 3.44.3　哈佛大学的校徽

刚才收到复旦大学物理系 2006 级学生郑晨同学的来信：

“建议您能在博客上放一些您在哈佛大学拍的照片，比如实验室的场景、平常生活工作的场景、校园里有特色的风景，以及哈佛大学本科生、研究生的生活学习状态等，可以给大家开开眼界，谢谢！”

郑晨同学的建议倒提醒了我：我是不是有必要专门写一些关于哈佛大学的文章呢？当然有必要，这里我最想介绍的就是哈佛大学的“一尊铜像、三句谎言”。

2009 年 6 月我刚到哈佛时，哈佛大学化学系的博士生陆思嘉同学（复旦大学物理系 03 级本科生）简单地向我介绍了哈佛的情况，其中令我印象最为深刻的就是哈佛大学的“三句谎言”：

哈佛大学校园中心有尊铜像（见图 3.44.1），铜像下的牌子写有“约翰·哈佛　创校者　1638 年”（见图 3.44.2）。

第一句谎言：约翰·哈佛只是赞助者，而非创校者；

第二句谎言：哈佛大学建校于 1636 年，而非 1638 年；

第三句谎言：这个铜像其实不是约翰·哈佛，当年约翰·哈佛先生并未留下照片，建铜像时人们按照想像，找来一个年轻英俊的小伙子作模特，就是现在大家见到的铜像了。

这 3 句谎言我以前听说过，不过没有过于留意。真的置身于哈佛大学校园时，思嘉的介绍还是着实让我有种“刘姥姥进大观园”的感觉。

这里值得一提的是：各位有没有注意到图 3.44.1 所示铜像中哈佛先生的两只脚（鞋），非常非常亮。为什么？原来在哈佛大学有个说法，摸摸哈佛先生的脚，就可以在接下来的考试中考得好成绩，结果学生喜欢摸、游客更喜欢摸，摸到现在就把这位假哈佛先生的鞋摸成现在这个样子。

我每次经过这尊铜像时，每次都有一大群游客在这里“拍照留念＋摸脚”。思嘉和我介绍后，我也去摸了一下，摸上去没啥特别感觉，就是一块铜而已。

约翰·哈佛其人？哈佛大学的由来？

1636 年 10 月 28 日，马萨诸塞海湾殖民地议会通过决议，决定筹建一所像英国剑桥大学那样的高等学府。于是美国历史上第一所高等学校——“剑桥学院”诞生了。这座当时名为“新城”（Newtown）的小镇，从此亦称“剑桥”（Cambridge）。因为最早建造此校时，70 个建校委员都毕业于英国剑桥大学。这是一所私立的高等学校，直到今天。

1637 年冬，一位名叫约翰·哈佛的移民来到这里。约翰·哈佛当时的梦想是成为查理斯镇教堂的助理牧师。可惜他在 1638 年 9 月就因患肺病而逝世于查理斯镇。身为“剑桥学院”建校委员之一的约翰·哈佛临死前立嘱将自己一半的财产（约值 780 英镑）和所有的图书（约 260 册图书，也有一说约 400 册图书）捐赠给河对面那所新成立的“剑桥学院”。为了感谢和纪念他，校名改作“哈佛”。此外，有关约翰·哈佛其人的文字记录并不多。

一位研究生问我：“是不是哈佛大学的每块砖头摸上去都有着很深的历史沉淀？”当时，我建议这位研究生自己来哈佛摸摸看。是的，哈佛的辉煌已经无法穷尽，哈佛有不少个“第一”：

它是美国第一所大学，历史最为悠久——仅仅在 1620 年“五月花号”载来第一批英国移民之后的第 16 年，这所学府创建；它拥有全世界大学第一大图书馆系统，藏书达 1 200 万册；哈佛的校友捐赠金额一直是全美所有大学中最高的；哈佛的教授云集各个专业领域最为出类拔萃的专家学者，其中不少是诺贝尔经济、化学、物理、医学奖得主和普利策奖得主……

[附记]

哈佛大学的校训是“Let Plato be your friend, and Aristotle, but more let your friend be Truth”，即“与柏拉图为友，与亚里士多德为友，更要与真理为友”。自哈佛建校以来，它就一直是哈佛学生所信奉的做学问和做人的准则。

由哈佛学院时代沿用至今的哈佛大学校徽（见图 3.44.3）上，写有拉丁文“Veritas”字样，意为“真理”。哈佛校徽诞生于 1643 年 12 月 27 日举行的一次会议，那天的会议记录中清楚地记载了其图案设计：它以 3 本书为背景(两上一下),在上面的两本书上分别印刻有"VE"和"RI"两组字母,而在下面的一本书上则印刻有"TAS"这组字母;3本书的背景则是一个盾牌图案。但谁能料到这个图案是在等足200年之后才被启用,其原因在于当时的院长在主持那次会议后,就随便将会议记录丢置在一堆文件当中,一直无人问津。直至200年后,时任院长的昆西在主持200年校庆时,无意中发现了这份重要的历史文件,哈佛校徽才重现人间。

[补注] 本文所涉资料大多从网上摘录,不是第一手材料,若与真实数据有出入,还望见谅并告知。同时,向原作者致敬!)

3.45 答疑:如何及时地看到最新发表的文章①

[题记] 本文是2009年9月17日发给本组全体研究生的一封电子邮件。与原邮件相比,这里隐去提问同学的姓名。

谢谢××同学提的问题:

"一直有个问题想问您,就是您如何及时地看到最新发表的文章,而且如何快速地找到您想要的文章……"

对于"如何及时地看到最新发表的文章",这个问题很简单,请你们到一些著名的杂志,例如Nature(自然),Science(科学),PNAS(美国科学院院刊),Nature Physics(自然物理),Physical Review Letters(物理评论快报)等注册一下,然后注册使用它们的"Email Alert"(电子邮件提醒)功能,这样,这些杂志每当有新文章发布时,你都会收到相关目录。届时,你看一下目录,有自己感兴趣的论文及时下载就可以了。——这些目录肯定是要看的,你不可能对里面所有的论文都感兴趣,但你感兴趣的论文肯定在这些目录中,所以,你别无选择,必须看这些目录。——同时,大体了解国际上别的领域的同行都在关心啥,从这些目录也可窥端倪,我认为这也是一般研究人员应该具有的基本要素。

至于"如何快速地找到您想要的文章",这个问题更简单,充分利用isiknowledge.com,把自己这个领域的关键词输入检索,你想要的文献随后就都老老实实地排队等你"点将"。

① 此文最初于2009年9月18日发表于新浪博客:http://blog.sina.com.cn/s/blog_53af0c0f0100etk0.html。

我相信，至此我已经清楚地回答了××同学的问题，希望对别的同学(特别是新生)也有裨益。

各位有任何疑问，可随时联系我，不必客气。我必将尽我所能帮各位出好“馊”主意。

一个重要的补充：就在此博文张贴后不久，本组“组友”王大顺给我发来一封电子邮件，完善此博文的答案，非常有用(谢谢大顺！)。这里直接把他的来信附上，以飨各位：

黄老师，我正好之前一段时间也在想怎么解决这个问题。“Email Alert”是个很好的办法。比如，Nature还有中文电子邮件的服务，翻译成中文以后可以让那些生物、天文的文章变得不那么难懂，至少能够知道讲的是什么，毕竟中国人看文章有个词汇量的问题。

另外还有个不错的方法，也是我最后主要用的方法，就是用Google Reader(Google 阅读器)来看“RSS Feed”(简易信息聚合)。几乎现在所有的期刊都有RSS，它们有更新的时候，你的Reader也就自动更新了。这个好处有很多：①可以更个性化，可以选择自己感兴趣的方向进行更新。比如PRL(物理评论快报)，我就只感兴趣生物、交叉的那个部分，那么我只选择订阅那个就行了，这样不至于信息太多，搞得自己想要看的没看到。②对于看“Cond-mat Archive”(凝聚态存档)比较方便。Archive基本是很重要的资源，可以第一时间知道人家在做什么，但是它们的电子邮件就没有真正的期刊那么好，所以选择订阅RSS算是个不错的办法。

以上是我的一点感受，希望可以对组里的同僚有帮助。

祝好！

Dashun

又一个重要的补充：2008年10月8日本组另一“组友”陈一苇给我来信，其内容亦可用于补充此文，故抄录如下(谢谢一苇！)：

黄老师，

关于文献的阅读，我使用的是Google Scholar(Google 学术)，使用关键词查找后可以选择最近的文献，或者看某篇文章的Citation(引用)。

陈一苇

3.46 一般学生如何培养自己的科研创新能力[①]

学生,尤其是中学生和大学生,他们离真正的科学研究通常很远,因为参加各种科技作品竞赛的中学生和大学生毕竟是少数。也就是说,用真正的科技作品来培养和提高自己科研创新能力的机会,对许多中学生和大学生而言是没有的。既然这样,是不是这些学生就没有机会培养自己的科研创新能力呢?他们就不可能成为科学家了呢?

我认为不是的。

这里介绍一个简单的方法,这个方法可以帮助所有同学来培养和提高自己的科研创新能力,而不管这些同学当前是否能够接触到真正意义上的科学研究,当然即便已经得到科研训练的同学(包括中学生、大学生和研究生),这里介绍的方法对进一步提高科研创新能力也有裨益。

科学研究最需要的能力是什么?是创新能力。那么,什么是创新?创新就是无中生有。既然如此,我就把下面介绍的方法叫做"无中生有大法"。

什么是"无中生有大法"?试举两例:

1. 给你5个看起来毫不相关的词,例如,莫言、神舟飞船、奥巴马、飞机、钓鱼岛。

我问:"能否用这5个词造一段话?想象力越丰富越好。"

如果你答:"'莫言'和'奥巴马'分别乘'飞机'和'神舟飞船'赶赴'钓鱼岛'。"

我的答复:"通顺。想象力可以提高些吗?"

如果你答:"代号为'神舟飞船'的'莫言'与代号为'飞机'的'奥巴马'在'钓鱼岛'捉迷藏。"

我的答复:"蛮有想象力的,但是,想象力还能继续提高吗?"

……

如此继续发问("想象力还能继续提高吗"),直至回答不了,换5个词重新来过。实际锻炼过程中,可以使用更多的词,如8个、10个等。

2. 给你两个词,例如"书"和"座右铭"。

我问:"能否请你找出两者之间的共同点?想象力越丰富越好。"

---

① 此文最初于2013年3月31日发表于科学网博客:http://blog.sciencenet.cn/blog-683185-675627.html。

如果你答:“两者都是名词”或“两者都是汉字”。

我的答复:“没错,但是太一般,大家不必过多思考,从表面上都能看出来。想象力能提高一些吗?”

如果你答:“两者都含有催人奋进的至理名言。”

我的答复:“想象力有进步。但是,想象力还能继续提高吗?”

如果你答:“他们都与人类的生活密切相关,就像鱼儿离不开水一样,人类离不开他们。这里两个地方出现的‘他’,都是单人旁的‘他’,不是宝盖头的‘它’。”

我的答复:“与上面的答案相比,想象力大有提高。但是,想象力还能继续提高吗?”

……

继续发问(“想象力还能继续提高吗”),直至回答不了,换两个词重新来过。实际锻炼过程中,可以使用更多的词,例如3个或更多。

此“无中生有大法”可以通过想象力的锻炼,培养和提高科研创新能力。可能有人不信,认为这个方法也忒小儿科了,他们可能会固执地认为“要想学会游水就得到有水的地方,要想培养科研创新能力,就得从事真正的科学研究”。我认为这不对。学生,特别是中学生,他们的知识结构还很不完善,此时让他们从事科学研究,多数是拔苗助长,因为这耽误了他们正常的知识积累过程。而我这里提出的“无中生有大法”,其中的要点就是培养学生的想象力,这个想象力有了、程度足够高了,对其未来的科研只有好处、绝无坏处。这样的想象力,在他还是学生时,使他只能基于自己的知识结构,给出上述回答,而未来从事真正的科研时,这样的想象力则会给他带来源源不断的科学创造的灵感或解决问题的方法。面对的对象虽不同,但是,处理不同对象时所需的能力(这里特指想象力!)却是相同的。所以,如此想象力,早培养,早受益;不培养,不受益。

我在中学阶段和大学阶段,是没有机会接触到真正的科学研究的,当时,我先是无意、后是有意地练习这个“无中生有大法”,特别是大学时,自己练得很多。我个人感觉,这个方法对我后来从事科研活动,并能坚持至今而不懈怠,功不可没。因为每当我遇到新的课题或问题时,我的想象力使得我的科研灵感和研究方法很少有完全枯竭的时候。

当然,我不指望这个“大法”适用于所有人,一定有人有更好的方法,欢迎交流!

3.47 硕士和博士研究生学位论文的撰写要求

针对课题组的研究生撰写学位论文，我给他们提出如下的撰写要求：

1. 博士学位论文

一篇学位论文其实就是一本书，这本书总结了整个博士期间的研究。其正文内容不要少于100页；全书只需附一个“引用文献”目录(其中不要少于100篇文献，最好在150篇左右)，不要每章一个“引用文献”目录，这样可以避免文献重复。参考文献的格式，请采用美国物理学会《物理评论快报》(Physical Review Letters)的引文格式，但全部作者名单需要写全，不要用“等等”(et al.)替代。还有，每篇参考文献中需要把文献的标题添上，以及文献的始末页码也添上，如果没有始末页码、仅有文章编号(article No.)的，则需在文章编号后标上页数，例如：051008(4页)或051008(4页). 如此有助读者阅读、理解、参考、欣赏。

论文请彩色打印！待答辩结束后，把答辩委员们的意见考虑进来，修改之后方才可以定稿、打印、正式装订。答辩之时(或之前)可以给评委们简装的彩色打印版本。既然可以彩色打印，所以，请你们把文章(特别是图)整理得美观一些啊！

2. 硕士学位论文

一篇学位论文其实就是一本书，这本书总结了整个硕士期间的研究。其正文内容不要少于60页；全书只需附一个“引用文献”目录(其中不要少于60篇文献，最好在80篇左右)，不要每章一个“引用文献”目录，这样可以避免文献重复。参考文献的格式，请采用美国物理学会《物理评论快报》(Physical Review Letters)的引文格式，但全部作者名单需要写全，不要用“等等”(et al.)替代。还有，每篇参考文献中需要把文献的标题添上，以及文献的始末页码也添上，如果没有始末页码、仅有文章编号(article No.)的，则需在文章编号后标上页数，例如：051008(4页)或051008(4 pages). 如此有助读者阅读、理解、参考、欣赏。

论文请彩色打印！待答辩结束后，把答辩委员们的意见考虑进来，修改之后方才可以定稿、打印、正式装订。答辩之时(或之前)可以给评委们简装的彩色打印版本。既然可以彩色打印，所以，请你们把文章(特别是图)整理得美观一些啊！

3.48　一个物理学打工者对中国哲学的凭吊[①]

［题记］　一个人、一件物不复存在后，后人再忆，斯为“凭吊”。于鄙人看来，中国哲学几乎已不复存在，故而，凭吊之……

一、中国哲学的历史与现状

古代的中国人关心中国哲学，却不关心西洋物理等科学技术，所以，古代的中国不缺哲学家和思想家(作者注：在鄙人的字典里，哲学家“几乎等于”思想家，对中国古代圣贤而言，这个“几乎等于”更可以换为“等于”)，唯缺科学家和工程师。

今天的中国人关心西洋物理等科学技术，却不关心中国哲学，所以，今天的中国不缺科学家和工程师，唯缺哲学家和思想家。也有人辩驳：今天的中国没有思想家，那是因为真正的思想家需要时间的检验，这个时间可能是数百甚至上千年，正如中国历史上的老子(约公元前 571—471)、孔子(公元前 551—479)、孟子(公元前 372—289)、庄子(约公元前 369—286)、荀子(约公元前 313—前 238)……朱熹(1130—1200)、王阳明(1472—1529)等思想巨匠。我打心坎希望这个辩驳货真价实，而不是自我安慰，因为真正的思想家通常是他所处时代的道德楷模，我们这个时代的道德楷模是谁呢？“最美乡村医生”？还是“最美乡村教师”？我们的道德楷模为什么只能到“乡村”去寻找？是不是城里人都移民了，只剩下乡村的了？一笑。

古代中国人视“西洋物理”等科学技术为“奇巧淫技”，有文献记载的始作俑者可以追溯到晋武帝司马炎(公元 236—290)。

今天的中国人视“中国哲学”为“陈谷子、烂芝麻”，这个状况可以追溯到民国初年。从那时起，“孔孟之道”、“程朱理学”与“孔家店”和“满嘴的仁义道德”一样沦为贬义词。后来，再经过“文革”的十年，这个社会终于(几乎)彻底地根除了“黄老之学”、“孔孟之道”、“程朱理学”、“阳明心学”等。

于是，祖宗传下来的中国哲学束之高阁，仅成为“砖家”们的研究对象，而与老百姓无关。

---

① 此文最初于 2013 年 7 月 27 日发表于科学网博客：http://blog.sciencenet.cn/blog-683185-711773.html。

于是，支撑中国老百姓道德的支柱——中国哲学没有了，“道德”二字也就成为稀有之物，整个社会充满了乌烟瘴气，“假”、“大”、“空”遍布各个角落。

自称“厚黑教主”的李宗吾（1879—1943）老先生在民国初年就用“厚”、“黑”二字概况了历史名人（例如尧、舜、禹、周公、刘备等），从而创立“厚黑学”。鄙人愚见，李老先生的这两个字概括历史上的一些名人有点过分，但是，概括今天的很多名人却恰当，而且这两个字还不够，还得再添一个“假”字。是的，“厚”、“黑”、“假”这3个字，值得今天（几乎）所有的中国人玩味。

二、洋人的无视与国人的漠视

老外撰写的物理学史姑且不论，中国人撰写的物理学史也已经太多，我所读过的几部，其开篇比较详细介绍的物理学家和贡献基本都是从亚里士多德（希腊，公元前384—322）开始，说到托勒密（希腊，约90—168），说到伽利略（意大利，1564—1642），然后是第谷（丹麦，1546—1601）和开普勒（德国，1571—1630），再到牛顿（英国，1643—1727），以及其余。纵观这些书中介绍的整个物理学的历史，完全与中国人无关，即便这些书是中国人写的。

可是，中国古人的成就果真就不值一提吗？

大家都知道，物理学的系统发展得益于经典力学的诞生，经典力学作为一个专门的学科，是由牛顿创立的。牛顿创立经典力学并非空穴来风，基础就是天文学的发展。牛顿当年建立经典力学，其依赖的天文学方面的发展有哪些呢？主要是开普勒的行星运动定律，而开普勒的这些运动定律由他的老师第谷的天文学观察数据归纳得到。

鉴于这些背景，但凡撰写物理学史，几乎所有作者都会从天文学开始。可是，从开普勒进一步追溯下去，天文学是不是从他的老师第谷才开始的呢？当然不是。远的有亚里士多德，后来还有托勒密等人，他们在天文学方面都有一些贡献，这些贡献都代表了当年的最高认知，例如托勒密（希腊，约90—168）的地心体系，这个体系一直到开普勒时代都是天文学家的必读之物。因而，诸如“地心体系”在所有物理学史方面的书籍里都占有一席之地。尽管现在大家都知道，这个“地心体系”是错误的（恰切地说，是需要显著修正的）。

说到这里，不得不提的是，先秦诸子百家争鸣的过程中，其中有一家叫做阴阳家。这家是以邹衍（约公元前324—250）同志为代表的。他们发展了阴阳五行学说，解释了宇宙等自然事物或现象的成因及其变化法则，这种解释方式后来亦被用于解释社会现象，例如封建王朝的兴衰、更替等。

换言之，阴阳家们运用阴阳五行解释宇宙成因，亦代表了当年天文学方面的最高认知水平，比托勒密的“地心体系”还要早几百年，而这个认知本身应该在今人撰写的物理学史中占有一席之地，因为物理学史本身就是介绍物理学的历史嘛。

现代科学认为托勒密的“地心体系”是错误的，阴阳家的“阴阳五行学说”是没有科学根据的，那么，为什么前者可以堂而皇之录入“物理学史”，而后者却不能呢？仅仅是因为撰写物理学史的多是洋人吗？如果这样，那么，中国人撰写的物理学史中为什么没有“阴阳五行学说”的具体内容介绍呢？

可能有人认为，因为“阴阳五行学说”没有科学依据，所以不必介绍。但是，如果说“阴阳五行学说”没有科学依据，那么，“地心体系”已经被科学证明是错误的。

可能也有人说，地心学说对开普勒等天文学巨匠有直接影响，其结果是这些巨匠帮助牛顿建立了经典力学，所以地心学说应该在物理学史中介绍。这个说法可笑，撰写物理学史，介绍物理学的历史，应该客观撰写历史，或者说，撰写人需要尽可能客观撰写，开普勒等人没有学习过当时中国的“阴阳五行学说”，只能说他老兄当年的文献调研不够充分——事实上，今天的人们也无法确认开普勒等人究竟是学过还是没有学过中国的“阴阳五行学说”。既如此，撰写物理学史时，更应该把“阴阳五行学说”的具体内容添入其中，而非一笔带过，甚或避而不谈。

这里仅就“阴阳五行学说”的具体内容而言，没有探讨该学说在思想史上的伟大意义——它启发了人们关注自然环境对人的影响。想想看，当今天我们为环境污染大伤脑筋时，是不是该反思，祖宗早就提醒我们了！

三、中国哲学曾经的一个可能误区

孔子（及其门徒）创立儒学后，后来者孟子提出“性善说”（亦说“性本善”），以进一步推进孔子的仁义学说。同为儒家的荀子则提出“性恶说”（亦说“性本恶”），显然，这个学说与孟子的“性善说”相悖。究竟“性本善”还是“性本恶”争论至今，偏执一方的人至今没有完胜。（作者注：在此之间，告子（此人很神秘，生卒年份无从查考，据说此公曾在孟子门下学习过，故自当与孟子属于同时代的人物）提出的“性无善无恶说”亦趁机搅了一趟浑水，此处不议。）

这里我要说的是，孟子提倡“性善”，绝非孟子否认“性恶”，换言之，他正是看到“性恶”所以提倡“性善”。诸位试想，若鄙人有个学生，这家伙整天懒散、不爱学习，这时作为鄙人能对他怎么说呢？鄙人会说：“你的底子还是不错的，你如果努力一下，你的学习会更好”云云。这里的“底子还是不错的”，其实就是一个安慰语，要改变这位学生，鄙人就必须先说他的好话，如此对方才能听得进鄙人的劝，然后，鄙人的目的也就达到了。不是么？这也就是说，孟子提倡“性善”本就是对天下众生（特别包含有历史记载的一些王侯）的一个鼓励，他的意思就是：“你们本来都是很善良的，如果把这种善良进一步维持和推广，那该有多好！天下该多太平！”考虑到孟子正处战国时代，这样的谈话恰恰反映了孟子代表的儒家关怀天下的良好愿景（“入世”）。这也反映了孟子本人是位合格的心理学家。但这绝非说孟子不知“性恶”，事实上，他不仅知“性恶”，而且更知道怎么和“性恶”的人谈话！厉害吧！

至于后来荀子提出“性恶”，则相当于鄙人对前面的那位学生说：“你个家伙，一直都这么懒散，不好好学习，以后如何对得起自己？如何对得起自己的父母？”诸位应该看得出来，这样的谈话很容易引起争执。如果对方是鄙人的同级或上级、而非学生，这样的谈话很难顺利进行。

可以这么说，孟子提倡“性善”实质上是同级之间的建议、或下级向上级的进言（作者注：当然，上级对下级若也能像孟子这样说话，则更好了；此处不议），先说对方的好话（“善”），然后提出自己的规劝，从而天下太平、处处“仁义”；而荀子提倡“性恶”，实质上是上级对下级的批评，旗帜鲜明地挑出对方的毛病，并勒令对方改正、用“礼”来规范行为。出发点不一样，表达形式也不一样，但是他们的目的都一样，希望这个社会充满“仁”、“义”、“礼”，和谐得一塌糊涂！

也许，也正因为孟子有意把自己摆在这么低的位置（同级或下级），而荀子却有意把自己摆到这么高的位置（上级），所以，秦汉以来孟子的名气远超荀子。其道理莫不在于此吗？

当然，这里所说的这个问题，我猜历史上也许已经有人提出，只是鄙人涉猎古籍甚少（检讨！），孤陋寡闻，也未可知。若如此，鄙人应该高兴，此所谓“英雄所见略同”，当然这个“英雄”并非李宗吾老先生在《厚黑学》中列举的那些英雄……

四、中国哲学的新生

在道德体系无比脆弱的今天，呼唤中国哲学的复苏！因为它曾经支撑这个民族生存几千年，希望它继续支撑下去，而非长眠。

希望中国哲学在旧有的基础上，羽化、新生！

斯为凭吊。

3.49 学写歪诗5首[①]

(一) 学古人写“歪诗”3首

1. 偶念

一日图书馆，邂逅三万人。
古人不识我，我却识古人。

2. 偶读李宗吾《厚黑学》

厚黑教主李宗吾，骂遍古今圣与贤。
斯人已去阎罗殿，独留厚黑在人间。

3. 偶想

一只黑面包，填饱臭皮囊。
两本线装书，道尽将和王。

(二) 学今人写“歪诗”两首

1. 不是

不是所有的坏人坏事都受到惩罚的；
不是所有的好人好事都受到表扬的。

不是所有金子都会发光的；
不是所有教师都课外办班的。

不是所有出来混的都需要还的；
不是所有学生都在课上能学到新知识的。

---

① 此文最初于2013年7月30日发表于科学网博客：http://blog.sciencenet.cn/blog-683185-712497.html。

不是所有馒头都能吃的；
不是所有法院都懂法的。

2. 研究生有两种

第一种是为了拿学位的
第二种是为了做科研的

有人说——
第一种是混子
第二种是傻子

也有人说——
第一种是为了面子
第二种是为了里子

还有人说——
第一种是浪费青春
第二种是珍惜光阴

第 4 篇

科学普及

4.0 引言:宣传自己,惠及众生;不做科普,实属傻瓜

关于科学普及,这是科研活动结束后的一个环节,这个环节很多科学家并不重视,这是因为他们常常认为自己的研究结果已经发表,同行知道,就可以了。但是,每个领域的同行通常都很少,就是国际上亦然,这就导致即便有限的同行知道这些成果,这些成果本身的价值也常常不能被发挥到最大,因为这些同行自己都有大量的研究课题,他们通常都更关注自己的研究课题。这时,如果科学家知道普及自己的科研成果,其效果很可能大不相同,因为经过普及之后,更多人了解他的科研成果,这就可能吸引更多的人关注甚或加入他的研究,在得到更多人关注和参加后,他的研究通常可以做得更大,并相应地影响更大,甚至最终改善人类的生活。

并且,此举同时可以减少重复发现过程中智力和财力的双重浪费,很多人因为不了解别人的科学进展而重复研究,这种现象自古以来在学术界就很常见。

至此,我还没说科学家的研究成果是用纳税人的钱做出来的,科学家自己也应该把创造出来的新知识汇报给纳税人,而纳税人中的绝大多数并非科学家,所以,科学家就有必要采用纳税人喜闻乐见的语言,通俗易懂地把自己的成果汇报清楚。新知识的知情权是纳税人应该得到的,对此,科学家们应该低头配合而非昂首清高。

可见,科学普及,无论是对科学家本人,还是对社会公众,都有百益而无一害。本篇中所涉及的文章都是科普小论文,或与前沿研究热点密切相关(如隐身衣一文)、或与人类生活关联十分密切(如浴花一文)。我希望这些文章的介绍,一是能够使这些研究内容被更多的人了解,二是能够使更多的人加入到这些领域中。无疑这两个意义都颇具正能量,当然,如果读者没有兴趣加入,而能够从中明白科普的意义、价值和功效,我愿足矣。

做了科普,既宣传自己,也惠及众生;不做科普,既埋没自己,也隔离众生。后者与傻瓜何异?不少优秀的科学家就是这里批评的“傻瓜”,他们的确很优秀,但还可以更优秀,如果他们善做科普的话。——批评别人实在容易,动动嘴皮即可实现;对我自己而言,我也正尽力从“傻瓜”的行列中走出,虽然我绝非优秀的科学家!编撰此书,也正是为“脱傻”而迈出的一小步。

4.1 为什么洗澡用的浴花能搓起更多泡泡?①

想必大家在洗澡时都用过浴花或者浴球,但你有没有发现使用这种沐浴小工具时,会让浴液和香皂产生更多的泡泡。这是为什么呢?想要弄清楚这个问题,我们需要知道气泡是什么,洗浴液是怎么产生泡泡的,浴花又是通过什么样的结构让泡泡增多的。

顾名思义,气泡有气才有泡。当一碗水放在那里,不去管它时水面应该波澜不惊。但当你向水里吹气时,气体想要冲出水的包围与水外面的空气"兄弟"们会合。在这个过程中,空气会把水面撑开。这种液面包裹空气的状态就是我们所说的气泡。但是水不能包裹无限多的空气,就像纸包不住太大的书一样。空气最终会把水面撑破,然后水归水,气归气,两方相安无事。那么水究竟能容纳多大体积的气体,一直把气包在水里,形成一个稳定的泡泡呢?

水能包住多少气体由表面张力决定。什么是表面张力?表面张力就是液体分子之间一种相互牵制的作用。你可以把水分子想成一群"懒汉",他们最舒服的状态就是平躺着什么也不做。但是讨厌的气体分子跑出来破坏了"懒汉"们的悠闲生活,把一些躺着的"懒汉"顶起来。被顶起来的"懒汉"固然想回到躺着的状态,其他的"懒汉"也不希望被那些起来的"懒汉"打扰,于是大家就极力想把他们拉回来。这种"拉"的作用就是表面张力。因此表面张力越大,"懒汉"们保持平躺的作用就越强,水的"伸缩性"就越差,也就越难包住气体。

平时我们接触到的洗涤剂、肥皂、浴液等统称为表面活性剂,其结构如图 4.1.1 所示。

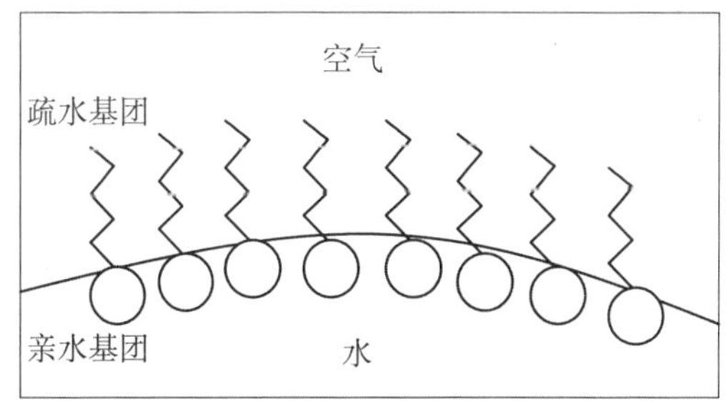

图 4.1.1 表面活性剂的结构(沈翔瀛、黄吉平作图)

① 本文作者为沈翔瀛和黄吉平。

表面活性剂由两种截然不同的"头部"组成:一边是亲水的,一边是疏水的。亲水端会和水面紧紧相贴,而疏水端则会面向空气。疏水端的性质类似油脂类物质,其表面张力一般都比水要小。当肥皂液和水混在一起时,水的表面全部粘附着这样的表面活性剂,仿佛表面不是水而是油,这就大大降低了水的表面张力,使得肥皂液更容易产生气泡。

最后来看浴花。一般的浴花表面是网状结构,有很多小洞或网格。当我们把水和浴液倒在浴花上,由于网格的特殊结构,揉搓时大量的空气会在这些网格中穿过。网格一端附有表面活性剂的水膜便会包裹住这些揉搓过程中想要穿出网格的空气,于是泡沫就产生了。之所以浴花更容易产生泡沫,主要是这种网状结构会使揉搓中有更多的空气进入浴液,就如同吹泡泡的原理一样。现在大家知道为什么浴花或浴球能产生更多的泡泡了吧。

4.2 为什么洗碗时加入洗洁精会"起泡"?①

洗碗时为了去除油渍通常会加入洗洁精,当在水中滴入洗洁精后会产生很多泡沫。也许细心的你一直都有这个疑问:气泡是如何产生的呢?

要了解这个现象,当然要了解洗洁精的成分。加入洗洁精会"起泡"的奥秘也正在这里。

洗洁精的主要成分是表面活性剂。它通常是两亲有机化合物(见图4.2.1),也就是说它含有疏水基团("尾部"),以及亲水基团("头部")。疏

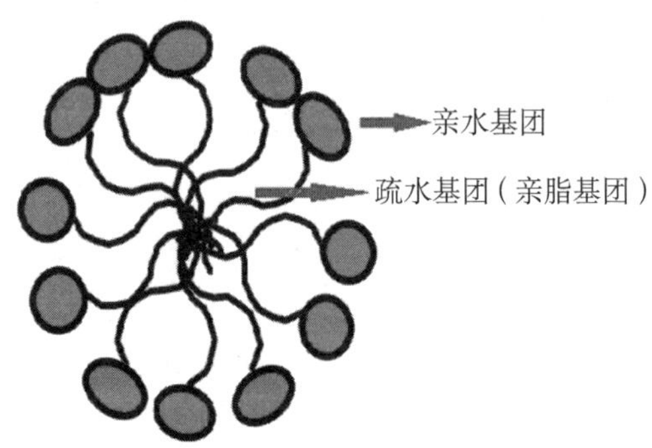

图 4.2.1 两亲有机化合物的结构(聂国熹、黄吉平作图)

① 本文作者为聂国熹和黄吉平;本文已被《十万个为什么》(第六版)选用。

水基团的特性便是排斥并趋于远离水，但它们往往倾向于接近油脂，所以又名“亲脂基团”。亲水基团则相反，趋于接近水而远离油脂。

洗碗时通过洗刷的过程使附着在碗上的油渍被击碎成一个个小油滴颗粒。在这个过程中，表面活性剂会把一个个小油滴颗粒包裹起来，将其与水隔绝。疏水基团聚集在内部接近油滴，避免与水分子接触，而亲水基团则暴露在外部与水接触，两者的共同作用使得水与油滴隔离开。这样附着在碗上令人头疼的油渍就很容易被水冲走。

在表面活性剂包裹油滴的过程中，由于洗刷引起的气流变化，空气趁虚而入进入“包裹”，因此一个个气泡便产生了。由于表面活性剂的存在，可以使得水的表面张力大大增加，这在一定程度上保证了泡沫的稳定性，因而这些泡沫轻易不会破裂。

在此，不禁要感叹，一点点的洗洁精，并辅以轻微的洗刷，竟可以令事物的状态发生如此显著的变化。

[**附**] 知识介绍：什么是软物质？

软物质包含的系统很广，主要包括高分子、液晶、胶体、表面活性剂等。日常生活中充满了大量的软物质，例如，洗洁精、牛奶、果冻、沙子、饮料、油漆、雾、烟、血液等。软物质的主要特性有3点，即复杂性(complexity)、适应性(flexibility)和耦合性(coupling)。“复杂性”是指人们无法从单个原子或分子的排列结构和性质推知系统整体的物理性质，这与传统的晶体不同，因为这些软物质系统最小的功能单元不再是原子或分子，而是包含大量原子或分子颗粒等介观结构；“适应性”是指轻微的化学作用能够促使力学性质发生显著变化，以更好地适应系统所在的环境；“耦合性”是指各种作用力与系统构型之间存在耦合，例如，作用于系统的力改变了，系统的构型也会随之改变。人们把研究软物质物理性质的学科叫做“软凝聚态物理学”或“软物质物理学”。

皮埃尔·吉勒·德热纳(Pierre-Gilles de Gennes，1932—2007)，法国物理学家，1991年因发现研究简单系统中有序现象的方法可以推广用于处理更为复杂的物质，特别是液晶和高分子而获诺贝尔物理奖。他被人们称为“软物质科学领域的牛顿”，著有科普作品《软物质与硬科学》。他在诺贝尔获奖典礼上使用“软物质”(Soft Matter)一词代替之前的专业术语——“复杂流体”(Complex Fluid)，他认为之前的名称可能会让年轻人对此学科望而却步。

4.3 为什么光线穿过牛奶时会出现一条光亮的通路？[①]

当你倒好一杯牛奶准备喝掉时，是否想过用这杯牛奶就能做一个有趣的物理实验呢？这个实验很简单，先把这杯牛奶稀释一下，然后，用激光笔发出的光线照射这杯牛奶。这时你会发现，牛奶中出现了一条光亮的通路。为了进一步研究这个现象，你可以再试着把光线照射到一杯纯净的自来水上，这时你会发现水中没有这样的光亮通路。图 4.3.1 即为激光笔发出的光依次通过水和稀释过的牛奶时的实验。稀释过的牛奶不太透明，为什么会出现一条光路呢？相反，自来水非常透明，为什么看不到光路呢？这其实就是丁达尔现象，它是英国物理学家约翰·丁达尔最先发现的。

图 4.3.1　激光笔发出的光依次通过水和稀释过的牛奶（李丛、黄吉平拍摄）

牛奶由水和固体颗粒构成。这些固体颗粒主要是脂肪和蛋白质分子，光线通过牛奶时会在颗粒的表面发生散射现象。这时固体颗粒就像一个个发光体，无数颗粒对光线散射的结果，就形成了一条明亮的光路。而且颗粒的浓度越大，对光线的散射作用将越强，你看到的光路也就会越

① 本文作者为杨光和黄吉平；本文已被《十万个为什么》（第六版）选用。

亮。对于水分子而言,它对光线的散射作用要小得多,因此我们无法观察到水中的光路。值得一提的是,牛奶中颗粒的浓度不能太大,如果你直接使用没有稀释过的牛奶做同样的实验,入射光的大部分都被吸收掉或反射掉,明亮的光路也观察不到。

这种能出现丁达尔现象的体系被称为胶体,胶体中的颗粒直径一般在几十纳米(1 nm 等于 1 m 的 10 亿分之一)到几微米(1 μm 等于 1 m 的 100 万分之一)之间。如果你留心的话,在生活中经常能看到丁达尔现象,例如城市夜空中打出的激光束,我们可以清晰地看到它传播的路径,这其实就是光束被空气中无数悬浮尘埃散射的结果。可以想见,空气中浮尘的浓度越小,我们就越难看到这条光束。这不正好可以作为判断空气质量好坏的一种方法吗?

[附]

英国物理学家丁达尔(John Tyndall, 1820—1893)首先发现和研究了胶体中的丁达尔现象。对抗磁体的研究使他在物理界获得很高的声望,后来他还在热辐射领域做出许多贡献。丁达尔一生出版 17 部著作,让广大读者了解了 19 世纪实验物理的最新进展。

4.4 为什么牛奶上会出现一层薄薄的皮?①

牛奶非常受人们喜爱,它富含丰富的营养成分,除了充足的水分之外,还有蛋白质、脂肪、乳糖、维生素等营养物质。在日常生活中我们经常发现一个有趣的现象,那就是牛奶在加热之后,冷却的过程中会在其表面出现一层薄薄的皮。这是为什么呢?

这层"皮"是牛奶中的脂肪和蛋白质上浮所致。牛奶中含有多种营养物质,它们在常温时溶解或均匀分散在水中,形成一个稳定体系。但牛奶制品在加工之后,其中会残留一种酶叫做脂肪酶。在牛奶的储存期间,这些脂肪酶会把牛奶中的脂肪球膜蛋白(一种蛋白质)分解,释放出自由的脂肪球。由于脂肪球的密度比水低,蛋白质的密度比水高,因此这种分解会导致脂肪球的上浮,而球上残存的脂肪球膜蛋白也随之上浮。工厂在生产牛奶制品时,会采取一种叫做均质加工的方法抑制脂肪球上浮,简单地说就是通过使牛奶中的脂肪球均匀化、颗粒化,从而让每个脂肪球都被相对更多的蛋白质覆盖。所以常温时该现象并不明显。

① 本文作者为朱晨歌和黄吉平;本文已被《十万个为什么》(第六版)选用。

但在加热之后情况有所不同。众所周知，液体流动时在其分子之间会发生摩擦，这种摩擦宏观上的表现就是液体的黏性，其强弱可以用粘滞系数的大小来表征。当液体温度升高时，液体分子运动加剧，其粘滞系数也就相应减小。所以，牛奶加热后，上文提到的分解反应在加速进行的同时，牛奶的粘滞系数下降，与此同时脂肪球的上浮阻力也相应减小，这就导致牛奶中一部分脂肪球和球上残存的蛋白质快速堆积在牛奶表面。由于表面与空气有温度差，表面的水分会快速蒸发，脂肪、蛋白质等物质暴露在空气中，就形成一种凝固物，这就是那层奶皮。这层皮主要由脂肪和蛋白质组成，且蛋白质以乳白蛋白为主。可见，这一层奶皮的营养价值还是很高的。

[附] 自己动手做实验：牛奶中蛋白质和脂肪的鉴定实验

实验原理：蛋白质和脂肪可与某些化学试剂发生反应而产生特定的颜色变化。蛋白质在氢氧化钠(NaOH)溶液中可与1%的硫酸铜($CuSO_4$)稀溶液反应产生蓝紫色；脂类物质可被苏丹Ⅲ染液染成橘红色颗粒。我们可以利用这些特点来鉴定牛奶中的蛋白质和脂肪两种营养成分。

实验过程：

(1) 蛋白质的鉴定：用试管取鲜奶2 ml，加入2 ml稀氢氧化钠(1%)溶液并摇匀，再加入几滴硫酸铜溶液摇匀，出现蓝紫色。

(2) 脂肪的鉴定：用吸管吸取1 ml在容器表面的牛奶加入试管，再滴几滴苏丹Ⅲ染液，2 min后从试管上层取少许已染牛奶制成涂片，在显微镜下观察，发现有橘红色小颗粒出现。

4.5 为什么肥皂泡能够吹得很大却很难持久？[①]

假日的公园里常能见到有人吹肥皂泡，五颜六色的肥皂泡不仅仅是孩子们的爱物，肥皂泡的形态、颜色、成分等也是科学家们研究的问题。同学们有没有思考过：为什么肥皂液能形成肥皂泡，并且能越吹越大？可肥皂泡又为何那么容易破，难以维持很长时间？

为了回答上面两个问题，让我们先看看肥皂泡到底是什么。其实，肥皂泡就是肥皂液包裹着空气的球状气泡。那么，没有固定形状的液体又是怎么支撑起肥皂泡的呢？这一切归功于液体的表面张力。表面张力存在于液体表面，它能使液面趋向于最小的表面积。表面张力能让液膜绷

① 本文作者为邱桐、黄吉平。

紧同时也增加了气泡内的压力，所以肥皂泡内气体气压略大于外界气压。对稳定存在的液膜而言，外界气压、内部气体气压与表面张力三者平衡。

表面张力由液体分子相互吸引产生，就好像液面附近的水分子们手拉着手，大家的共同作用形成液面方向的牵引力。有趣的是，在水里放肥皂后，表面张力并没有增加反而减小了。肥皂内部的脂肪酸金属盐成分会替代液膜表面的部分水分子，致使表面水分子数量比纯水少，于是，由水分子之间的吸引产生的表面张力也就减弱了。而纯水的表面张力对形成泡而言过大。但是，只要水和肥皂以恰当的比例混合，使得液膜的表面张力大小合适，就能形成比较稳定的肥皂泡。

曾经有人把大小两个肥皂泡连起来，发现大泡变得更大，而小泡变得更小。这是因为，大肥皂泡的表面张力比小肥皂泡的小，其内部气体气压也小，而小肥皂泡的表面张力比大肥皂泡的大，内部气体气压也大。

另一方面，造成肥皂泡破裂有很多因素。比如，外界的接触很容易突破肥皂泡表面的液膜，这就相当于在气球上戳了一个洞。此外，我们可以看到，即使不被额外触碰，肥皂泡过一段时间也会破裂，这是因为维持液膜在重力作用下，液膜中的水向下聚集导致液膜越来越薄，再加上肥皂泡内部气压比外界气压大，一旦液面有薄弱环节，气体就会从肥皂泡内部冲出，于是肥皂泡破裂。当然，自然的蒸发也会使液膜越来越薄，导致肥皂泡无法稳定存在。

[**附**] 自己动手做实验：如何获得大而持久的肥皂泡？

普通的肥皂泡不会特别大，为了吹出大而持久的肥皂泡，一方面需要慢慢吹，让肥皂液分布均匀，另一方面，可以保持湿润的环境以减少蒸发，因为干燥的天气水分蒸发会很厉害，肥皂泡难以“长寿”。此外，尝试调整配方比例，试着加入甘油或白糖等添加剂，也可能达到效果。还有，想办法把肥皂泡冰冻起来也是增加肥皂泡寿命的一个好方法。

4.6 为什么果冻在常温下不融化？[①]

从冰箱内拿出一块冰放到桌上，在常温下冰很快就会融化。很多同学都喜欢吃果冻，果冻在常温下却不会融化。这是为什么呢？果冻在常温下仍旧呈现半固体状态，这是因为果冻是由增稠剂加入特定液体制备而成，这种特定液体的主要组成成分就是水、糖和果汁。人们在制作果冻

---

① 本文作者为张惠澍、黄吉平；本文已被《十万个为什么》(第六版)选用。

的过程中常用的增稠剂有明胶、琼脂等。明胶是从煮过的动物皮肤和骨头当中提炼出来的天然蛋白质产物，含有 18 种氨基酸，可以直接被人体所吸收，具有较高的营养价值。琼脂是由某种海藻加热并冷凝后得到的海藻精华，其中含有丰富的膳食纤维和蛋白质，被联合国粮农组织确认为健康食品。

那么，为什么增稠剂这类食品添加剂能使液体变成果冻这样的半固体呢？这与其分子结构有关。这类食品添加剂的主要成分是蛋白质和纤维素，两者都属于天然高分子化合物，分子量很大，分子链很长，能够溶解在这类液体中形成溶液，并使溶液呈现一些新奇的特性，例如具有黏性就是其一。物理学家通常用粘滞系数来描述黏性的强弱，粘滞系数越大，黏性越强，反之，粘滞系数越小，黏性就越弱。这类溶液的粘滞系数与许多因素有关，其中最重要的就是增稠剂的分子量和结构，分子量越大，分子链越长，分子间的作用力就越大，因此溶液的粘滞系数也就越大。人们在制备果冻时，就是利用这个原理，在制备过程中添加了增稠剂，也就相应增大了果冻的黏性，使得果冻形成半固体状态，就是放在常温下也不会融化。当然，如果给果冻加热到一定温度时它还是会变回液态，这是因为温度同样会影响果冻的黏性，温度升高时它的粘滞系数会降低，也就能够从半固体状态变回液态。

[**附**]　知识介绍：果冻的起源

早在几百年前中国人就发现洋菜、马蹄等植物可以当凝固剂。但是，直到 19 世纪末才出现真正意义上的果冻，它是由美国人 Pearle B. Wait 首先制作出来的。1902 年美国一家公司做了首个果冻广告，自此果冻出现在人们的视野当中。

4.7　为什么水越搅越容易搅，而面糊却越搅越难搅？[①]

生活中我们也许会碰到这样的情况，如果有一碗水，拿筷子按某个方向不停地快速搅动时，会感觉比较容易搅动，而且碗中的水会同时呈现出中心下凹的漩涡。但是，假如向这碗清水中加入面粉后结果反而不一样了。这个时候我们再搅拌的话，会发现越搅越难搅，而且面糊出现沿着筷子向上“爬”的现象。为什么会出现如图 4.7.1 所示的这种反差现象呢？

① 本文作者为李晓辉、黄吉平；本文已被《十万个为什么》(第六版)选用。

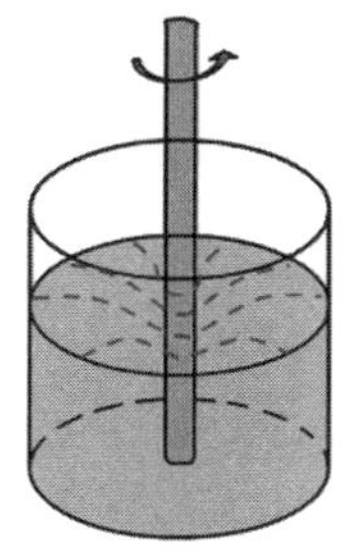

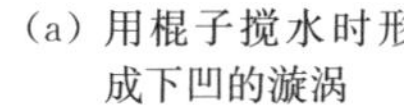

(a) 用棍子搅水时形成下凹的漩涡

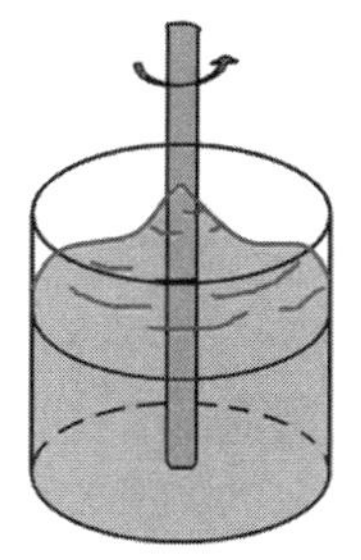

(b) 用棍子搅面糊时发生“爬杆现象”

图 4.7.1　爬杆现象的小实验(李晓辉、黄吉平作图)

事实上,在软凝聚态物理学对流体的分类中,水和面糊分属两种不同性质的流体,即牛顿流体和非牛顿流体。水、酒精、空气等自然界中很多常见的流体都被称为牛顿流体。对于大多数低分子流体来说,由于其各向同性的特点使得粘滞系数(用于描述物质黏性强弱的物理量)基本保持固定,这类便是牛顿流体。而非牛顿流体的粘滞系数是随着剪切速率而变化的,剪切速率越高,粘滞性就越强。也就是说,如果想要快速搅动这类流体,就需要更大的力气,而且速度越快越感觉费劲。除了牛顿流体之外基本上都是非牛顿流体,包括很多高分子溶液、悬浮液等。面糊是由面粉加入水产生的,而面粉是天然高分子化合物,所以面糊是一种非牛顿流体。因此,我们在搅动面糊的时候,搅动得越快,面糊的粘滞性也就增加得越快,结果也就自然地越搅越难搅了。

至此,可以更加具体地回答上述问题。对于水来说,当不停地用筷子搅动时,水分子由于离心力的作用而向外围扩散,所以中心部位的水会比较少,看起来如同下凹的漩涡,这也就导致了越搅越容易搅。但是,对于面糊来说,面粉高分子在搅动中形成各向异性的结构,高分子链会被拉伸并缠绕在筷子上,受到的剪切力越大,其拉伸程度越高,而高分子链自身会产生更强的恢复弹性。这样就使得这些面粉高分了向中心处挤,从而形成了“爬杆现象”(也叫 Weissenberg 效应),这也就导致越搅越难搅。

[**附**]　自己动手做实验:爬杆现象

同学们可以在家里做个小实验:在碗里放入一些面粉,再加入适量的水并用筷子搅拌。切记不能加水过多,否则就不能形成面糊。在搅拌的过程中可以发现,面糊越搅越困难,而且会发现“爬杆现象”。请同学们想一想,生活中如何消除“爬杆现象”呢?

4.8 为什么世界各地的沙丘都长得差不多?①

在地球上有三分之一的陆地面积由沙漠覆盖,沙漠中最为常见的景观无疑就是一个个连绵不绝的沙丘。令人惊讶的是,沙漠的景色虽然千变万化,但沙漠中的沙丘竟只由几种基本形状组成。

沙漠往往位于干燥、较为平坦的地势。构成沙漠的基本单位是沙子,由于缺少水分,沙子分散得很开不会黏连成一体,由于地形的原因,大量离散的沙粒在风的作用下形成沙丘。科学家研究发现,常见的沙丘形状只有几种,新月形沙丘是一种典型的沙丘形状。如图 4.8.1 所示,在风的影响之下,沙子的平面不再平坦,此时迎风面的沙子不断地被搬运上去,背风面的沙子不受影响,底下的沙子因为沙丘缓缓随风前移而淤积,两侧的沙子在风的作用下呈流线型,这样一段时间后就形成类似新月的沙丘。除了新月形沙丘之外,还有类似波浪一重一重的横断型沙丘、像田埂一般顺风而成的线性沙丘(我们常在大型沙丘的表面看到一道一道的凹槽,这就是小型的线性沙丘)。在一些不同的沙土质地之下,由于沙子之间的摩擦、风力大小不同等原因,还可出现类似反向的新月沙丘一样的抛物线沙丘。

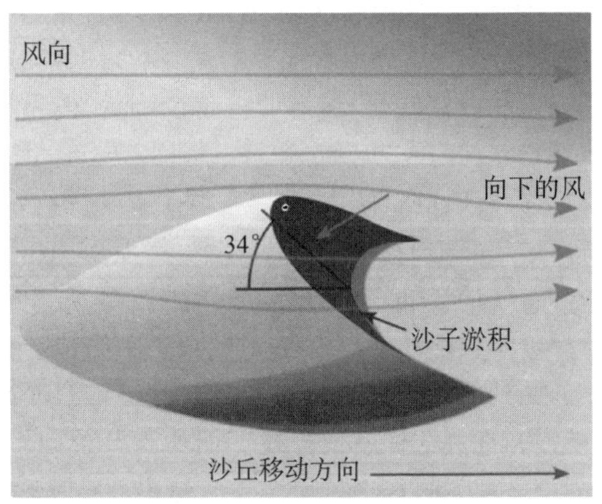

图 4.8.1 新月形沙丘的形状和形成(来自 http://en.wikipedia.org/wiki/File:Dune_en.svg)

① 本文作者为安克难、黄吉平;本文已被《十万个为什么》(第六版)选用。

日常所见的沙漠由这几种沙丘组成，事实上海底沙子形成的形状也和陆地沙漠沙子形成的形状类似。科学家们在研究了地球上的沙丘之后，又将视线投向太空。美国科学家在发射的火星探测器返回的照片中找到火星上清晰的沙丘，对这些沙丘的形状和移动特性分析，可以为研究火星的气候和地表情况提供线索。

［**附**］ 世界上最大的沙漠：撒哈拉大沙漠；

中国最大的沙漠：塔克拉玛干沙漠；

地球上的沙漠面积：陆地面积的33%；

干燥的沙漠：塔克拉玛干沙漠的年降雨量少于50 ml，蒸发量超过3 000 ml。

4.9 浅谈“热隐身衣”的前世、今生和未来①

对“光学隐身衣”，大家现在都已经耳熟能详，它是指这样一件“衣服”，哈利·波特一旦穿上它，光就会绕他而走，别人看不见他。这个原本只有在小说或电影中才存在的魔幻道具，自从2006年Leonhardt【Science 312，1777(2006)】和Pendry等人【Science 312，1780(2006)】在Science上各自发表一篇论文后，开始登上科学殿堂。当前物理学家在设计光学隐身衣时，主要方法就是改变“衣服”的物理参数(即光学介电常数和光学磁导率)，从而使得它们满足特定的方程，这个方程使得光照射到这件“衣服”时，会避开特定的区域，这个区域内的物体不能为外界所探测，也就实现了隐身。举个不很恰当但比较形象的比喻，整个过程就像水流过石头一样，水会绕开石头继续向前流动，而石头内若有物体的话，水无论如何也不可能接触到它。

在“光学隐身衣”这个概念的启发下，我和两位研究生于2008年率先提出“热隐身衣”(thermal cloak)这个新概念【Applied Physics Letters 92，251907(2008)】。该热隐身衣的工作原理就是设计特定的热导率分布，使得热流可以绕过物体而行，也就是说，如果这个物体穿上这件隐身衣的话，外界的热对该物体将没有任何影响。无疑，这样的“衣服”非常有用：如果各位读者都穿上它，也就不怕寒暑交替，它可以确保你身体所处的环境四季如春，因为外界的温度变化，对你的身体没有影响；如果运载火箭穿上它，也就不再“惧怕”大气层摩擦产生的热对火箭的损伤……

---

① 此文最初于2012年5月26日发表于科学网博客：http://blog.sciencenet.cn/blog-683185-575240.html。

我们提出热隐身衣的这个新概念,很快得到台湾一个课题组的佐证【Applied Physics Letters 93,114103(2008)】,他们从理论上再度证实热隐身衣可以存在。2010 年,我们给出一个实现热隐身衣的理论方案【Journal of Applied Physics, 108,074504(2010)】,我们建议基于颗粒复合材料来实现。2012 年 3 月,我们关于热隐身衣的设想又得到法国一个组的理论验证【Optics Express 20,8207(2012)】,他们这个工作被 BBC News(英国广播公司新闻)报道(http://www. bbc. co. uk/news/science-environment-17518210),标题为"Thermal cloak' hides objects from heat"(热隐身衣把物体从热中隐藏掉),之后很多家媒体跟进报道。2012 年 5 月,美国哈佛大学的一个组,发表了一篇论文【Physical Review Letters 108,214303(2012)】,他们使用多层复合材料,首次从实验上验证了我们关于热隐身衣的理论预言。他们这个工作证明热隐身衣在某种条件下确实能够存在。关于哈佛大学的这一工作,Science 的一位记者联系我,希望听听我的评价和意见。我告诉他,这类材料不仅可以用于实现热隐身衣,还可以用于设计热计算机(thermal computer),从而代替传统的电子计算机,以实现对废热的充分利用。之后,Science 上很快就发表了一则专题报道,标题是"Heat trickery paves way for thermal computers"(热推进热计算机;http://news. sciencemag. org/sciencenow/2012/05/heat-trickery-paves-way-for-ther. html#sci-comments)。这篇报道的最后两段内容是我对哈佛大学这一工作的评价和展望。大体而言,现有材料只能实现对热传导的屏蔽,而热的传输除了热传导,还有热对流和热辐射,要想实现真正意义的热隐身衣,科学家们还有大量工作要做。可喜的是,2013 年 5 月,德国的一个课题组用了与哈佛大学不一样的实验方法,基于铜等材料设计的热隐身衣获得了很好的效果【Physical Review Letters 110,195901(2013)】。此文一发表,就被美国物理学会的 Physics 推荐为焦点文章。

于是,我们更期待着热隐身衣的进一步发展。

4.10 风险越大,收益越小
——最新的一项经济物理学研究成果简介①

针对风险与收益的关系,业界或学界普遍的看法是:风险越大,收益

① 此文最初于 2012 年 3 月 31 日发表于科学网博客:http://blog. sciencenet. cn/blog-683185-553713. html。

越大。事实上，这个看法也正“激励”着无数股民奋战在股市的最前线。但是，我们的研究结果却显示：风险越大，收益越小。欲知详情，且听鄙人罗嗦下去。

我们的一篇经济物理论文“Risk-Return Relationship in a Complex Adaptive System”被 PLoS ONE（公共科学图书馆·综合）发表[PLoS ONE 7，33588(2012)]。在这篇论文中，我们以风险与收益的关系为研究课题。无疑，这个课题值得研究，因为它与投资者的日常投资行为密切相关。可是，针对风险与收益的关系，到目前为止主要有两个对立的看法：“看法一”是风险越大收益越大（即风险与收益的权衡，或风险与收益的正相关）；“看法二”是风险越大收益越小（即 Bowman 悖论，或风险与收益的负相关）。这两个对立的看法引发的争论，自 1980 年 Bowman 悖论提出至今尚未停息。值得一提的是，在这场旷日持久的争论中，“看法一”一直占据主导地位。之前的看法主要基于传统的金融理论分析得到（如“看法一”），或基于一些经验数据的分析得到（如“看法二”）。为了澄清风险与收益的关系，与以往研究不同的是，我们尝试设计真人投资市场进行探索。该市场考虑两个条件，一是效率市场，二是封闭市场。其中封闭市场指整个投资市场中的资金总量守恒、总投资人数也守恒。这两个条件在现实世界中很多情况下无法严格成立，但在某些情况下可以近似成立。随后，我们基于 3 个互补的研究工具，即真人实验、基于行为人的计算机模拟以及理论分析，探讨了风险与收益之间的关系，结果显示“看法二”在该市场中成立。我们的结论是基于真人实验数据统计分析得到的，由于实验的局限性（例如实验场所、实验时间以及实验人员身份的特殊性等），我们进一步做了计算机模拟，结果显示模拟数据的分析与实验数据的分析结果一致，换言之，通过计算机模拟，我们把实验结论推广到超越实验局限性的一般情形，最后，我们做了理论分析，这个分析揭示了市场演化过程中的动力学机制，进一步理解并验证了实验和计算机模拟的结果。

这个结论有点令人意外，它与传统金融理论分析得到的结果相左，但这里要强调的是，我们的结论是基于上述两个条件基础上得到的。换言之，如果这两个条件因为种种原因而不能满足，那么，现有的结论也就不能继续适用。这也是此项研究结论得以成立的一个前提。

这项研究给我们的启发就是：

风险增加了，收益没有升；
投资有风险，谨慎不能省。

[附] 经济物理学主要就是利用物理学的思想和方法研究经济或金融问题,以便推进传统物理学的研究范围和(或)推进经济/金融学领域对相关问题的认识。在这个工作中,我们吸收物理研究中可控实验的思想,设计真人投资实验,基于统计分析等手段,换视角重新审视风险与收益的关系。

4.11 股票破产或许可以预测:基于经济物理学中的统计分析方法①

股市动荡,向来司空见惯。有的股票欣欣向荣,令投资者趋之若鹜;有的股票破败不堪,令投资者避之如躲瘟疫。让表现非常糟糕的股票破产,这在美国股市中很常见。然而,股票破产显然会给投资者带来巨大的损失,故能否预测股票破产与能否预测金融危机一样,都成为学术界面临的挑战性课题。关于能否预测股票破产的这个课题,最近本组与美国波士顿大学 Stanley 教授组合作做了一些研究,合作发表了一篇论文,即"Statistical analysis of bankrupting and non-bankrupting stocks"[EPL 98, 28005(2012)]。

在此文中,我们运用统计分析的方法,分析了美国股市 1989 年 1 月 1 日到 2008 年 12 月 31 日期间的 20 092 支股票。根据我们的定义,其中有 4 223 支股票破产。分析显示,在临近破产的 100 天内,破产股票的统计性质与正常股票的统计性质(如幂指数等)差异显著。

此文正式发表于 2012 年 4 月 27 日,国外科技网站"phys. org"为此文于 2012 年 5 月 3 日发表了一篇专题报道(该报道中也引用了本人关于这个工作的更多看法),有兴趣请点击 http://phys. org/news/2012-05-statistical-analysis-bankrupt-stocks. html。

[补注] 我们给出统计性质的差异,这些差异仅对历史数据分析。基于这些分析使我们相信,人们可以基于这个方法设计一个预警系统,用于预测未来股票的破产与否。所以,我们的结论是,基于经济物理学中的统计分析方法,股票破产或许可以预测。当然,此文并非设计这个预警系统本身。

---

① 此文最初于 2012 年 5 月 4 日发表于科学网博客:http://blog. sciencenet. cn/blog-683185-566797. html。

4.12 拙见而已:中国学者的基础研究论文为何难以转化为生产力?①

如题所言,此文只谈中国学者,一来鄙人不了解美利坚、也不熟悉大不列颠,二来我将列举的原因比较具有中国特色。

那么,究竟什么原因导致中国学者的基础研究成果难以转化为生产力呢?显然,这里的生产力可以理解为应用、或商业化、或产业化等与时俱进的名词。接下来,权且拿应用说事吧。窃以为,原因有四:

1. "公鸡下蛋"

不可否认的是,学者自身的原因。因为这些学者受到的训练多是基础研究方面的,例如,物理领域的专家一直接受的都是基础研究方面的训练,后来想转而搞应用研究,谈何容易?这有点类似于让公鸡下蛋一样强人所难。所以,这类学者的论文多是具有学术意义,而离应用的彼岸比较遥远,如果不是遥遥无期的话。

2. "楚王好细腰"

评价体制的问题。现有的评价体制对基础研究(几乎)都是以论文为评价指标,而且这个评价指标几乎处于垄断地位。此所谓"楚王好细腰,宫中多饿死"。评价体制的引领,举足轻重!

3. "叶公好龙"

政府科技管理机构中的一些官员,他们对科学研究成果的态度与历史上那位"叶公"对"龙"的喜爱比较类似,口头上对成果转化为应用"爱不释手",而行动上表现出来的却是对相关科学家的不屑与怠慢("官"vs"民"),以及对国人相关成果的藐视与麻木("洋"vs"土")。

4. "我的爸爸不是李刚"

从某种角度看,企业是"应用"这个战场的最前线。然而,中国的不少企业多年来满足于从劳动密集型产业获利,当企业的发展到了瓶颈期后,要么死守阵地耗下去,要么转型开辟新战场——新的劳动密集型产业的战场。需知,不少中国企业根本没有研发这个部门,因为研发通常需要长线投入,一些企业家是断断不能容忍长期投入而无短期收益的。这些企业家,一方面对自己的困境很迷茫,另一方面,却又不愿披荆斩棘、扬帆破

① 此文最初于2012年7月18日发表于科学网博客:http://blog.sciencenet.cn/blog-683185-593493.html。

浪，所以，只能踽踽独行在羊肠小道上，并以比其他企业家多捡了几片洋人掉下来的面包屑而自娱。可喜的是，也有一些敏锐的企业家（主动或被动地）意识到研发的重要性，可惜的是，他们自己没有得力的研发部门，且与高校、科研院所之间缺少沟通。其实，为了这个沟通，国家已经设立专门部门负责，可是这些部门中不少官员"叶公好龙"式、毫无服务意识的工作作风，对这种沟通的效用常常是非建设性的，甚至是破坏性的，如果说是"毁灭性的"也许有诽谤的嫌疑。换言之，这些企业（部分）因为缺少"李刚那样真心爱子的爸爸"，所以不能有效获得新的技术支撑。

［补注 1］ 此文并非唆使所有搞基础研究的科学家都去向应用研究靠拢，例如研究上帝粒子的不仅可以而且必须继续研究下去，尽管这些研究离应用相距 N 年（此处 $N\to$无限大）。这里主要想说的是，如果有搞基础研究的科学家有了合适的成果，该成果能够走向应用的话，我们的评价体制或（特别是）相关部门的官员不应该不配合，或者这个配合是被动的差强人意的。这些科学家原本就不是搞应用的专家，如果这些外在因素影响他们难得向应用靠拢的积极性，那么，所有人也就不必再感叹"中国学者的基础研究论文为何难以转化为生产力"了！

［补注 2］ 此文最初的标题是"中国科学家对社会进步的贡献为何这么小?"后来觉得其包含的范围太大，不妨把此文作为回答最初这个问题的一个子答案吧。

4.13 PLoS One 不应该被不公正对待！[①]

网上很多人对 PLoS One（公共科学图书馆・综合）这一学术期刊有很多负面看法，总结起来主要有以下两点（若我的总结不完整，请读者补充）：

（1）收费很高，1 350 美元/篇，更有攻击者称，这是为了赚中国人的钱……

（2）收录论文鱼龙混杂，有高质量的论文，也有不入流的论文……

我的看法如下：

对于（1）：2012 年，我组在 PLoS One 上发表两篇论文，第一篇论文最终实际交费 700 美元，第二篇论文最终实际交费 400 美元。这是因为在

① 此文最初于 2013 年 2 月 8 日发表于科学网博客：http://blog.sciencenet.cn/blog-683185-660642.html。

投稿时可以修改同意交费的数额，为此只要给出理由，如“经费有限”云云也就可以。可以看出，我所交的费用每篇远远不到 1 350 美元。由此可见，由单纯计算发文篇数乘以 1 350 美元得出 PLoS One 的总收入，指责 PLoS One 不符合实际，也冤枉了 PLoS One。可能有读者批评：“这个期刊收钱就不行，就有赚钱的嫌疑。”有无赚钱的嫌疑毋庸置疑，这个世界没有免费的午餐。我想补充的是，2012 年我发表了一篇《大学物理》论文（中文非 SCI 源期刊），最终交纳的版面费是 2 300 元人民币，折算下来这个费用与 400 美元相差不多。事实上，PNAS（美国科学院院刊）等高质量学术期刊也收取版面费，而且价格不菲，但我没有见到有人据此批评 PNAS（特指像批评 PLoS One 那样地批评 PNAS）！所以，我的看法是不能因为 PLoS One 的名义版面费很高而据此批评 PLoS One，人家也要吃饭，这是人家的运行模式，我们应该尊重。至于上升到民族大义（如“为了赚中国人的钱”），我看没有必要，要知道它的版面费要求对很多国家一视同仁，再且，事实上鄙人作为地地道道的中国人，已有的两次费用都离 1 350 美元/篇相差很远。

对于（2）：PLoS One 审稿（的主要）要求是“technical correctness”（技术上是正确的），它不要求论文的“importance/broad interest”（重要性/广泛兴趣）。这是 PLoS One 的推陈出新之处，鄙人非常认可。一些诺贝尔奖获得者当初的原创论文被期刊拒稿的例子绝非个案，PLoS One 的这个稿件要求，鄙人认为非常符合科技论文的性质，其性质之一就在于“因为研究内容的超前性而导致其价值的不可预测性”。鉴此，只要稿件从技术层面上正确了（如数据支持论点等），这样的稿件也就被接受，这正是 PLoS One 不同于往常期刊的一个特点（这个特点，我非常认同！）。有读者批评“PLoS One 收录论文鱼龙混杂，有高质量的论文，也有不入流的论文”，这里的“高质量”与“不入流”很大程度上都是从“importance/broad interest”角度来评价的，而这恰恰是 PLoS One 的一个创新点，它不关心这些，因为这些都是主观评价。

那么，具体到鄙人：我为什么投稿给 PLoS One 呢？我的主要理由如下：

（1）因为其讲究“technical correctness”，它不要求论文的“importance/broad interest”，这点对于交叉学科的研究非常重要。就拿经济物理来说吧，其研究论文要被传统物理期刊[例如 Physical Review E（物理评论 E 辑）等]或传统经济学期刊接受很难，因为这些期刊很看重“importance（重要性）”，而把这类论文投给 PLoS One 则很适合，因为我们只要确保"technical correctness",很省事,我不必费尽口舌地辩论说我的这篇论文多么重要;即便不重要也没事,因为人家 PLoS One 不关心这类主观评价。事实上,我在上面已经发表的两篇论文都是经济物理学方面的论文,属于交叉学科。

(2) 遴选的审稿人非常专业。有过投稿经历的人都知道,投给 PLoS One 的每篇稿件都由一位 Academic Editor(AE,学术编辑)负责审稿的联络事宜(他们还需行使裁决的权力),这些 AE 都是各个领域的专家,所以,他们通常只挑选那些属于他们自己领域的论文来处理审稿事宜,他们遴选的审稿人自然也都是圈内专家,即便不是顶尖的,但都是非常适合担任审稿人的那些人。这些结论来自我(以及我认识的几位朋友)的投稿经历。读者从 PLoS One 庞大的 AE 专家库应该可以明白其中的端倪。PLoS One 基本做到了,只要有论文投过来,它就能从它的专家库中找到相关论文对应的小同行来担任 AE。关于这点,我不知道全世界还有哪家期刊能够与之媲美。无疑,如此审稿,对于提升我的论文的科学性具有非常大的帮助!

(3) 收录范围广且是开放期刊。如此,可以使得我的研究论文能够获得尽可能多读者的关注。我相信,所有研究人员(如我)都希望自己的论文能够被更多的人阅读和关注,而 PLoS One 给我提供了这个可能。

(4) 它是 SCI 源期刊,我课题组的学生在其上发表论文可以满足复旦大学的毕业要求。这个不阐述了,无论是导师还是研究生,皆有切身体会。

所以,我的结论是 PLoS One 不应该被不公正对待!想在上面发表论文的人就发表,不要被一些不公正的批评所左右。当然,在上面发表了论文的人(如我)也不要得意,因为这个期刊关注的是论文发表后的影响(对此,我亦完全认同!)。

4.14 物理——事物之理[①]

物理——物质之理。物质,自然界中的物质,无智能的物质。这是通常"物理"二字的含义。如果我们把"物理"的含义做个延伸呢?物理——事物之理。事物,事加物也。事,一般而论,与人相关,有智能的人;物,自然界中的物质,无智能的物质。做此延伸后,物理可以包括对智能人的研

① 此文最初于 2013 年 2 月 20 日发表于科学网博客:http://blog.sciencenet.cn/blog-683185-663591.html。

究，这是对传统物理的突破，而实际上也正是当今传统物理学与其他学科一个重要的交叉研究方向。

可能有人质疑：现有的经济学、社会学、人类学等，不是早已研究智能之人？是。但区别还是不小，因为研究智能人的物理学，其研究思想与研究方法借鉴了传统物理学的思想与方法。传统物理学的思想是什么？传统物理学的一个思想是普适性。物理学家认为这个世界是简单的，就几种基本粒子，就几种基本相互作用，这个思想导致物理学经过了好几次大综合，例如，电与磁的综合、电磁波与光的综合等。这些综合导致传统物理学的极大飞跃。传统物理学的方法又是什么？传统物理学的研究方法是逻辑演绎法和归纳法。前者对应着从一般到特殊的理论分析，后者对应着从特殊到一般的实验研究。虽然前者可以追溯到欧几里德几何，但在真正地解决自然界中实际物质问题时，其功效方才发挥到极致；至于后者，这里的实验指精确控制条件的可控实验，历史上物理学中的超级成果多从实验获得，这也说明可控实验在传统物理学发展中举足轻重的地位。（这里值得一提的是，实证分析隶属于归纳法，它可归于实验研究，非控制条件的实验研究，在大数据时代的今天，当“可控实验”捉襟见肘之时，实证分析的作用正在日渐见长。）

上述思想与方法对传统物理学的发展居功至伟，当把它们用于研究智能人时，人们有理由期待更多……

4.15 股价能够被预测吗？①

前言：从我的讲座谈起

2010年11月23日晚6:30，我在复旦大学邯郸校区第三教学楼206室做了个讲座，讲座的标题就是“股价能够被预测吗？”。该讲座是应复旦大学的一个学生社团——理财协会的邀请而做的。在此一并感谢同学们的盛情邀请，因为他们的安排使得我有机会把经济物理学家眼中股价的可预测性介绍给同学们，并同时把经济物埋学这个新兴的学科介绍给大家。承蒙超星学术视频（http://www.ssvideo.cn/）厚爱，这次讲座被全程录下。各位若有兴趣，可以登录超星学术视频在线观看该讲座。附带

① 此文最初于2010年12月5日发表于新浪博客：http://blog.sina.com.cn/s/blog_53af0c0f0100n5px.html；与此文内容密切相关的学术报告（题目：“股价能够被预测吗？”），请见超星学术视频：http://video.chaoxing.com/serie_400005047.shtml。

提及，我的另一场讲座“漫谈经济物理学”(2010 年 11 月 9 日晚 6:30 在第三教学楼 106 室)也被超星学术视频录下，各位可以在线观看。讲得当然不好，但各位读者若有闲暇，仍旧斗胆欢迎观看、批评、指点。

1. 股价的可预测与不可预测

正如传统物理学告诉我们的，任何准确预测都应该建立在对机理的准确理解/揭示的基础之上。传统物理学中的牛顿力学是个典型的例子，挖掘出来的机理准确了，对自然规律的预测自然也就准确了。这个道理对股票市场亦然。股票市场中，任何准确预测也都应该建立在对机理准确认识的基础之上，如果机理尚未搞清，就盲目去预测，这就跟农民种地一样，不看土质，盲目播种，最终很可能颗粒无收。

总结我的讲座，经济物理学家眼中股价的可预测性，到目前为止仅仅体现在：

(1) 多股、股指或个股的时间序列中的统计规律的可预测。

这里的统计规律是指时间相关(如相关性、自相关、Hurst 指数、超扩散等)、统计物理特性(如尖头胖尾、标度律等)等。

(2) 个股或股指的动力学行为的不可预测。

而对股指或个股随着时间的变化规律或动力学行为，目前经济物理学家们尚未能准确预测。应用传统物理学中的牛顿力学，人们可以从一个质点受到的作用力以及该质点的初始条件出发，计算出该质点随着时间而演变的运动轨迹。类此，经济物理学家们也试图把股指或个股看作一个质点，研究它们各自随着时间的运动规律，然而至今尚缺乏令人信服的成功。换言之，经济物理学家们尚未能成功地把牛顿力学中的质点动力学平移到股票市场中。当然，如果能的话，我现在也不在这里写博客，我该炒股赚钞票去。

2. 为什么股价能够被预测以及我的期望。

那么，为什么是这种状况呢？

股价统计规律的可预测性，这个不难理解。此时研究的系统是个多体系统，这时传统物理学中的统计物理的威力可以有效发挥。事实证明，确实如此。

但到目前为止的研究无不说明：个股或股指的动力学行为是不可准确预测的。我想原因可能是这样的：股价变化受制于各种因素，而这些因素的效用本身随着时间变化。我们在构建模型时，必然需要引入各种具有不确定性的参量，而这些参量的引入却想给出确定性的结论——正如牛顿力学所研究的那样，可是与牛顿力学中不一样的是，牛顿的三定律和万有引力等定律中的参数都是确定的，用确定的参数带入确定的运动方程中，并结合确定的初始条件，其结果理应是确定的。鉴于影响股价的因素的不确定性，股价永远不可能如质点的运动那样能够用牛顿力学（或类似牛顿力学的科学方法）来精确预测，这点似乎可以作为结论写在这里。虽然这个结论很多人不是很喜欢。我相信不少股市达人会义愤填膺地质疑我这么说的可靠性，因为他们可以举出他们个人或机构很多成功的例子。这类达人在"第一财经"的一档节目"股市天天向上"中非常多见。然而，我并不否认他们赚钱的事实，因为他们凭借的是经验（如K线图上的跳空缺口等）或某些政策上的漏洞等，但那些尚未能经得起科学的严密论证。为了避免被扔砖头，我得声明一下，我的意思绝非不符合科学的就是错误的，很多时候，不符合科学或尚未被科学论证的却是正确的（如中医中药等），至少大多数人认为是正确的。也许还会有人告诉我："我在构建模型研究股价的动力学行为时，只抓住最最最最主要的因素，而忽略次要的因素，从而简化模型、降低不确定度。"我要说的是，这样做是一个合理的方法，但即便这样做之后，其最终结果还是应该用几率的语言来描述股价的动力学行为或规律，例如，股票"紫金矿业"在接下来1个小时内会以60%的几率上涨200%等。无疑，这样的描述仍旧是不确定的，对股民们能否赚钱，价值不是非常大，所以股民们不很喜欢。然而，我要说的是，这样的预测在我看来反而是可能的，任何确定性的预测本身就与股价自身变化规律不太吻合，除非在某一时刻影响股价的（主要）因素清晰明了且作用恒定（可视为常数或接近常数）。

我认为，就个股或股指的动力学行为而言，唯一确定的就是它们的不确定性，即"确定的不确定性"。预测个股或股指的动力学行为，宜在不确定性上做文章，挖掘其中的规律并应用之。

说到这里，我突然想到了传统物理学中的"量子力学"。其中，波函数的模的平方代表的就是粒子的分布几率。基于波函数，物理学家们取得了极大成功，无论是理论上、还是应用上（例如半导体以及随后应运而生的计算机等）。

如果经济物理学家们正视股价的不确定性，是否也能够发展出类似"量子力学"那样的"量子金融学"呢？我不清楚，但我知道已经有不少学者在尝试这条道路。我认为值得尝试。其结果，要么成功、要么失败。大凡科学探索，成功固然可喜，失败亦有价值。在此，我期待更多。

结束语

经济学或金融学之所以迷人，其原因之一就是因为人们对经济行为的预测性及被预测后为自己或社会带来的利益充满了极大的期待。当这种期待填满人们的心灵，鉴于事实上处处存在的悖论或矛盾时，各种学派也就应运而生，你说服不了我，我也说服不了你。专家们尚在忙着吵架，普通老百姓也只能在旁看热闹。作为普通老百姓的我，之所以做这个讲座、写这篇博文，只是因为看热闹看久了，也想凑进来吼上几句，目的有二：一是为自己和吵架的专家们提个神、鼓把劲；二是为唤醒正在打瞌睡的同伴们。

4.16 从“隐身衣”的一则新闻说起……①

关于各种类型的“隐身衣”，本组已经发表了几篇论文。2011 年 1 月，《中国新闻周刊》的钱炜记者计划撰写一篇关于隐身衣的新闻稿，为此，她采访了我（此处省去 917 个字）。刚才抽空读了一下已经发布的新闻稿，有兴趣的读者请点击 http://magazine. inewsweek. cn/magazine/recommend-882-1. html（作者注：给此链接是因为从《中国新闻周刊》的官方网页似乎无法直接免费阅读）。

关于该新闻稿中提及的“隐身衣”，我这里有兴趣做更多的补充：

是的，从原理来看，该隐身衣可以实现。但在真正应用之前，必须解决两个最最基本的问题：一是材料的吸收问题（即已有隐身衣具有强吸收）；二是隐身衣的单频问题（即已有隐身衣只适用于单频）。

第一个问题导致设计出来的隐身衣会形成黑斑，不可能实现真正的隐身；第二个问题导致隐身衣（如果有）暂时无法应用到实际生活中，因为只能对单个频率的光波隐身，而日常生活中可见光的频率范围很宽。

对于第一个问题，美国普度大学的研究组已经做出一个突破性贡献（详见 http://magazine. inewsweek. cn/magazine/recommend-882-1. html）；对于第二个问题，现在仍旧是学术界公开的难题。

此外，对于隐身衣的“致盲”，鄙人以为暂且不是最最关键的问题，因为只要以上两个问题能够有效解决，已经可以实现大量有价值的应用，如用于军事基地的隐身等。

---

① 此文最初于 2011 年 2 月 11 日发表于新浪博客：http://blog. sina. com. cn/s/blog_53af0c0f0100ooeb. html。

4.17 与 yiwei 关于经济物理学的讨论[①]

［题记］ 刚才，在美国芝加哥大学经济系读书的 yiwei（陈一苇同学）写信与我讨论经济物理学。

yiwei：我今天突然想到，就是在做任何与经济相关的研究时，很重要的一点是要能和政策相关，做出来的结果能帮助人们决定/预测未来，这样成功后才能得到人们的认可。换句话说，人们可以拿我们的研究成果去用，这样就好了。我不了解物理，不知道老师看法如何？

我：你的这个看法是做所有研究（不仅是经济或物理）一个非常重要的方向，即强调结果的实用性。

另一方面，物理学和经济学作为基础学科，通过它们人们可以对自然界或社会深入认识，这本身也非常有意义，很多研究成果在遥远的将来才有实用价值，或根本不知何时才有用，这样的研究同样很重要，我认为。究竟走哪条路，仁者见仁，智者见智。

yiwei：我非常同意这个看法，理解世界的本质，这些论文在经济学科也有很重要的意义。但是我想，要让经济物理学受到大众乃至经济学家的接受，最终的目的是要能够受到实践的考验，这样其他人就没话说了。

我：你的看法是个成功的捷径——我完全同意，也一直希望（!!）在这个方面有所突破。

yiwei：我本来写了很长的一段话来评论你那篇 PNAS（美国科学院院刊）的文章，可是因为我 tend to（倾向于）把所有问题经济化，渐渐地我把它想成一篇经济论文。老师，你认为这篇文章最物理性的地方是什么？这样我能更好地比较。（作者注："这篇文章"指的是 W. Wang, Y. Chen and J. P. Huang, PNAS 106, 8423－8428(2009)）

我：问题本身才是根本，所有的学科划分其实都为更好地解决问题服务。

所以，就我个人而言，我一般是不去区分何为经济物理、何为

---

① 此文最初于 2011 年 2 月 22 日发表于新浪博客：http://blog.sina.com.cn/s/blog_53af0c0f0100ox56.html。

经济、何为物理的。这就跟我平时也不区分何为物理、何为化学一样，如果一味地去区分它们，将会陷入抽象的定义之中，为了定义而定义，这些我觉得对科学本身的发展无益，例如，何为化学物理、物理化学、物理、化学？何为生物物理、物理生物、物理、生物？何为生物化学、生物、化学呢？要想精确区分它们，有时确实很难。

但你一定要我回答你的这个问题，我想这样说：此文最物理性的地方在于物理学思想方法的运用，我这里特指物理学家们（其他领域的专家通常不喜欢，甚至很讨厌这样做，例如数学家们！）喜欢从特殊到一般的推广。可能不说还好，这样说了，你反而糊涂了。糊涂了好，根本不必区分何为经济学论文、何为物理学论文。我的观点看起来有"捣浆糊"的嫌疑，但我真这么看，只要能够解决问题，属于哪个学科不是最关键的。

对，这么说就是小平说"实践检验真知"。

yiwei：老师这个话说的非常有道理。我刚刚发出去了我的评论，我的看法就太计较小细节。不过那里有我对经济学的比较，可能值得一看。

不过老师上面的这段话真的很好。本质上，化学是物理学家搞出来的，生物也是，经济也是种 deduction（演绎），就像我们搞经济的，没事去解决医学、农业、社会学的事情，这本质上和经济有什么关系？只是用了经济方法而已。

yiwei：关于 the PNAS paper（那篇 PNAS 论文）的评论，我仔细想了想，我觉得差异性在于 MDRAG（市场导向资源分配博弈）模型。其实我认为 Minority Game (MG，少数者博弈)，最后老师的平衡解和经济学的 Nash（纳什）平衡一致（我查阅了 MG 的原始资料，原始模型的解永远浮动，Nash 平衡对于那个解的解释是人们可以有 probability（概率）的决定去哪里），但是因为老师的模型房间多，人多，最后 converge（聚集）的话就差不多有了不带 probability（概率）的解，就是我不用说什么今天去 1 号、明天去 2 号，我就待 1 号了。这个无所谓，其实我觉得老师的论文很有意思，我没发过经济论文，不知道经济论文的发表标准，但是我想如果能把 MG 用经济模型写出来，然后把论文换成经济术语，是有经济学家想看的。本质上这篇文章我觉得很像实验经济学，用实验去证实理论的正确性。但这篇文章与经济学不一样的一点，正是这个 MDRAG 模型，假设了人的差异性，我觉得这点非常好。这个差异性有两种解释，首先人可以不是理性的，其次，即使人平均理性，可差异性造成了实验结果是很不同的。我个人认为，经济学家很执着地坚信理性假设，当然最近行为经济学的发展试图打破这一枷锁，但这更多是心理学与经济学的接轨。但差异性却是经济学家能接受的，而且是他们相较下的弱项。

我觉得老师这篇文章的优点，在于它试图去解释理论背后的机理。打个比方，考虑 MG，作为传统经济学理论/计量学家，他们会做的统计方法验证一般是拿出很多实际数据，用 MG 求出最优解，然后看看能不能 match data（与数据一致），或者估计出 MG 的 parameter（参数）[比如 number of strategies（策略数）]。作为实验经济学家，他们会做的事情是做你们做过的复旦的实验，然后看看实验和结果是否一致，更深一步的话（个人觉得可能比较少），可能他们会对每一个步骤做出理论推导，然后看看每一步的理论与实验结果是否一致（这点和老师的方法比较像）。但是，他们对于非理论能答出来的机制就很难去每一步进行比较，另外就是我所说的 MDRAG 有着一般经济学难以用理论推导出来的优点。当然老师，我是前一类的传统经济学者，对实验经济学不甚了解，不过我觉得老师值得一看，从实验设计上对老师应该很有帮助。实验经济学的两个目的是验证理论的正确性和解释理论的机制，都基于经济理论基础，比如他们可能会做出一种金融数据如何走向的理性模型，然后计算机模拟，和真实数据对比等，和本质上物理学模型的假设是有差异的（不知道我的理解 MDRAG 是最物理的是否正确?）

当然，首先老师你是物理学家，有自己的信仰，不需要迁就经济学家的想法，只有最后能够实用，他们最后还是什么都没话说。这点老师不妨看看行为经济学的著作（其代表人物心理学家 Daniel Kahneman 最终获诺贝尔经济学奖，当年也是被传统经济学压得翻不了身，可是在很多事实面前，经济学家不得不低头。）

另外，我个人水平实在有限，在本科生中我对经济的理解很强，但是对与比较经济学和物理学的差异性上我还差了太多，有待以后学术思想更成熟。

我：你的意见很细，对我很有启发。另有一个补充：MDRAG or MG 是物理学家们提出的，它们很好地贯彻了物理学家们从特殊到一般的推广方法，该模型本身可以比喻为许多实际（经济）情况。

yiwei：我理解了。从这一点来讲经济学和物理学一致，经济学是先有"理性"模型假设，然后才能推广到实际情况，当然这个理性经常引起争议。我个人的确更喜欢 MDRAG 模型。Heterogeniety（非均质性）是经济学很重要但经常忽略的一方面，MG 完全随机的话，渐渐地就像经济学模型了（当然这两个都不是完整的经济模型，另外就像老师说的，不管什么模型，能解释问题就好，不是说不像经济模型更像物理模型的就是好的）。

4.18 科普之"光污染"①

［题记］ 关于"光污染"，这里我把本组博士生魏建榕同学的调研结果公布于此（http://blog.sina.com.cn/s/blog_53af0c0f0100qecw.html）再谢建榕！此文内容并非原创，主要参考维基百科、百度百科、《科学美国人》。

问：(1) 日常生活中的光污染主要有哪些？它们会在哪些情况、在哪些方面（视力，皮肤，神经系统，内分泌系统或其他更多）对人体健康有所损害？

(2) 光污染通过什么方式对人体造成损害？发生率高吗？

答："光污染"（light pollution，日本译为"光害"）的概念由天文界于 20 世纪 30 年代提出，起初用于描述城市照明对天文观测的影响。日常生活中的光污染主要可分为白亮污染、人工白昼污染和彩光污染 3 类。

其中，白亮污染指白天太阳光强烈的时候，城市建筑物的玻璃幕墙、磨光大理石和各种涂料等反射光线，明晃白亮。有关材料表明，长时间工作和生活在白亮污染中的人，其视网膜和虹膜会受不同程度损害，视力可能急剧下降，白内障的发病率可达

---

① 此文最初于 2011 年 4 月 20 日发表于新浪博客：http://blog.sina.com.cn/s/blog_53af0c0f0100qi50.html。

45%。此外，白亮污染可导致头昏心烦、食欲下降、情绪低落、身体乏力等类似神经衰弱的症状。在某些情况下，白亮污染还可能产生其他方面的危害，例如，影响司机的正常视线，从而导致交通危险；玻璃幕墙反射光进入室内，造成室内温度提升，影响正常的工作与生活，甚至导致火灾。

人工白昼污染指的是夜晚城市广告灯、霓虹灯闪烁夺目，强烈光照使夜晚有如白天一样明亮，形成所谓人工白昼。人工白昼污染，不但影响天文观测，同时会扰乱人和动物的正常生物钟。在人们的日常生活中，人工污染将首先导致晚上正常入睡难以进行，白天工作效率低下，进而产生其他健康问题。

彩光污染的主要来源有舞厅、夜总会安装的旋转灯、荧光灯以及各类闪烁的彩色光源。其中，黑光灯所产生的紫外线强度强于太阳光中的紫外线，且对人体有害影响持续时间长，长期接受黑光灯照射，可能诱发流鼻血、脱牙、白内障，甚至导致白血病和其他癌变。眼花缭乱的彩色光源，不仅对眼睛不利，同时会干扰大脑中枢神经，使人感到头晕目眩，出现恶心呕吐、失眠等症状。科学研究表明，彩光污染对人的心理也有影响，长期接受彩光灯的照射，会不同程度地引起倦怠无力、头晕、神经衰弱等身心方面的病症。

问：(3) 我们应该如何防范？

答：减少光污染可以从多方面做起，如改善照明系统、改善照明光源、调整照明使用计划等。具体来说，改善照明系统方面，很多观点主张尽量使用密闭式的固定光源，使得光线不会被散射。如有些政府及组织正在考虑将街灯及露天体育场的照明系统改为密闭式照明系统。改善照明光源方面，需了解不同照明系统的不同特性及效能，避免因照明系统错配而造成的光污染。调整照明使用计划方面，设法使照明计划变得更有效率，如关掉非必要的户外照明系统，以及只在有人的露天大型运动场打开照明系统。

城市居民在日常生活中也可以从多个方面来防范光污染。例如，家庭装修中采用适度功率的照明光源，避免过亮的灯饰；窗户上添加窗帘，以减少白天白亮污染的干扰；在彩灯旋转灯较多的场合，避免过长时间的逗留等。

4.19 防辐射服(孕妇装)应该如何使用?[①]

[题记] 本文仅从物理学角度讨论如何使用防辐射服,至于孕妇是否有必要穿防辐射服,不在本文讨论范围之内,因为讨论"是否有必要穿防辐射服",涉及的生物学知识远过于物理学知识,这非我所能,也就不献丑了。可是,鉴于当前国内防辐射服基本是孕妇必备物品之一,也许此文给出比较符合物理学原理的使用方法,会使得使用防辐射服的正面意义(如果确实客观存在的话)更大一些。

对孕妇而言,杜绝电磁辐射对胎儿可能伤害的一个比较常用方法就是穿上防辐射服。大多国人都这样认为。

源于央视的报道,最近关于孕妇用防辐射服是否有用,媒体和民众的讨论非常热烈。鉴于此事涉及千家万户,这里谈谈我的看法,以便在我的知识范围内澄清一些疑问并给出可能的解决建议:

与日常生活密切相关的两个电磁波辐射源有微波炉、手机。它们的工作频率分别为 2 450 MHz(微波炉)和 900/1 800/1 900 MHz(手机)。由于水分子的共振频率在 2 450 MHz 附近,微波炉中微波发生器发出的微波频率定在 2 450 MHz 可以很容易让水分子共振,故使用微波炉可以很方便地加热食物。我们知道(成人)人体体重的(约)70%都是水,这个频率的微波同样可以让人体内的水分子发生共振,有人据此类推,孕妇腹中脆弱的胎儿也因此而可能受到这种微波的伤害。这个逻辑很好理解。鉴于手机的工作频率比较接近水分子的这个共振频率,源于同样的原因,手机辐射亦会对孕妇腹中胎儿有害。

鉴于上述事实,防辐射服孕妇装也就应运而生,孕妇们希望靠它来阻挡各路电磁波的入侵。

接下来谈一下防辐射服的工作原理,其实不复杂:利用服装面料中的金属纤维网络阻挡外界电磁波(这里主要指微波)的入侵。物理机制如下:频率为 2 450 MHz 的微波的波长约为 0.122 m;900/1 800/1 900 MHz 的波长分别大约为 0.333/0.167/0.158 m),远大于金属纤维网络的网格大小,故而在微波的"眼中",这些金属纤维网络近似为一张密不透风的"墙",入射过来的微波全被反射回头,从而无法进入人体。需要补充的

---

① 此文最初于 2011 年 12 月 20 日发表于新浪博客:http://blog.sina.com.cn/s/blog_53af0c0f01012iqu.html。

是,如果入射电磁波的波长很小,例如做胸透时的X光,如果这些金属纤维网络的网格尺寸大于X光的波长(X光波长大约为$10^{-8}\sim10^{-11}$ m),那么,它就无法用于屏蔽X光,也就是说,多数防辐射服不能屏蔽X光。幸运的是,X光在日常生活中很难遇到,本文只探讨日常生活中无处不在的微波的波长范围,推广一些,也可以把波长稍长一点的无线电波和波长稍短一点的红外波的一部分包括进来。

另外,由于这些金属网络由特定的金属构成,特定的金属往往对特定频率的电磁波吸收很强,由于日常生活中电磁波的频率范围很广,这种基于单频吸收的防辐射机制,与基于金属纤维网络屏蔽的防辐射机制相比,前者防辐射效果很弱,故此处忽略这种与吸收有关的防辐射机制。

至此,防辐射服的工作原理已经解释清楚,那么"问题"也就来了:身体外面的微波确实被防辐射服挡住,无法侵害腹中的胎儿(高兴!),但是,从衣服的开口处(例如袖口和领口)入射进来的微波怎么办?答案是这些微波进来就很难出去(伤心!),而且容易越积越多——如果出口较窄的话。原因很简单:基于同样的屏蔽原理,防辐射服会阻挡这些已经进来的微波离开,结果也就导致这些微波在防辐射服里面做N次反射、折射,直到被人体(含胎儿)吸收干净或从开口处出去。显然,根据已有的逻辑,这对孕妇腹中的胎儿非常、非常不利!

上述"问题"的存在,直接导致当前媒体议论的焦点:防辐射服不仅不能防辐射,而且有害。

那么,怎么办呢?

对孕妇的建议如下:

(1) 远离电磁波辐射源,如微波炉、手机等。原因不言自明。

(2) 如果一定要购买防辐射服,不要选圆桶状,而是选择片状的(如果不懂这句话的意思,想一想肚兜是什么样了),只要遮住腹部即可。原因就是筒状的衣服导致了上面所说的"问题",而片状的衣服既解决了这个"问题",又可以挡住从腹部正面入侵的微波,至于从其余方向入射来的微波,因为有母体的吸收(母体含有大量的水,可以自然而然地吸收掉相当多的微波),影响到腹中胎儿的可能已经显著降低。至于为什么选择遮盖腹部正面呢?原因很好理解,微波从腹部正面入射,在到达胎儿之前、经过母体的路程相对于其他方向入侵的微波而言要短得多,故被吸收掉的微波也就较少,从而更容易让胎儿受到微波入侵,所以不妨选择把这个方向的微波挡掉。

(3) 如果已经购买了圆桶状的防辐射服,根据上(2)的建议,如何穿或如何改，你懂的。

对相关厂商的建议如下：

现有的防辐射服（孕妇装）基本都是筒状，建议生产片状的防辐射服，帮孕妇遮住腹部正面，以便可以把微波侵害降至最低。

［**补注**］ 本文在阐述电磁波与人体相互作用时，只详细介绍了与水分子之间的相互作用。毋庸置疑，某些频率的电磁波也会与人体内的其他生物分子有相互作用、甚至导致生物分子发生共振。但鉴于人体内含有大量的水，我在文中也就仅拿水来说事。为完善起见，特此补充。

4.20 “看不见的手”微观动态机制研究①

230 多年前，亚当·斯密在《国富论》中指出：自由市场表面看似混乱、毫无拘束，实际上却由一双所谓的“看不见的手”（invisible hand）所指引，引导市场生产出正确的产品数量和种类。随着社会发展，人们逐渐认识到，这只“看不见的手”不仅存在于经济市场中，也广泛存在于各种社会或生物系统中。这些由大量相互作用的个体组成的“复杂适应性”系统，对环境具有高度的适应能力。系统内的个体以自利为原则决策各自的行为，在对系统内分布不均的有限资源的竞争中导致系统整体上有效（合理、均衡）或非有效的资源配置。实际生活中的资源分配现象往往面临资源的非均匀分布，例如：公司及其竞争对手选择进出不同大小的市场，司机们选择不同的交通路线，赌马时人们以不同的赔率投注赢得奖金等。通常认为，在普遍存在的“看不见的手”的引导下，系统资源的配置最终可以达到一种理想的均衡状态，即有效配置状态。然而，现实当中这双“看不见的手”有时也会失效，即所谓“市场失灵”现象。

传统经济学通常关注于上述现象的应用，而对其背后的微观动力学机制所涉不多。复旦大学物理系经济物理课题组（王玮、黄吉平教授）与东京大学工学系系统创成专攻（陈昱副教授），对上述现象背后的动力学

---

① 此文最初于 2009 年 6 月 12 日发表于科学网：http://www.sciencetimes.com.cn/htmlpaper/2009731151716786380.shtm；与此文有关的研究论文，有兴趣者可直接点击“http://www.physics.fudan.edu.cn/tps/people/jphuang/Mypapers/PNAS-1.pdf”下载；此文于 2009 年 8 月 29 日转贴于新浪博客：http://blog.sina.com.cn/s/blog_53af0c0f0100ekg8.html。

过程,即“看不见的手”的微观动态机制,进行了合作研究。该结果于2009年5月26日正式发表于美国《国家科学院院刊》。①

该研究聚焦于非均匀分布的资源分配问题,通过开展一系列行为经济学的实验,发现:即使完全没有实验参加者之间的直接交涉,也完全没有外部力量对参加者进行的协调,实验中虚拟资源的配置还是达到有效状态。然后,在“少数派博弈”(Minority Game)模型的基础上构建了“市场导向的资源分配博弈”(Market-Directed Resource Allocation Game, MDRAG)模型。新模型很好地解释了实验结果。与此同时,通过MDRAG模拟,提出了“看不见的手”作用的一种可能的微观机制,并且发现了使其发挥调节功效的充分条件:第一(也是最重要的),资源竞争的参与者所持的竞争战略必须具备足够的多样性,对分布于各处的资源的偏好能随环境演化而自动调整;第二,市场参与者的决策能力必须与环境的复杂程度相匹配。更为有趣的是,在MDRAG的模拟结果中存在多个相变过程,正是在这些相变的临界点附近“看不见的手”的调节功效可以被发挥到极致,此时的资源分配市场呈现出配置有效、波动稳定、波动方向不可预测的状态。

4.21 享受物理之美 创造物理之美②

[题记] 本文是2009年8月28日发给本课题组研究生的一封电子邮件。为保证阅读性和连贯性,与原邮件相比有很大修改。

图4.21.1 论文插图

① Wei Wang, Yu Chen and Jiping Huang, PNAS 106, 8423 - 8428(2009)。

② 此文最初于2009年8月30日发表于新浪博客:http://blog.sina.com.cn/s/blog_53af0c0f0100ekhl.html。

“恰似火山爆发时，
地面上的岩浆们，
——或奔腾、或曼舞，
既有温润的精致流线，
又有炽热的冲天豪情。
动与静，
映射了平衡；
红与蓝，
定格了和谐。”

这是我为刚发表的一篇论文中插图(见上图 4.21.1)所写，论文是“Y. C. Jian, J. J. Xiao and J. P. Huang, “Optical Force on Dielectric Nanorods Coupled to a High - Q Photonic Crystal Nanocavity”, Journal of Physical Chemistry C 113,17170(2009)”。

一点感叹：

好的“science”(科学)，还需要好的“presentation”(表述)，而有了好的“presentation”之后，“science”亦可能会得到更多关注。经济学家认为现实社会中有“美女经济学”，我想科学研究中也有“美文经济学”，其实各位看看 Nature(自然)、Science(科学)或 PNAS(美国科学院院刊)上刊登的论文，就会明白这些论文就体现出我所说的“美文经济学”，当然这仅仅是表面上的，实质上其中的科学内容显然不可小觑。Nature, Science or PNAS 在科研人员(特别是从事基础研究的科研人员)心目中的地位非常崇高，然而它们其实是面向普罗大众的科学期刊(特别 Nature and Science 更是如此)，而为了最大可能地推广科学，它们的“presentation”美轮美奂、叹为观止！

是的，没人会拒绝“美”，同样，当枯燥的科学数据用“美”的形式展示出来后，也是颇具“杀伤力”的。故我们需要提高科学论文的“杀伤力”！为了提高我们的“presentation”，让我们的物理研究结果能够更广地为大众所熟知，让我们向国际最高三大综合性学术期刊(即 Science, Nature, and PNAS)学习！

感叹了这么多，那么，技术层面上我们到底需要怎么做？学学“data visualization”(数据可视化)！为实现此目的，许多软件皆可使用，例如 amira(主要用于医学图像重建，图 4.21.1 就是用它画的)，vtk(免费开源，可在 linux 中使用)，3dmax, image J(小型开源软件，免费开源)等。

让我们把物理之美进行到底!!

4.22 基于最新经济物理研究成果的一项金融政策建议[①]

我的这一可能的建议是为股市设置基于投资者个人能力的"准入门槛"。(这不同于基于投资总额的"准入门槛",两者本质不同!)

具体说来:我们最近在论文"Wei Wang, Yu Chen and Jiping Huang, PNAS 106, 8423-8428(2009)"[②]中,报道了对市场中"看不见的手"的研究结果。我们研究发现,促使市场中"看不见的手"发挥调节功效的充分条件如下:第一(也是最重要的),资源竞争的参与者所持的竞争战略必须具备足够的多样性,对分布于各处的资源的偏好能随环境演化而自动调整;第二,市场参与者的决策能力必须与环境的复杂程度相匹配。

如果这两个条件得不到满足,"看不见的手"将不能很好地发挥调节功效,可能导致"市场失灵"。这两个条件无一例外都暗含一个很重要的因素,即市场的"准入门槛",基于投资者个人能力的进入市场的"准入门槛"!

试想几年前,股市红火时,只要购买股票就能赚钱,当时的情景,现在想来仍旧印象深刻,有点令人发怵。据我课题组一位已经毕业的博士生说,他家乡(江苏海门)当时有一位农村老太太,拿着钱去银行开户要买股票,叫银行随便帮她买什么股票都行。股市之火,于此可窥一斑。然而,中国股市的后续发展,众所周知,这里不再赘述。

许多投资者的个人能力严重违背了我们给出的股市中"看不见的手"发挥正常调节功效的充分条件,根据我们的结果预测,这些投资者的参与,将会导致"看不见的手"不能发挥正常调节功效,或"市场失灵"。而就此造成的"失灵",投资者本人会遭受极大损失,政府亦会因此承受更多挑战。

那么如何克服这个问题?我们无法把不符合准入门槛的股民(或潜在股民)拒之于股市大门之外,这样做不利于社会主义市场经济的健康发展。我们应该鼓励这些股民求助于机构投资者,通过专业的机构投资者

---

① 此文最初于2009年8月30日发表于新浪博客:http://blog.sina.com.cn/s/blog_53af0c0f0100ekhz.html。

② 此文可直接点击此链接"http://www.physics.fudan.edu.cn/tps/people/jphuang/Mypapers/PNAS-1.pdf"下载。

化解不符合准入门槛的股民可能带来的市场隐患。当然，如何界定"符合准入门槛"则难厘清，就是老股民亦多有失手之处。

值得一提的是，这里的"准入门槛"设置不同于别处广泛讨论的"准入门槛"(从资金额度上来说)，不涉及对投资者个人能力的界定。而根据我们的经济物理研究结果，对个人能力的界定才是最根本的，一来有利于个体，二来有利于市场(甚至国家)。需知投资者"个人能力"与"投资总额"之间并没有必然的正比的关系！

至此，有人可能会批评，"个人能力"如何界定？这是比较麻烦，但并非不可操作。例如，可以考虑根据每位股民的炒股记录(或模拟炒股记录)由专家鉴定他们的个人能力，未尝不是最佳的界定途径。若如此，我们模拟得到的理想的市场状况(配置有效、波动稳定、波动方向不可预测的状态)也就不再是海市蜃楼。

当然，这仅是基于我们经济物理研究结果演绎出的一个可能的建议，与此有关的具体细节尚需集广大读者之大智慧，尚需进一步论证、或批评、或否决。

另外，从我们的研究结果(即第一个条件)亦可清晰看到，市场信息的公开，对市场的正常运行至关重要。(这超越了本文讨论的范畴，故不进一步展开论述。)

4.23 漫谈物理类学术期刊[①]

在与一些学生闲聊时，发现不少学生对物理类学术期刊基本一无所知，特别是本科生这种情况比较普遍。

——当然，这怨不得学生，老师没有教啊。

——哈，当然，也怨不得老师，学校(或院系)没有开设这方面的课程啊。

——哈哈，当然，更怨不得学校了，因为这些方面不值得开设一个课程啊。

玩笑了。我这里试图把物理类的一些主流期刊做个简单的介绍(代表个人观点，尽可能确保不偏离主流物理学术界的普遍看法)。

首先介绍的当然是 Nature(自然)，Science(科学)和 PNAS(美国科

① 此文最初于 2009 年 9 月 11 日发表于新浪博客：http://blog.sina.com.cn/s/blog_53af0c0f0100eqod.html。

学院院刊)。这3本杂志是物理学研究人员梦中的天堂,它们是国际上综合类、研究型学术期刊的前3名。一般来说,Nature和Science排在并列老大的地位,虽然彼此的影响因子每年都有起伏,但大体都在30左右。PNAS的地位,与Nature和Science相比还有差距,它的影响因子一般在10左右。导致这种状况的一个重要原因,是因为PNAS是美国科学院的院士期刊,每年发表的研究论文数量是Nature或Science发表研究论文数量的4倍左右,文章数量多了,质量也就良莠不齐,显然会伤害影响因子;PNAS上最好的那些论文(约占总量的1/4)与Nature和Science上的论文质量持平,这也是为什么PNAS每年发表论文数量是Nature或Science的4倍,而影响因子差不多是后者1/4的一个可能原因。这3本杂志的共同点是发表论文总数的70%~80%来自生物学,也许正因为主要发表生物类的研究成果,它们的影响因子可以如此之高——生物学方面研究期刊的影响因子一般超过同类物理学期刊。这也从客观上显著提升了物理类研究成果被这3本杂志接受的难度,基本难如登天!(当然对PNAS而言,这个"难如登天"是指"Direct Submission"(直接投稿)来说的,如果你的论文是与美国科学院院士合作完成,投稿方式则不同于"Direct Submission",被接受的难度也会显著降低,这可以理解,因为PNAS毕竟是人家美国科学院院士们自己的院刊嘛!)所以,国内许多高校对发表在这3本期刊上的论文都有重点奖励。这可从南京大学目前对论文奖励的力度可以看出,在南大现在发表一篇Nature或Science,可以得到5万元奖励;而发表一篇PNAS,则可得到2万元奖励。顺便说一下,在南大发表一篇Physical Review Letters(PRL,物理评论快报),得到的奖励是1万元(PRL同样是物理学研究人员心目中神圣的期刊,下面将作介绍)。在复旦也有类似的奖励,具体多少数额,我尚不知。

至于Nature子刊,如Nature Physics(自然·物理),Nature Materials(自然·材料)等,这些分门别类的学术期刊诚然不属于综合性学术期刊,但它们在研究人员心目中的学术地位大体与PNAS相当,从某种意义上来说还略高一些。这一切显然与它们的"祖宗"Nature有关,同属一个"大宅门",因血统纯正而"阖家"优秀!这些期刊同样令人神往!

然后,该提及一些重要的综述期刊,主要有Reviews of Modern Physics(RMP,现代物理评论),Physics Reports(PR,物理报道)和Advances in Physics(AP,物理进展)等。RMP的影响因子在30左右,PR的影响因子在20左右,AP的影响因子在15左右。RMP是美国物理学会的旗舰期刊，综述物理类的最前沿研究。与美国的 RMP 相对应，PR 是欧洲物理学界的旗舰期刊之一。迄今(作者注：此文发表于 2009 年)国内研究机构在 RMP 上以第一单位发表的综述论文只有 1 篇，而在 PR 上发表的综述论文，据我们统计，在 1986 年 1 月至 2006 年 7 月的 20 年内总共发表 6 篇。据此可以看出，在这些期刊上发表综述论文的难度主要难在两点：一方面，作者自己需要牛；另一方面，作者牛了后，还得有人认为这位作者牛，否则白搭。这里的“人”特指这些期刊的编辑，因为这些编辑一般都是各个领域公认的大牛，他们只邀请各个领域的牛人担任这些综述的作者。RMP 每期只发几篇综述论文而 PR 一般每期只发 1 篇综述论文。所以，委实不易！

接下来，该讲讲 Physical Review Letters (PRL)了。是的，PRL 基本是物理学研究人员心目中最神圣的地方。复旦大学物理系以前多年难得发表 1 篇 PRL，最近的四五年来，这个情况得到显著改观，每年都有大约七八篇 PRL 发表，非常喜人！PRL 的影响因子在 7 左右，它发表物理学一级学科上的重要研究成果，这些成果要求“very important”(非常重要)，“broad interest”(广泛兴趣)，以及“high significance”(很高的意义)，所以，能够在此刊发表论文虽然不是“难如登天”，但也确实很难。

除了 PRL 之外，美国物理学会的其余一些期刊，如 Physical Review (物理评论)系列期刊(A，B，C，D，E)，则是代表物理学二级学科的顶尖刊物。例如，与“凝聚态物理”二级学科对应的期刊是 Physical Review B，与“软物质物理”对应的期刊是 Physical Review E。这些期刊本身的学术水平处于同一类，不分高低，而它们的影响因子不尽相同，这是学科差异导致的。与此对应，欧洲物理学会也有类似的 European Physical Journal (欧洲物理期刊)系列期刊(A，B，C，D，E)。欧洲物理学会的这些刊物与美国物理学会的这些刊物大体对应，但不是很严格，基本可视为处于同一个层次。但在国内学术界，美国的这些刊物地位略高些。另外，值得一提的是，欧洲的期刊 EPL(欧洲物理快报)，这本杂志最初想与美国的 PRL 竞争，它同样强调“broad interest”(广泛兴趣)等，可这本杂志不知什么缘故影响因子一直上不去，一直徘徊在二点几，因此，此杂志在学术界中的地位显然不可与 PRL 同日而语，它的学术地位可看作略高于 European Physical Journal 系列期刊，大体与 Physical Review 系列相当。

与美国物理学会相对应，美国化学学会的一些期刊，如 Journal of Physical Chemistry(物理化学期刊)系列(A，B，C)等，也常常发表一些物理类研究成果。特别是当物理学交叉学科研究得到长足发展的最近10年来，软物质物理学的研究成果得到了 Journal of Physical Chemistry 系列期刊的青睐。这些杂志在学界的学术地位与美国物理学会的 Physical Review 系列期刊的学术地位相比，旗鼓相当。不能因为它们是化学学会的玩意儿，就忽略这些杂志对物理学发展的影响。当然，这些期刊的影响因子可能是因为与化学有关的缘故，通常略高于同类的物理类期刊。这同样是学科差异使然。此外，美国 Institute of Physics（物理所）中的一些期刊，也大体可以看作处于同一层次，如 Journal of Applied Physics (JAP，应用物理期刊)。JAP 的学术地位在同行心目中略低于 Physical Review 系列期刊，但 Applied Physics Letters (APL，应用物理快报)在同行心目中的学术地位可视为与 Physical Review B 相当。10年前，国内在 APL 上发表论文还非常不易，近年来在 APL 上发表论文相对容易一点，我想这主要是因为国内的研究水平上升得较快的缘故。可喜！

除此之外，英国以及其余的一些欧洲学术期刊基本在同一个层次，如 Journal of Physics（物理期刊）系列（A，B，C，D）和 Physica（物理）系列（A，B，C，D，E）。前者在学界中的学术地位较后者要高一些。

最后值得一提的是，中国也有不少英文学术期刊，比较好的有 Communications in Theoretical Physics（理论物理通讯），Chinese Physics Letters（中国物理快报），Chinese Physics B（中国物理 B 辑）等。这些期刊的影响因子不是很高，这可能是因为国内的研究人员不太倾向于把自己的研究成果投给国内期刊的缘故。导致这种状况发生有多种因素，其中各种各样的评比是一个原因！如学生奖学金评比、教师职称评定等。当然，发到国外著名期刊，可以提升成果的影响范围，这同样至关重要！值得高兴的是，这些期刊在国际上的地位正在逐步提升，发展势头非常喜人，例如一些期刊已经与欧洲的一些著名学术出版社合作，这对提升国内英文学术期刊在国际上的研究地位非常重要。

至此，我主要就国际上物理类学术期刊做了简单介绍。正如大家所知道的，物理学一级学科下的许多二级学科发展非常迅猛，如光学、声学等。其中，光学最为显著，复旦光科学系是独立于物理系的一个系，由此各位也可见端倪。美国光学学会旗下的期刊 Optics Letters（OL，光学快报）当属国际光学界的顶尖期刊，而同属于美国光学学会的 Optics Express（OE，光学快递）则大有赶超之势。近年 OE 的影响因子已经略微超过 OL，这主要是因为 OL 是传统期刊，读者若从网上下载，需要付费；而 OE 是开放期刊，作者自己交纳出版费，读者可从网上免费下载，因而

OE的影响因子较高也显而易见。因此在光学界,OL的学术地位其实还是高于OE的。在与物理类的学术期刊相比时,OL的学术地位大体与APL相当,在某种角度上还略高些;OE则大体可以视作具有与APL相当的学术地位。我这里需要说明的是,不同领域之间学术期刊的比较,通常无法非常客观,很多时候,仁者见仁,智者见智。同一领域的期刊的比较相对会比较客观。例如,欧洲的期刊 Optics Communications (OC,光学通讯)虽然号称是欧洲光学方面的最高期刊,但与OL和OE相比,绝非一个层次,其实OC就是与美国光学学会旗下的 Journal of the Optical Society of America A/B (JOSAA 或 JOSAB,美国光学学会会志A辑、B辑)亦有差距。顺便提一下,JOSAA和JOSAB与OL的关系,就类似于 Physical Review 系列期刊与PRL的关系。

以上仅仅是一些简单的情况介绍,若想了解更为详细的分类情况,请自行查阅复旦大学的论文分区列表或中科院系统的论文分区情况。复旦大学和中科院的分类细节虽略有不同,但大体上比较一致。

[补记] 如何衡量研究成果的学术价值,与期刊的档次并没有必然的联系(期刊的档次仅有参考价值),顶尖的期刊如 Nature, Science 或 PNAS 也可以发表垃圾论文,处于较低端的杂志也可以发表具有广泛影响力的研究成果。所以,此文的目的仅是介绍各本杂志自身、暂时的一些差异,切不可单纯以在某本杂志发表了论文,就给相关论文贴上"优秀"或"次品"的标签。需知评价论文质量的唯一标准是"同行评议",诡异一点说,评价一个研究成果的质量应该是"让时间来检验"。优秀的成果终将脱颖而出,不管它当初发表在哪儿,甚至没有公开发表,比如在会议论文集中出现、在学位论文中出现等。总之,我们需要辩证看待。尽管如此,还是祝愿各位多发 Nature, Science, PNAS, Nature Physics 或 PRL吧。

[附1] 学术期刊的影响因子是如何计算的?

以2008年APL的影响因子为例,计算公式如下:

(2008年APL的影响因子)=(在2008年全年内,APL于2006年和2007年发表的所有论文被引用的总次数)/(APL于2006年和2007年发表的论文总数)。

其实,国际上也有不少新的衡量学术期刊质量的方法,但影响因子的计算方法因其简单直观而经久不衰!说白了,这个影响因子的计算方法就是在"数黄豆"。其实,很多领域内影响因子不是很高的期刊,在同行心目中的地位却非常非常高,如数学领域的期刊就是非常典型。大体说来,对数学、物理、化学、生物这4门学科，同等档次期刊的影响因子基本是这样的：

影响因子(生物类期刊)＞影响因子(化学类)＞影响因子(物理类)＞影响因子(数学类)。

这个不能不知，否则不同学科之间仅简单比较影响因子会闹笑话的。但还是强调那句话，同一领域内的期刊比较其影响因子，相对来说更有意义。

［**附2**］ 一个介绍物理期刊的网页：http://www.ifpan.edu.pl/journal.html。

4.24 对"知了"，我们"知"多少才算"了"——谈同步鸣叫[①]

炎炎夏日我们都有这样的体会：天气越是炎热，树上的知了就越是响亮地叫起来。它们往往合唱一段时间后集体沉默一段时间，然后再合唱一段时间，再沉默一段时间，如此往复。

早就有人观察到知了的同步发声行为，其实，大自然中类似的现象很多，也很有趣。比如说萤火虫往往会同时发光和熄灭[②]；青蛙的鸣叫声往往相互合拍；一只乌鸦可以带动很多只乌鸦一起开始鸣叫等。在有人参与的活动中，也有数不清的同步现象。比如说在大剧院中人们的鼓掌声，往往会经过一个同步化和退同步化过程[③]。再比如说，著名的"千年桥事件"，当日的客流高峰造成了桥体在横向发生剧烈震荡，引起了极大的恐慌。(顺便提一下：英国伦敦泰晤士河上的"千年桥"耗资1 820万英镑，2000年6月10日首次向公众开放时，桥身出现明显摆动，3天后被迫关闭。有关部门在这座350 m长的步行桥上加装了91个类似汽车减震器的装置，方得以重新向公众开放。)研究同步现象的生成原理和研究如何利用或避免同步化过程，都具有重大意义。

看到上面几个例子，我们不禁要想，萤火虫的群体、知了的群体、剧院中鼓掌的人数、"千年桥"上行进的人数，都是一些比较大的数目，那

---

① 此文作者为赵晓雪，撰写此文时是我课题组的硕士生，她写得非常好，让我基本无用武之地，我只改了几个词和标题；此文最初于2009年9月22日发表于新浪博客：http://blog.sina.com.cn/s/blog_53af0c0f0100ev9m.html。

② J. Buck, E. Buck. *Science*, 1968(159): 1319.

③ Z. Neda, et al. *Nature*, 2000(403): 849.

么，是否存在一个数目的阈值，在数目少于它时，系统不发生同步；而在数目大于它的时候，才能发生同步行为呢？历史上关于同步问题有很多著名的模型，Peskin、藏本由纪、Strogatz 都是这个领域的“Big names”。但这些经典模型，似乎都并没有直接针对于由于振子数目调控的同步现象。

为了弄清楚群体数目在同步现象中扮演的角色，我们“请”来知了做实验①，并设计了一个孤立系统来避免外界的干扰。在这个孤立系统中，我们记录了不同个数知了的鸣叫声波形，如图 4.24.1 所示。图中的 3 个波形分别对应于知了数目为 15，20 和 25 的情况。我们可以清楚地看到，当知了的数目较大时，它们的行为趋向于完美的“鸣叫 30 s，停顿 30 s”周期(作者注：已经有不少专家研究过这个完美周期)。

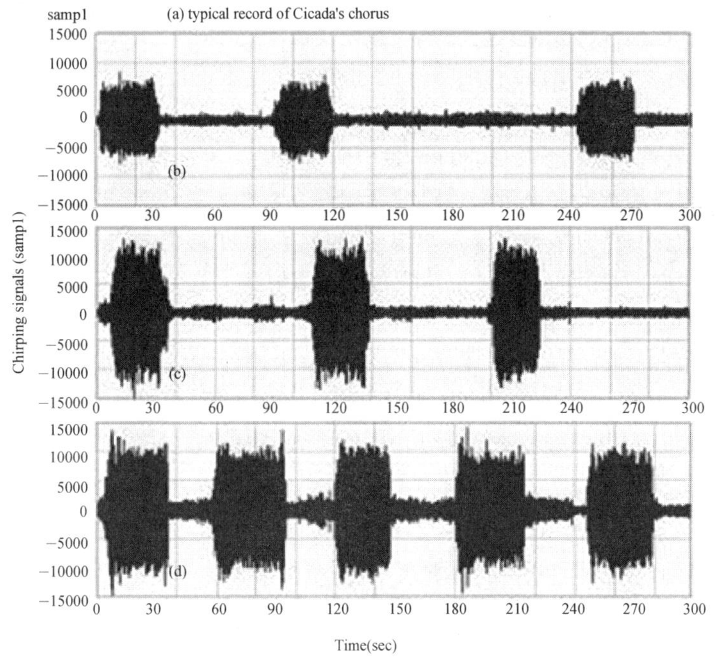

图 4.24.1 “知了”实验中不同数目知了的鸣叫声波形

① S. Y. Gu, Y. L. Jin, X. X. Zhao and J. P. Huang. *Communications in Theoretical Physics*, 2009(51)：1055；或直接点击：http://www.physics.fudan.edu.cn/tps/people/jphuang/Mypapers/CTP-4.pdf 下载。

基于这个现象，我们建立了数学模型来解释[①]，模型里的群体数目作为知了相互作用的一个重要因素。结果发现，只有当群体数目足够大时，知了的行为才会完全地同步起来。关于知了鸣叫这个特定问题其背后的生物背景，还需要进一步的探索。

4.25 复杂流体之“用胶体微粒实现逻辑计算”[②]

我们都知道晶体管的问世为世界发展带来迅猛的风暴，它是微电子革命的先声。晶体管出现后，人们就能用一个小巧、消耗功率低的电子器件，来代替体积大、功率消耗大的电子管。晶体管的发明为后来集成电路的诞生吹响号角，没有集成电路，哪里来现在的电子计算机呢？

随着化学工业的发展，一个类比于微电子学的新型工业“芯片实验室”应运而生，即本着同样的思想，希望把小型化进行到底。原来进行实验，需要试管、烧瓶、器皿，现在只要将微量的反应试剂，通入以微米或毫米量级的芯片，所需要的反应便大功告成。这样的反应可以是对反应物的分离、DNA的鉴定、反应物的混合等。

更有人已经研究出可以用打印机印在纸上的集成芯片，一个集成芯片便在瞬间几乎零成本生产出来。（作者注：据悉哈佛大学Weitz教授实验室已经在这个方面取得很好的研究进展。）现在我们不禁要问，在这样一个芯片上是否也可以加上逻辑板块，使得芯片不仅具有执行反应任务的功能，还能够拥有一定的“头脑”？这个想法在2007年就由Prakash和Gershenfeld提出[③]。他们用微流体系中的“泡泡”来表示一个比特，控制芯片的反应。有泡泡时定义为“1”，无泡泡时定义为“0”。

我们把这一思想拓展到胶体微粒构成的微通道系统中[④]，用胶体颗粒

---

① S. Y. Gu, Y. L. Jin, X. X. Zhao and J. P. Huang. *Communications in Theoretical Physics*, 2009(51):1055;或直接点击:http://www.physics.fudan.edu.cn/tps/people/jphuang/Mypapers/CTP-4.pdf下载。

② 此文作者为赵晓雪，撰写此文时是我课题组的硕士生，她写得非常好，让我基本无用武之地，我只改了几个词和标题；此文最初于2009年9月22日发表于新浪博客：http://blog.sina.com.cn/s/blog_53af0c0f0100ev8z.html。

③ M. Prakash, N. Gershenfeld. *Science*, 2007(315):832.

④ X. X. Zhao, Y. Gao and J. P. Huang. A *Journal of Applied Physics*, 2009(105):064510;或直接点击:http://www.physics.fudan.edu.cn/tps/people/jphuang/Mypapers/JAP-9.pdf下载。

的位置来定义“0”和“1”。通过外加电场来控制胶体颗粒的位置，从而实现触发器的功能，如图 4.25.1 所示。

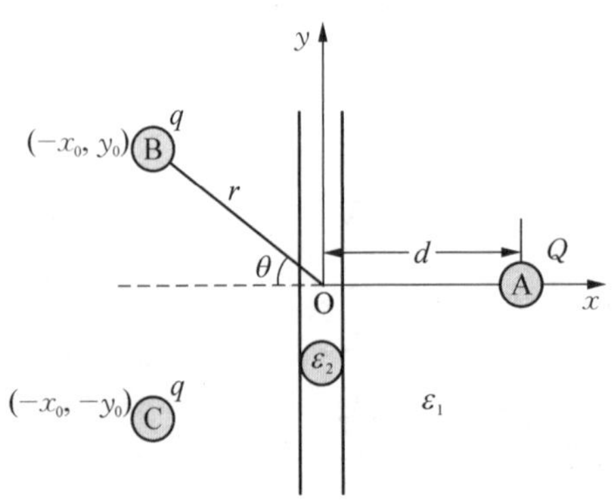

（A,B,C 是 3 个点电极，胶体微粒被限制在纵向放置的微通道中）

图 4.25.1　微通道系统中外加电场控制胶体颗粒位置的触发器示意图

我们利用介电泳原理来控制微粒在通道中的运动和位置。当为电极 A 加上相对较大的电荷，而为电极 B 和 C 加上等量的相对较小的电荷时，原点的电场最大，因此原点是一个稳定平衡点（单稳模式）；当为 B 和 C 加上等量的电荷，而电极 A 不加电荷时，该系统为双稳态系统，微粒的两个稳定平衡点的位置对称地处在通道的上下两边（双稳模式）。

我们可以把双稳模式下的两个平衡点的位置记作“0”和“1”。给电极 A 加上电荷，那么微粒回到中心点；去掉 A 上的电荷，中心点变得不稳定，微粒最后处在“0”或者“1”的位置。如果再为 A 加上电荷，则微粒再回到中心点……这不就是触发器的工作原理吗？

如果我们再考虑，在单稳模式下若摩擦力趋近于零，或者有外界微弱能量输入，可以维持微粒在平衡位置上下做周期运动。那么，是不是可以考虑基于胶体微粒的计时器呢？

当然，这里要说明，要用胶体微粒实现逻辑计算功能并投入使用，还有很长一段路要走；这段路充满挑战，既有机理上的挑战，也有技术上的挑战。

4.26　经济物理前沿之一：“股市中的预测和管理”[①]

自 1602 年在荷兰的阿姆斯特丹成立世界上第一个股票交易所至今，

① 此文作者为王玮，撰写此文时是我课题组的博士生；本文最初于 2009 年 9 月 19 日发表于新浪博客：http://blog.sina.com.cn/s/blog_53af0c0f0100etoj.html。

越来越多的人开始对股票市场感兴趣,其中也包括物理学家。物理学家对金融与经济系统的兴趣可追溯到1936年马约拉纳(Majorana)所写的一篇先驱性论文,他对物理系统中的统计法则与社会科学中的统计法则进行了类比,这种非正统的观点在很长一段时间内都被认为是不务正业。直到20世纪90年代,物理学家在经济与金融领域的研究活动才不再是"插曲",开始出现了专门的研究团体、期刊以及学术会议,而这一特殊的研究领域也有了自己的名字——经济物理学(Econophysics)。这些研究活动是对金融与数理金融传统研究方法的补充。物理学家更强调对经济数据的实证研究,并把最近30年在统计物理中发展起来的新理论与新方法带进了这一学科:用标度、普遍性、无序受抑系统和自组织系统等概念,对金融与经济系统进行分析与建模①。

近20年来,物理学家主要做了以下几方面工作:一是在海量数据中寻找统计规律,如大的价格起伏出现的概率远远超过价格随机游走下的概率,且尾部呈现幂率关系②,这意味着非均匀的阵发过程代替了均匀的泊松过程③;二是用物理中随机矩阵理论研究金融资产之间的相关性,如各种股票之间的相关性;三是对金融市场进行计算机建模,比如由张翼成等提出的基于投资人的少数者博弈(Minority Game)模型④;一个是用量子理论、纤维丛理论等对金融市场进行理论重构,希望从根基上给出诠释⑤;最近还有些物理学家开始尝试研究超高频乃至实时分笔数据,从这些可能带有微弱短期预测股价走势性质的数据中,他们希望找到转瞬即逝的套利机会。

经济物理学家最终要解决下面的两个问题:一是作为投资者,如何利用好金融市场,使自身资产不贬值甚至增值。换言之,股价涨落是否能被预测?二是作为管理者,如何在利用金融市场提高国内资金运作效率的同时,将市场本身存在的风险降至最低,保证其稳定和谐地发展。

---

① R. N. Mantegna and H. E. Stanley. *Introduction to Econophysics: Correlations and Complexity in Finance*. Cambridge: Cambridge University Press, 1999.

② R. N. Mantegna and H. E. Stanley. *Introduction to Econophysics: Correlations and Complexity in Finance*. Cambridge: Cambridge University Press, 1999.

③ A. L. Barabasi. *Nature*, 2005(435):20.

④ D. Challet, M. Marsili and Y. C. Zhang. *Physica A*. 2001(294):514.

⑤ 卡里尔·伊林斯基著. 殷剑峰,李岩译. 金融物理学:非均衡定价中的测量建模. 北京:机械工业出版社,2003.

回答第一个问题前,先要对预测进行定义。这里的"预测"并非指预言股价涨跌的精确点位,而是股价位移矢量(方向及深度)实现的概率;也不是说用固定的公式和方法去做生硬的计算,而是用与时俱进的变化着的公式和方法去预判。在这些前提下,股价有被预测的可能。提出这些前提是有根据的:比如几乎从未有人从最低价买、最高价卖,因此只能要求一定的成功概率,不可过于苛刻;又比如把牛市的操作方法生搬到熊市去操作必然亏损连连,把10年前的方法生搬到今天也必将被时代淘汰,因此股市理论研究也要以变化的观念进行。当然,如果人人都能预测,市场又变得不可预测。预测股价的程序需要极大资源不断更新和维护,因此无法实时免费提供给大多数人。秉持股价有被预测可能的信念,从收益率胖尾分布(fat-tail distribution)到波动率群聚效应(volatility clustering),物理学家正在一步步深入股价规律的核心,寻求一个较好的预测股价的模型。

至于第二个问题,主要是分析某条政策(比如调整印花税率或增发新基金)对股市究竟有何种影响,这丝毫不比预测股价简单。人们发现上证指数的序列自相关函数在经历了最初6~7 min指数衰减的正相关后,在第7~15 min区间内呈现显著负相关,明显区别于S&P 500等国际股市指数在短程内(20 min左右)正相关并单调指数衰减的规律①。负相关对应中国股市普遍的短期冲高回落现象,是严重投机与跟风的体现,说明我国股市与国外成熟股市间的区别。目前中国股市中个人投资者占60%,机构投资者只占20%。而国外成熟市场中机构比例却一直在增加,美国机构投资者占美国总股本的比重由1950年的7.2%上升到2001年三季度末的46.7%。个人和机构相比,更易不理性跟风,而过度跟风会导致股价反向运行并再次跟风,由此产生负相关。可见,为了使中国股市减少投机性、增加投资性,优化投资者结构并大力增加基金比重是正确的策略。物理学家在考虑类似问题时,必须充分考虑股市系统的特殊性——粒子是有行为习惯且能适应环境的人,这对物理学而言是全新的挑战。

虽然经济物理学从诞生至今已经近20年,但对于大多数物理学家而言,这依旧是个陌生的领域。在瞬息万变的金融市场中,人们最关心的莫

---

① 吴斌哲,马红孺.上海交通大学学报,2008(42):147;W. C. Zhou, H. C. Xu, Z. Y. Cai, J. R. Wei, X. Y. Zhu, W. Wang, L. Zhao and J. P. Huang. *Physica A*, 2009(388): 891.

过于标的资产的价格。也许价格的预测需要某些还未创造出来的新方法才能解决,也可能是某些被人们忽视了的强大而简洁的已知方法就能给出答案,又或者股价就像扔骰子,是一个永远不能预测的玩意儿。但不管怎样,擅长于研究大千世界各种复杂系统的物理学家,已经开始并将更加多地把兴趣投入到以人为基本粒子的目前已知的最复杂、最有趣的系统中。

4.27 牛市与熊市——中国股票市场的统计规律研究进展①

随着中国经济的蓬勃发展、全球经济日益一体化,中国股市越来越受到世界的瞩目。1990年底,上海证券交易所和深证证券交易所成立,中国股市算是一个非常年轻的股票市场,我们不禁要问:这个年轻市场的特性是不是与欧美的老牌股票市场相同呢?投资者是不是能在这里找到更多的投机机会?

1995年,Mantegna和Stanley撰写了An Introduction to Econophysics: Correlations and Complexity in Finance(《经济物理学导论:金融中的关联与复杂性》)一书,书中以美国股市13年的数据为基础,进行了一系列统计规律研究。研究发现,股票价格的标准收益率成尖头胖尾分布,且尾部有幂率的特征。所谓的尖头胖尾是相对于高斯分布而言的,也就是说股票价格收益率并不是一个完全的随机序列,短时间内大涨大跌的概率要大于高斯分布中相应的小概率事件的发生概率。原因还是回归到股票市场主体:经济活动的主体是人,人的行为各不相同,却又存在一定的相似点,虽然确有一些统计特征,但无法从中找到一条不变的规则——如同物理学中三大定律那样的规则。但也正因为如此,金融市场才作为一种独特的复杂系统吸引着众人的目光。

受到Stanley的著作的启发,我们②基于上证数据和深圳数据统计了中国股市的特性,有趣的是论文中还特别比较了牛市与熊市的区别。研究表明,中国股市也具有欧美老牌股市的统计特性,价格收益率呈尖头胖

---

① 此文作者为赵璨,撰写此文时是我课题组的硕士生,这里只添加了一篇文献、修改了一下标题;此文最初于2009年9月19日发表于新浪博客:http://blog.sina.com.cn/s/blog_53af0c0f0100etmb.html。

② W. C. Zhou, H. C. Xu, Z. Y. Cai, J. R. Wei, X. Y. Zhu, W. Wang, L. Zhao and J. P. Huang. *Physica* A, 2009(388):891;或直接点击http://www.physics.fudan.edu.cn/tps/people/jphuang/Mypapers/PA-2.pdf下载。

尾分布，尾部呈幂率。在计算价格自相关性时发现，短程自相关图中牛市会出现更强的负相关，且相关时间较短；同时牛市较熊市还有更强长程相关性。自相关性的差异来自两种市场中投资者不同的心态：牛市中人们更为兴奋，套利机会消耗得更快，所以相关时间较短。而长程相关性则反映了市场的流动性：牛市中市场交易量更大，投资者当中更容易产生羊群效应，市场流动性更强。

4.28 隐身衣不再是幻想！——多频可见光波段的“隐身斗篷”[①]

如果有一件“衣服”，让你穿上它后，别人都看不见你，是不是很奇妙？可能你会说，“是很奇妙啊。但是，别逗了！你又不是哈利·波特。”

然而，物理学正在逐渐地让这一切由不可能变为可能。当然，在进一步论述之前，强调一下，迄今光学“隐身斗篷”虽有突破进展，离真正应用还有非常大的距离！

2006 年，Pendry 等人[Science 312，1780(2006)]和 Leonhardt [Science 312，1777(2006)]在 Science(科学)杂志分别独立地提出“cloak”(隐身衣)的概念。从而使得哈利·波特的魔法“隐身斗篷”不再是神话。第一个关于“隐身斗篷”的实验是利用超常材料实现了微波频段的隐身效果，但其工作频率仅是单一频率，因为用来设计“隐身斗篷”的超常材料是色散的(材料的电磁性质和外场的频率有关)。我在理论研究的出发点是实现多频可见光波段的“隐身斗篷”。基于多壳层和转换光学(Transformation optics)方法，在理论上研究了多壳层柱状“隐身斗篷”。考虑 TM(横磁)波，对于每一个壳层，我们利用 Maxwell-Garnett 理论和谱表示理论来设计壳层中材料的介电参数，利用金属复合材料来实现通过变换光学方法得到材料的介电参数。在我们的设计中，如图 4.28.1 所示，内壳层(B)中用到的金属的等离激元共振频率、外壳层(C)中用到的金属的等离激元共振频率和 TM 波的工作频率必须满足一定的关系，低频 TM 电磁波光滑地绕过外壳层 C，而不进入壳层 B，使得 A 达到隐身的效果；对于高频 TM 电磁波，通过适当地选择参数，使得外壳层 C 几乎是透明的，电磁波光滑地绕过内壳层 B，使得 A 达到隐身的效果。理论上可

① 此文作者为高勇、黄吉平，撰写此文时高勇是我课题组的博士生；此文最初于 2009 年 9 月 18 日发表于新浪博客：http://blog.sina.com.cn/s/blog_53af0c0f0100etl3.html。

以设计更多壳层来实现更多频率的"隐身斗篷"。此外,我们还利用各项异性微分有效偶极理论研究隐身斗篷的效率。

基于转换光学方法设计的隐身材料对我们的现实生活也极其有用,比如能让我们远离对人体有害的辐射。军事上的应用前景更为广阔,比如使得飞机、导弹、坦克和潜艇等隐于无形。

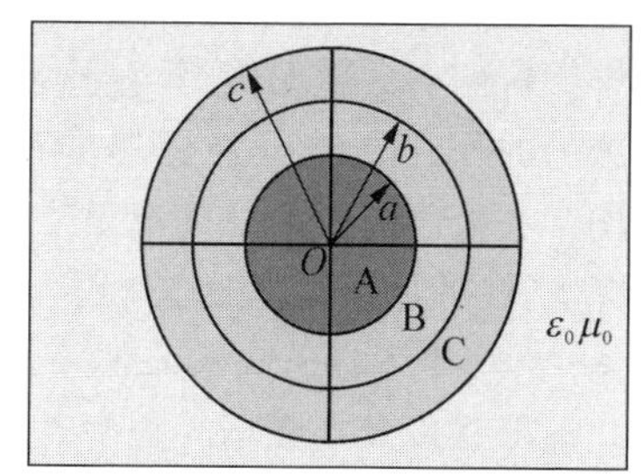

图 4.28.1 多壳层柱状"隐形斗篷"的截面图①

类似的研究思路可以发展到热学②、声学③等方面。

4.29 复杂流体之"逆铁磁流体的结构和磁泳"④

什么是磁泳?通俗理解它就是指颗粒在磁场的作用下在液体中"游泳"。有啥用呢?用途非常大,如磁泳现象已经广泛应用于选矿和分离生物细胞中。我们此项研究的目的是研究逆铁磁流体的结构,以及其中非磁性颗粒的磁泳(力)。

铁磁流体(又称磁流体)是一种含有单畴纳米铁磁颗粒的胶体悬浮液,是一种既具有强磁性又具有流动性的新型功能材料。逆铁磁流体是把直径在微米量级的非磁性颗粒浸没在铁磁流体中形成的复杂流体。鉴于非磁性颗粒的尺寸(微米尺度)远大于铁磁流体的铁磁颗粒(10 nm左右),我们在研究过程中可以把铁磁流体看成连续磁介质。在外加不均匀的磁场下,由于磁偶极距与外场的相互作用,磁性颗粒在外场中会

---

① Y. Gao, J. P. Huang and K. W. Yu. *Journal of Applied Physics*, 2009(105):124505;或直接点击 http://www. physics. fudan. edu. cn/tps/people/jphuang/Mypapers/JAP-11. pdf 下载。

② C. Z. Fan, Y. Gao and J. P. Huang. *Applied Physics Letters*, 2008(92):251907;或直接点击 http://www. physics. fudan. edu. cn/tps/people/jphuang/Mypapers/APL-8. pdf 下载。

③ B. Liu and J. P. Huang. *The European Physical Journal — Applied Physics*, 2009(48):20501;或直接点击 http://www. physics. fudan. edu. cn/tps/people/jphuang/Mypapers/EPJAP-1. pdf 下载。

④ 此文作者为高勇、黄吉平,撰写此文时高勇是我课题组的博士生;此文最初于 2009 年 9 月 18 日发表于新浪博客:http://blog. sina. com. cn/s/blog_53af0c0f0100etko. html。

受到力的作用，这个力就是磁泳力。浸没在铁磁流体中的非磁性颗粒也有等价的有效磁偶极距，在外加非均匀的磁场作用下，同样也会受到磁泳力的作用。随着外磁场的增强，逆铁磁流体会形成不同的晶格结构①。关于磁泳，研究的出发点是在逆铁磁流体形成具体晶格结构的情况下，在外加不均匀磁场作用下，研究非磁性颗粒的磁泳力与哪些因素有关②。具体考虑逆铁磁流体不同的晶格结构、非磁性颗粒的体积分数、几何形状以及外磁场的频率对非磁性颗粒的磁泳力的影响。考虑到结构转变和颗粒之间的相互作用，我们计算了逆铁磁流体的有效磁导率。研究结果表明，非磁性颗粒的磁泳力受到逆铁磁流体具体的晶格结构、非磁性颗粒的体积分数、几何形状，以及外磁场的频率等因素的调控。

更多的问题还有待深入(如什么是逆铁磁流体的基态结构)。

4.30 复杂流体之“胶体晶体研究进展”③

什么是胶体晶体？如果知道什么是原子晶体，就能很好理解什么是胶体晶体。把通常的原子晶体中间的原子全部换为微米尺度或亚微米尺度的颗粒，这个系统就是一种胶体晶体。通俗地说，胶体晶体就是指这些远大于离子或原子的大颗粒周期性地聚集在一处。自然界中有许多这样的胶体晶体，如人皆向往的宝石；当然，胶体晶体也可以人工制备，当前已有不少方法被报道，如模板沉积法等。

近年来，胶体晶体之所以受到国际学术界的广泛关注，最主要有两个原因：

第一个原因，胶体晶体因其具有周期性结构而具有能隙，它们可以作为光子晶体来使用。这个能隙有什么意义？意义大了去了。当入射光的频率处于这个能隙内时，这些光会被反射回来，这也就是为什么宝石有各

---

① Y. C. Jian, Y. Gao, J. P. Huang and R. Tao. *The Journal of Physical Chemistry B*, 2008(112): 715；或点击 http://www.physics.fudan.edu.cn/tps/people/jphuang/Mypapers/JPCB-6.pdf 下载。

② Y. Gao, Y. C. Jian, L. F. Zhang and J. P. Huang. *The Journal of Physical Chemistry C*, 2007(111): 10785；或点击 http://www.physics.fudan.edu.cn/tps/people/jphuang/Mypapers/JPCC-1.pdf 下载。

③ 此文作者为范春珍、黄吉平，撰写此文时范春珍是我课题组的博士生；此文最初于 2009 年 9 月 18 日发表于新浪博客：http://blog.sina.com.cn/s/blog_53af0c0f0100et8a.html。

种各样颜色的缘故，因为它们有固定的能隙，把特定波长的光反射回头。如果换个角度应用这些能隙的话，那么，胶体晶体还可以用于调制电磁波的输运，例如实现负折射等。太神奇了！

第二个原因，人们可以以胶体晶体为模型系统研究晶体的生长和熔化。要知道，通常的原子晶体的成核、生长和熔化一直是晶体学关注的大课题，不少问题至今悬而未决，鉴于通常的原子晶体的最小结构单元（即离子或原子）无法在光学显微镜下直接观察，胶体晶体则没有这个问题，它的构成单元可以被光学显微镜直接观察，所以，胶体晶体也就自然成为一个非常典型的模型系统，可以用于研究晶体的成核、生长与熔化。制备胶体晶体的方法很多。我们首次实验论证了一种用高分子调制生成的胶体晶体①，生长这种胶体晶体时需要3个主要组分：聚合物刷、颗粒、自由聚合物。实验调节自由聚合物和颗粒的比例，比较方便地制备出具有不同周期性结构的胶体晶体，特别值得一提的是，实验中看到了体心四方晶格（BCTlattice）结构。这种制备方法最初由南京大学物理系马余强教授课题组在2006年通过计算机模拟提出。

最近两年，我们理论研究了胶体晶体的非线性光学响应。主要关注它们的非线性光学极化率②③④，通过调节胶体晶体的结构，它们的光学吸收峰可以向波长较大的区域移动，这为实现红外吸收提供了一个有用的启示（作者注：红外吸收在军事和民用皆有很大用途！）；并且我们还发现，通过调节系统的微结构，可以使得非线性光学极化率增强几个数量级。要知道，非线性光学材料是光电信息领域所需的关键材料之一。研究结果表明，胶体晶体在一定的条件下也可以作为新型的非线性光学材料，它们可应用于光通讯、电光调制器、光开关、频率转换装置等方面。当然，这

---

① C. R. Han, J. G. Cao, L. W. Zhou, X. C. Pang, J. L. Huang, L. F. Zhang and J. P. Huang. *Physics Letters A*, 2009(373): 3174；或直接点击 http://www.physics.fudan.edu.cn/tps/people/jphuang/Mypapers/PLA-6.pdf 下载。

② J. P. Huang, Y. C. Jian, C. Z. Fan and K. W. Yu. *Journal of Physical Chemistry C*, 2008(112): 621；或直接点击 http://www.physics.fudan.edu.cn/tps/people/jphuang/Mypapers/JPCC-2.pdf 下载。

③ L. F. Zhang, J. P. Huang and K. W. Yu. *Applied Physics Letters*, 2008(92): 091907；或直接点击 http://www.physics.fudan.edu.cn/tps/people/jphuang/Mypapers/APL-6.pdf 下载。

④ C. Z. Fan, J. P. Huang and K. W. Yu. *Journal of Physical Chemistry C*, 2009(113): 18504；或直接点击 http://www.physics.fudan.edu.cn/tps/people/jphuang/Mypapers/JPCC-4.pdf 下载。

些多是潜在的应用价值，离真正的应用还有很长的一段路要走，让我们继续努力！

4.31 把潜艇藏起来！——声学斗篷研究进展[①]

电影中小魔法师哈利·波特的隐形斗篷，大家都很熟悉，但没人认为那样的隐形斗篷在现实中会真实存在。可是，物理学家们的研究表明，隐形斗篷有实现的科学基础！

近几年隐形斗篷是科学家们非常关心的一大热点。2006 年，Leonhardt[Science 312，1777(2006)]和 Pendry 等人[Science 312，1780(2006)]提出了第一类隐形斗篷。他们利用坐标变换的方法，使材料具有连续变化、各向异性的折射率，使电磁波可以绕过材料的中心区域，中心区域中可以放置任何物体，而对外部的电磁波无任何影响，当然也就不能被看到，实现隐形。

但第一类隐形斗篷存在一个很大的缺陷：虽然外面的人看不到里面的东西，但是里面的人同样看不到外面的东西。因此，Lai and Chen (PRL. 102. 093901)提出了另一种方案，即第二类隐形斗篷，在这个方案中，可以把物体放到隐身衣的外部，从而使物体能接收到外来的电磁波，如此就把“瞎子”给治好了。这类隐形斗篷利用互补性材料的性质，使物体对电磁波的散射完全被抵消，看起来整个系统和空气一模一样，如此实现对物体的隐形。

考虑到这种新型隐形斗篷在声学领域的应用前景，我们课题组将此方法拓展到声学领域[②]，使物体在听觉上被隐藏起来，即无法被外界探测到，但该物体却可以探测外界(见图 4.31.1)。例如，这种声学隐形斗篷可以应用于潜艇，它可使敌方声呐探测不到它的存在，而它却可探测到敌方的存在。值得注意的是，这里的从听觉上隐藏不是人听不到潜艇发出的声音，而是潜艇对外界的声音(声呐)探测没有响应，从而无法被探测到。

---

① 此文作者为魏森、黄吉平，撰写此文时魏森是我课题组的硕士生；此文最初于 2009 年 9 月 14 日发表于新浪博客：http://blog.sina.com.cn/s/blog_53af0c0f0100erut.html。

② B. Liu and J. P. Huang, *Eur. Phys. J. Appl. Phys.* 48，20501(2009)；或者点击 http://www.physics.fudan.edu.cn/tps/people/jphuang/Mypapers/EPJAP-1.pdf 下载。

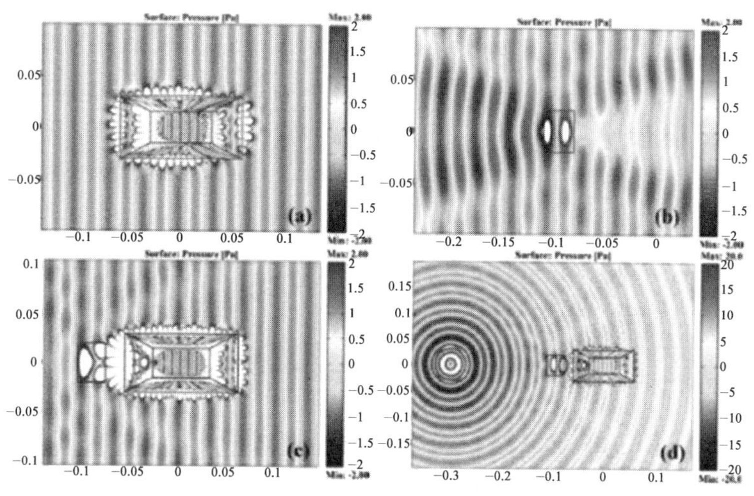

图 4.31.1　第二类隐形斗篷①

[补记]

此外，我们也注意到不少学者正在尝试把这种隐身原理应用于地震波，试图避免地震波对建筑物和人类的伤害，当前已经取得突破性进展。总之，为了国计民生、为了人类更好的生存，物理学家们可以做得更多、更好。让我们一起努力！

4.32　复杂流体之"电流变液研究进展"②

电流变液是一种智能材料，在施加外加电场的情况下，这种材料的粘滞系数能够得到显著增强，从而由液体转变为准固体，这个转变的过程可以在瞬间（通常为毫秒量级）完成。所以，电流变液在紧急制动、减震器等领域有着重要的潜在应用价值。

其实，电流变液在 20 世纪 40 年代末就被发现，之后的几十年研究缓慢，直到 90 年代热潮再起，至今方兴未艾。2003 年，香港科技大学沈平教

① B. Liu and J. P. Huang. *The European Physical Journal -Applied Physics*, 2009(48): 20501

② 此文最初于 2009 年 9 月 12 日发表于新浪博客：http://blog.sina.com.cn/s/blog_53af0c0f0100eqs5.html。

授课题组报道了一种新型的极化分子型电流变液，此文当时发表于 *Nature Materials*［即 *Nature Materials* 2，727(2003)］。这种材料的静态屈服应力（一个重要的参数，与粘滞系数成正比关系）比通常的电流变液大得多，当时他们把这种电流变液叫做“巨电流变液”。对于这种材料呈现出来的巨电流变液效应有不同的理论解释，起初是饱和极化理论，之后有学者提出极化分子的取向极化理论［*Chinese Physics* 15，2476 (2006)］等。

为了研究这种材料的一般工作机理，我们曾经尝试在二氧化钛颗粒表面修饰丁内酯①，这种丁内酯分子不同于之前使用的尿素分子。我们旨在研究不同的极化分子的影响，以期揭示普适的机理。结果发现，用丁内酯分子修饰同样可以得到比较大的静态屈服应力。

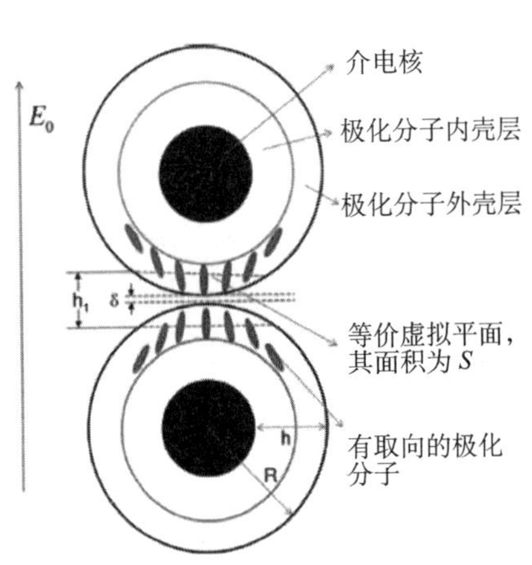

图 4.32.1　电场(*E*)作用下的两个颗粒

最近，我们的理论研究结果显示②，这种屈服应力的增强，主要源于颗粒表层的极化分子的取向极化（见图 4.32.1），并且揭示极化之后的极化分子，在两个颗粒间首尾相接，直接导致颗粒间显著增强的吸引力，从而导致体系具有较大的静态屈服应力。理论计算结果与不同课题组报道的实验结果吻合得非常好。

此项研究有助于澄清极化分子型电流变液的工作机理，同时，对设计新型电流变液材料也具有一定的理论指导意义。

---

① L. Xu, W. J. Tian, X. F. Wu, J. G. Cao, L. W. Zhou, J. P. Huang and G. Q. Gu. *Journal of Materials Research*，2008(23)：409；或直接点击 http://www.physics.fudan.edu.cn/tps/people/jphuang/Mypapers/JPCB-10.pdf 下载。

② P. Tan, W. J. Tian, X. F. Wu, J. Y. Huang, L. W. Zhou and J. P. Huang. *The Journal of Physical Chemistry B*，2009(113)：9092；或直接点击 http://www.physics.fudan.edu.cn/tps/people/jphuang/Mypapers/JMR-1.pdf 下载。

4.33 适度跟风有利发挥市场的最佳宏观调节功效[①]

人们决策时通常基于个体的判断，但人们经常模仿那些成功人士或地位较高者，其结果也就导致“随大流”——这类自发形成的集体行为其实就是“跟风”。从微观角度看，也就是从行为人（即自然人或机构）的层面来看，一般认为这种跟风可以是理性的，也可以是非理性的。何为理性？如果跟风者缺少可以用于决策的外部信息，这时他的跟风可以视为理性行为。依此类推，如果跟风者有足够的外部信息，并且也能够独立做决策，但却舍弃了自己的决策而盲目跟随别人，这样的跟风可以视为非理性。从系统的宏观层面来看，跟风常常被视为“市场杀手”，因为人们常常把市场中出现的泡沫或崩盘都归因于跟风。就拿2008年的经济危机来说，次贷危机仅是个导火索，大家普遍认为，跟风行为才是导致这次危机的罪魁祸首。但是，这个看法是否可靠？

复旦大学物理系黄吉平教授课题组及其合作者在国家自然科学基金委面上项目的资助下（项目编号：11075035），完成的一篇论文于2011年9月13日发表在国际学术期刊《美国国家科学院院刊》上[PNAS 108, 15058-15063(2011)]。在该文中，他们就跟风与市场的宏观行为之间的关系进行了深入研究。为此，他们基于一种资源分配系统，设计并开展了一系列真人经济物理实验。他们发现，当资源分布具有较大偏差时，这时适当的跟风反而有助于资源的最佳利用，与此同时，市场中的波动也变得最稳定、并且波动方向也变得更加不可预测，从而使得市场的调节功效得到最佳。这些结果与基于行为人的计算机模拟和理论分析的结果一致。他们进一步的理论分析表明，外界资源的比值可以视为一种相变的临界点，该临界点有助于区分有害跟风与有益跟风。基于这些分析，他们认为，跟风并不能总被视为“市场杀手”。

当记者问及这项成果的意义时，黄吉平说：“除了经济学或金融学领域之外，这项成果可能还对其他一些领域有着一定的参考价值，例如：在管理科学领域，这项成果给大家的启发就是，管理人员不必一看到跟风，就立即进行风险控制，而是需要考虑系统环境和时间，以便审查此时跟风对系统的宏观影响是有害的、还是有益的；在生态和进化领域，这项成果的启发是，人们不仅需要继续研究跟风的形成机制，还需要研究跟风

---

① 此文最初于2011年9月发表于《科学时报》；录于此处时做了修改。

对生态系统或进化种群这些系统的宏观层面的直接影响;在物理学领域,这项成果不仅证明了这类复杂适应系统中存在一类相变,而且提出了一种新的均衡理论,也就是说,当对称破缺存在时,一些复杂适应系统可能只有通过形成一些特定大小的团簇,才能使得系统整体达到均衡状态。"

在谈及研究缺陷时,黄吉平说:"我们的这项研究都是在实验室中完成的,要用于解决实际问题,还有不少方面需要完善,如我们需要把各种客观因素都考虑进来,其中,如何消除参数选取过程中的不确定性就是一个首当其冲的问题。"

4.34 古典音乐中的统计物理①
——解读古典音乐音高波动

现在越来越多的人醉心于西方古典音乐,这些人相比现代流行音乐的嘈杂更为喜欢聆听这些优雅的旋律。古典音乐作为一种感性的体验,怎样跟统计物理建立联系?巴赫、肖邦、莫扎特这些大名鼎鼎的作曲家,在统计物理研究中又有怎样的特性?下面我们就来一探究竟。

古典音乐如此优美并打动人心,不同领域的研究人员都试图解释它神秘的吸引力。比如脑神经科学家 Blood 和 Zatorre 研究小组利用正电子放射断层扫描来研究脑神经对音乐的响应机制。② 事实上,从物理的角度研究音乐已经取得了许多进展。早在 1975 年,物理学家 Voss 和 Clarke 发现古典音乐具有 1/f 的分形结构。③ 2010 年一项研究发现,通过对音符构建复杂网络,发现巴赫、莫扎特等音乐家作品与中国流行音乐在网络结构上具有相似的特征。④

本组的工作⑤表明,随着时间的演变,音乐家创作的乐曲旋律越发激烈,变化更为丰富。接下来我们试图从统计物理的角度来理解古典音乐,发觉其随时间演化的规律⑤。

---

① 此文作者为刘璐,撰写此文时刘璐是我课题组的博士生;录于此处时我做了一些小修改。
② A. J. Blood and R. J. Zatorre. *Proceedings of the National Academy of Sciences*, 2001(98):11818.
③ R. F. Voss and J. Clarke. *Nature*, 1975(258):317.
④ X. F. Liu, C. K. Tse and M. Small. *Physica A*, 2010(389):126.
⑤ L. Liu, J. R. Wei, H. S. Zhang, J. H. Xin and J. P. Huang. *PLOS ONE*, 2013(8):e58710.

此次研究①一共统计了 5 位作曲家，按照出身年份排序，分别是巴赫、莫扎特、贝多芬、门德尔松和肖邦，他们分属 3 个不同的流派，时间跨度为 165 年。具体的采集数据由表 4.34.1 给出。

表 4.34.1　音乐家和乐曲信息

作曲家	区间	分析曲目数	总曲目数
巴赫(1685—1750)	Baroque music	1 114	>1 200
莫扎特(1756—1791)	Classical period music	504	>780
贝多芬(1770—1827)	Classical period music	188	>300
门德尔松(1809—1847)	Romantic era music	52	>180
肖邦(1810—1849)	Romantic era music	88	>120

乐曲作为一个时间序列，有许多重要组成部分，如音高、音色、音符长度等。音高反映了声音在空气中的振动频率，单位为赫兹，因此我们着重研究音高的统计规律。音高与频率的对应关系如表 4.34.2 所示。如果将音高的时间序列标记为 $f(t)(t=1, 2, 3, \cdots, N)$，其中 N 表示每首乐曲的总长度，那么两个相邻音符之间的音高波动可以标记为

$$Z_f(t) = f(t+1) - f(t) \qquad ①$$

由此可以计算出每一首乐曲的音高波动数据。

表 4.34.2　音高与频率的对应关系

音符	0	1	2	3	4	5	6	7	8	9
C	16.352	32.703	65.406	130.81	261.63	523.25	1 046.5	2 039	4 186	8 372
D	18.354	36.708	73.416	146.83	293.66	587.33	1 174.7	2 349.3	4 698.6	9 397.3
E	20.602	41.203	82.407	164.81	329.63	659.26	1 318.5	2 637	5 274	10 548
F	21.827	43.654	87.307	174.61	349.23	698.46	1 396.9	2 793.8	5 587.7	11 175
G	24.5	48.999	97.999	196	392	783.99	1 568	3 136	6 271.9	12 544
A	27.5	55	110	220	440	880	1 760	3 520	7 040	14 080
B	30.868	61.735	123.47	246.94	493.88	987.77	1 975.5	3 951.1	7 902.1	15 804

① L. Liu, J. R. Wei, H. S. Zhang, J. H. Xin and J. P. Huang. *PLOS ONE*, 2013(8):e58710.

1. 音高平均值

为了研究音高波动的统计规律,我们先来看一下每位作曲家的平均音高,如图 4. 34. 2 所示。横坐标对 5 位作曲家按照出生年份排序。这 5 位音乐家的平均音高各不相同,分别为:343. 65 Hz(巴赫),435. 45 Hz(莫扎特),416. 33 Hz(贝多芬),406. 96 Hz(门德尔松),以及 314. 04 Hz(肖邦)。

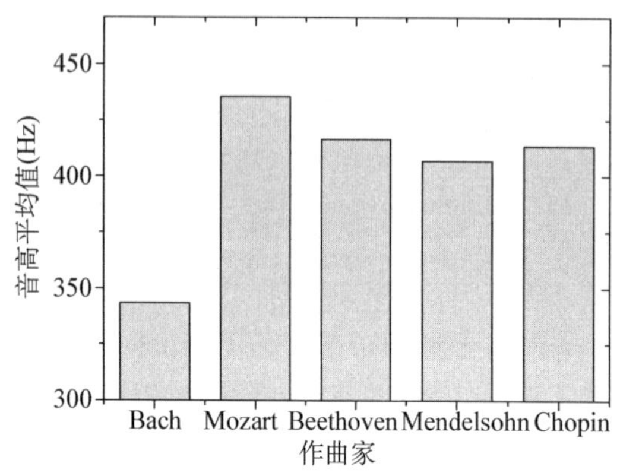

图 4.34.1　5 位作曲家的平均音高

2. 累积分布函数

平均音高忽略了音乐本身的许多细节特性,接下来我们来看音高波动 $Z_f(t)$的统计规律。对每一位作曲家计算他们音高波动的累积分布函数(Cumulative Distribution Function, CDF)。累积分布函数定义为变量 X 大于某一数值 x 的概率,

$$F_X(x) = P(X \geqslant x) \quad ②$$

这里 X 即音高波动 $Z_f(t)$。由于音高波动有正有负,累积分布函数具有正负尾。对每一位音乐家做统计,结果如图 4. 34. 2 所示。累积分布函数的尾部表示最大的音高波动。对 CDF 正负尾进行幂指数拟合,拟合公式为

$$F_X(x) = Cx^{-\alpha}(\alpha > 0), \quad ③$$

其中 C 是常数。指数 α 表示 CDF 尾部的衰减程度,可以得出对于不同的音乐家,指数 α 各不相同。对于这 5 位作曲家,尾部衰减随着时间演变越来越缓慢,即指数 α 越来越小。指数越小,表示衰减得越缓慢,即大的音高波动出现的概率变大。对于同一位音乐家,CDF 正负尾基本对称,表示高音后面跟着低音,与正低音后面跟着高音的概率是相同的。

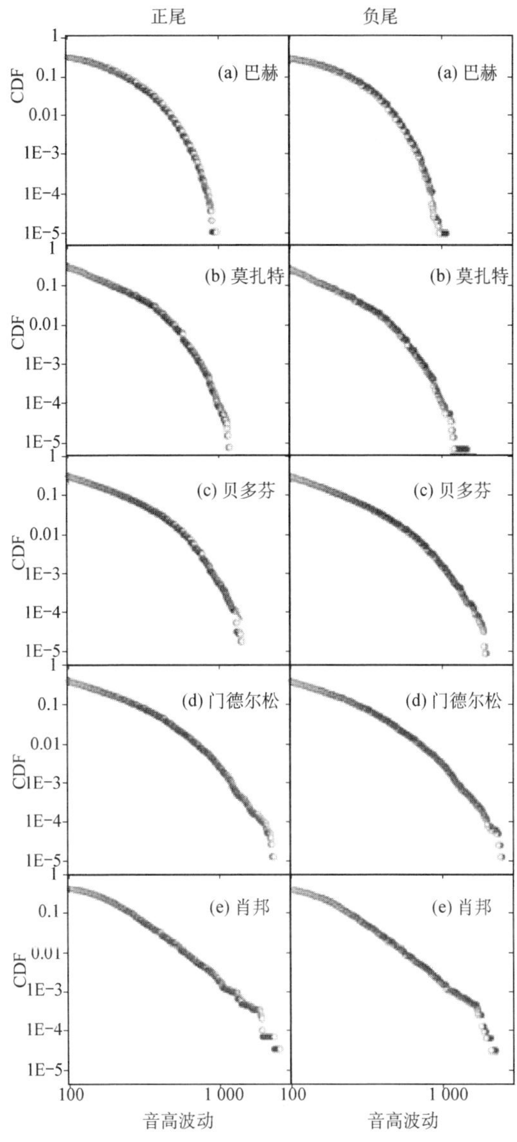

图 4.34.2 音高波动的累积分布函数(CDF)

为了形象表示每位作曲家尾部指数 α 随时间演化的关系，可以参考图 4.34.3，其中横坐标代表了每个作曲家的出生年份。

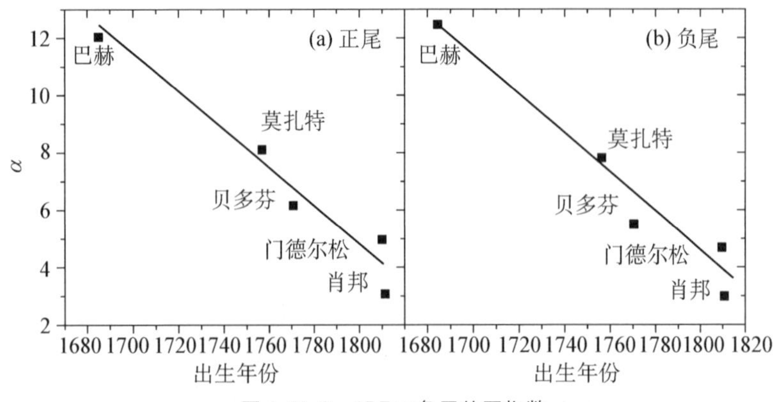

图 4.34.3　CDF 正负尾的幂指数

3. 自相关函数

除了对音高波动计算累积分布函数，我们还考察了乐曲的自相关性质。自相关函数(autocorrelation function)定义为

$$\rho(\Delta t)=\frac{E[(X(t)-\mu)(X(t+\Delta t)-\mu)]}{\sigma^2},\qquad ④$$

其中 $X(t)$即音高波动 $Z_f(t)$，μ 为平均值，σ 表示标准偏差，E 表示数学期望。由此计算每一首乐曲的自相关函数，再按音乐家分类，结果如图 4.34.4 所示。与 CDF 类似，对每个音乐家的自相关函数进行幂指数拟合，拟合公式即公式③。我们发现，音高波动的自相关函数也符合幂率分布。相比随机分布，幂率分布衰减更加缓慢，表示音高波动的自相关函数具有较强的长程相关性。并且对于不同的作曲家，衰减的程度各不相同，指数小，表示衰减越缓慢，即相关性越强。不同音乐家的指数 β 与出身年份的关系由图 4.34.5 给出。

对于音高波动进行统计，不管是累积分布函数还是自相关函数，都呈现出幂率分布，不同的音乐家具有不同的幂指数。事实上，幂率分布在自然界和社会中有广泛的体现，比如关于黑体辐射的斯特潘定律(Stefan-Boltzmann law)、关于收入分布的帕累托定律(Pareto's law)、关于英文单词频率的齐普夫定律(Zipf' law)等。

我们利用统计物理的方法，发现古典音乐的音高波动具有幂率分布，并且找出了它随时间演化的规律。同时，音高波动还具有长程相关性。随着时间的流逝，古典音乐作品的高音波动越来越大。这是否意味着现今流行音乐激烈的旋律是音乐发展的必然？本文以统计物理的方法尝试

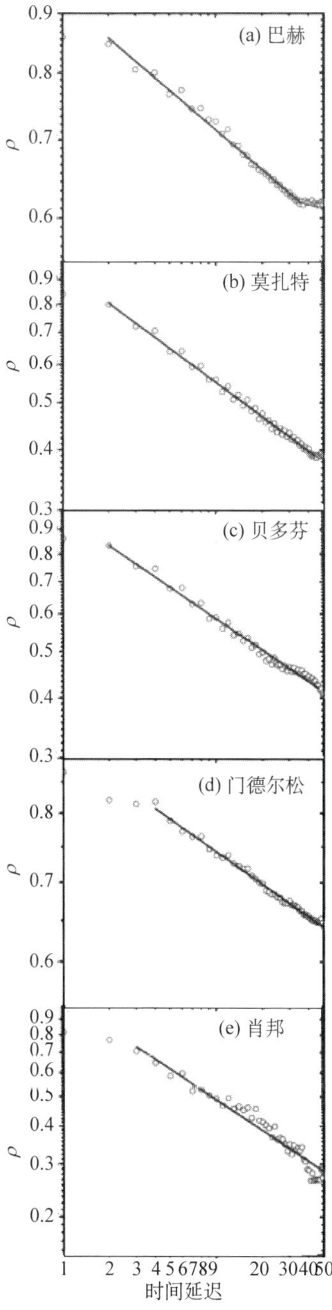

图 4.34.4　音高波动的自相关函数

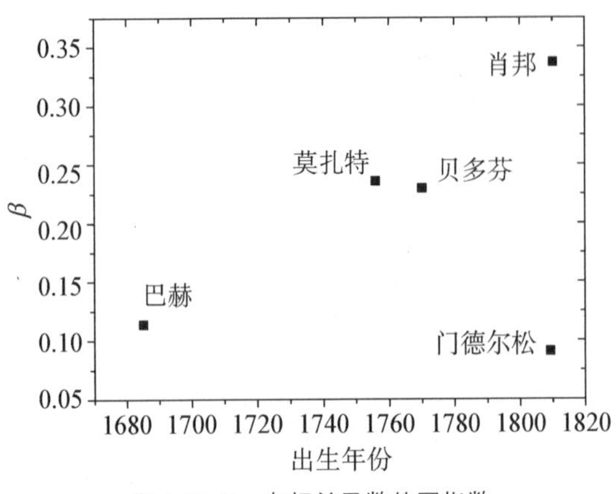

图 4.34.5　自相关函数的幂指数

对古典音乐进行解读,难免有一定的局限,但无疑对认识音乐、认识统计物理提供了一种新的思路。

4.35　外场作用下的奇异性质①

软物质或称软凝聚态物质,是处于固体和理想流体之间的复杂态物质,它的基本特性是对外界微小作用的敏感性、非线性响应、自组织行为等。可想而知,一个软物质系统在外场的作用下会产生一些奇妙的现象,事实就是这样。

通过实验和计算机模拟手段,科学家们通过对软物质系统外加电场或者磁场等作用研究了一系列软物质性质,例如电流变液、磁流变液、纳米系统中受限水相变、纳米管中水分子输运等,这对工业生产和生命系统的研究都有重大意义。

铁磁流体是一种在磁场存在时剧烈极化的液体,由悬浮于载流体当中纳米数量级的铁磁微粒组成,其载流体通常为有机溶液或水。铁磁微粒由表面活性剂包裹,以防止其因范德华耳斯力和磁力作用发生凝聚。尽管被称为铁磁流体,但它们本身并不表现铁磁性。这是因为在外部磁场不存在的情况下,铁磁流体无法保持磁性。由于外界磁场的作用,电磁流体颗粒形成的偶极子会与外场的方向一致,并使得铁磁流体结构

① 此文作者为聂国熹,撰写此文时聂国熹是我课题组的博士生;录于此处时我做了一些小修改。

变为各向异性。颗粒在外场作用下头尾相互吸引，最终形成链状结构①。

如果在铁磁流体中加入无磁性的颗粒，这种流体称为逆铁磁流体。我们通过对系统外加不均匀的磁场来研究磁作用力，发现这种作用力受到系统晶格类型、体积分率、几何形状、无磁性颗粒导电性及外场频率的影响②。

大家都知道，电场和磁场在物理上具有很多相似性。因此，电场对于软物质的作用也有很多奇异的现象出现。

生物细胞和胶质颗粒都是性质不均匀的颗粒③。在一个样品中，生物细胞之间和胶质颗粒之间电相互作用的研究在工业和生命科学上都有重要意义。电场对于颗粒的影响会让颗粒产生电偶极子，并使之沿电场方向有序排列。

另外，电场会打破自然界中本已稳定的一些平衡，发生新的现象。皮克林乳液是由吸附到两相界面的固体微粒（如胶体二氧化硅）稳定的乳浊液。一般情况下，如果油和水混合，则小油滴形成并分散于水中，最终液滴聚集融合以降低系统能量，趋于稳定。但是如果固体离子被加入到混合物当中，它们将被结合到界面的表面防止液滴聚合，从而使乳浊液稳定。那么在电场作用下会是什么情况呢？是否可以让界面内的物质冲破固体颗粒的阻碍与同伴们聚合呢？答案是肯定的！

图4.35.1中(a)为有PMMA（聚甲基丙烯酸甲酯）颗粒包裹水的结构图；图(b)为水表面固体颗粒的排布图，箭头标注为包裹表面的破缺；图(c)为实验示意图，将两个由固体颗粒包裹的水样品置于油中，在两端加电，并串联示波器观测电信号；如图(d)所示，在不加外界电场的时候，水很稳定地被包裹在固体颗粒内；图(e)中由于外加电场的作用，水透过包裹表面的破缺相互聚合，在两个样品之间搭成一条水桥④。

总之，软物质在外场作用下的奇异性质，值得进一步挖掘。

---

① J. P. Huang, Z. W. Wang and C. Holm. *Physical Review E*, 2005(71):061203.

② Y. Gao, Y. C. Jian, L. F. Zhang and J. P. Huang. *The Journal of Physical Chemistry C*, 2007(111):10785.

③ W. J. Tian, J. P. Huang and K. W. Yu. *Journal of Applied Physics volume*, 2009(105):102044.

④ G. Chen, P. Tan, S. Y. Chen, J. P. Huang, W. J. Wen and L. Xu. *Physical Review Letters*, 2013(110):064502.

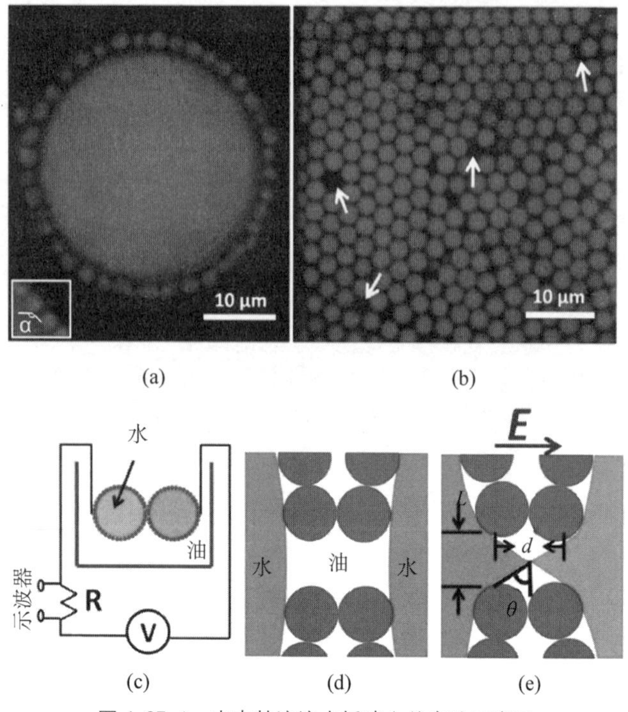

图 4.35.1 皮克林溶液水桥建立的实验示意图

4.36 股票价格起伏中的统计规律[①]

预测股票价格的运动，对于当代的经济学家和物理学家而言，都是一个重大的挑战。这一问题既具有理论研究价值，又包含实际应用需求，因而吸引了大量研究关注。为了理解股票价格的行为，研究者们已经在股票价格序列中发现了大量的程式化事实(stylized facts)[②]。举个例子，这些程式化事实中包含了著名的波动簇集现象，这一现象可以被生动地描述为“大的价格波动之后，偏向于跟随着大的价格波动”，即大波动在时间上是簇集发生的。更进一步地在股票价格运动的预测方面，很多研究者也已经进行了大量的尝试。

另外一些已有的重要理论对于预测股票价格持悲观态度。这些理

① 此文作者为魏建榕，撰写此文时是我课题组的博士生。

② R. Cont. *Quantitative Finance*, 2001(1):223.

论中，最著名的当属经济学家尤金·法玛(Eugene Fama)于1970年提出的有效市场假说(Efficient Markets Hypothesis, EMH)。有效市场假说的观点认为，不可能通过分析股票过去的价格来预测其未来的走势。同样地，在物理学和经济物理学的领域中，有一种观点认为金融市场实际上是一个混沌系统，而在混沌系统中，任何长时间的预测都是不可行的。

在以上背景之下，一个重要的问题自然地被提出：在股票价格的运动中，是否具有长时间的可预测性？我们的研究工作从某个角度上为这个问题提供了答案。

我们首先在股票价格随时间变化的曲线中寻找出高点与低点(见图4.36.1,)①。通俗地讲，具有以下特征的点将被认为是低点：从这个点本身向前看一段距离，或向后看一段距离，均不能发现更低的点。高点的定义与此类似。不难发现，高点和低点的定义，依赖于其中“一段距离”的具体长度，换句话说，依赖于我们考察问题的时间尺度。

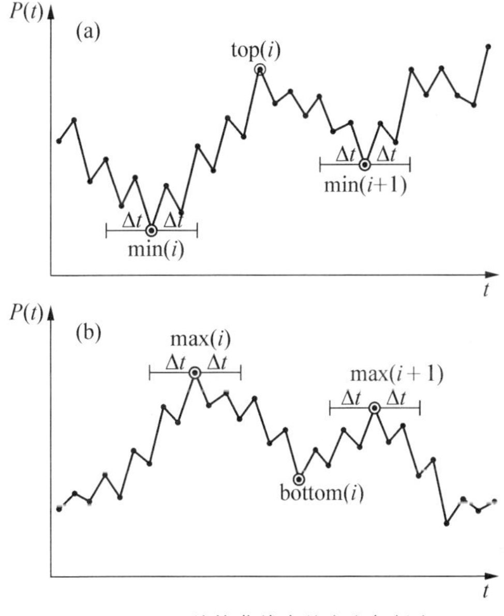

图4.36.1 价格曲线中的高点与低点

① J. R. Wei and J. P. Huang. *PLoS ONE*, 2012(7): e51666.

在股票价格曲线中，当所有高点与低点得到确认之后，曲线将被划分为许多次的起伏。如果我们尝试考察每一次起伏相对于上一次起伏的相对力度(相对比例)，能发现特别的规律吗？带着这个问题，我们分析了美国标普500指数所有成分股票的价格序列，序列包含了每一只股票自上市以来至2012年的每日收盘价格，共有200多万个数据。在大量的价格数据中，我们发现了一个令人惊讶的奇特规律(参见图4.36.2)。具体地讲，如果考察价格上涨以后的回调，1/3与2/3的相对力度最为常见，如图(a)所示；而如果考察价格下跌以后的反弹，也有同样的结果，如图(c)所示。图(b)与图(d)中，展示了在不同时间尺度下相对力度的变化。

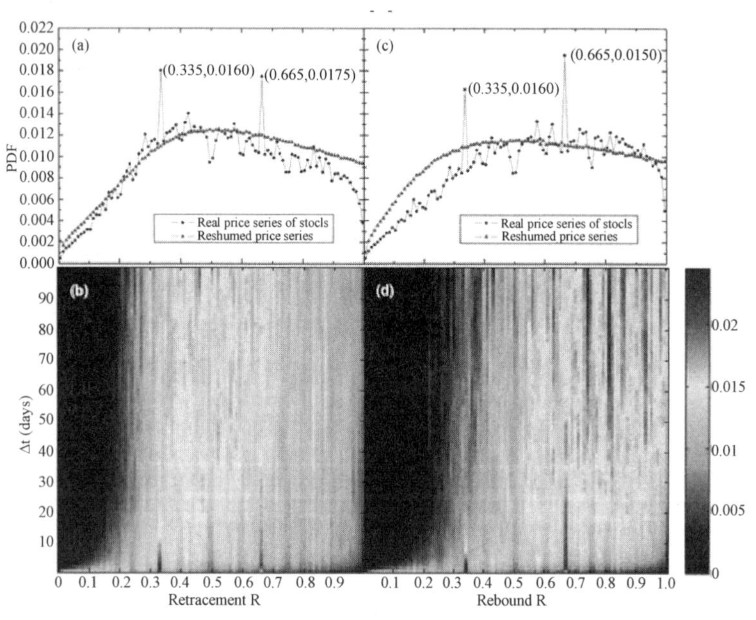

图4.36.2　美国股票价格走势中起伏相对力度的分布

我们的发现提出了一个隐藏在股票价格起伏中的统计规律，它强烈地支持了这样的观点，即股票价格在长的时间跨度上是可以被预测的。更为重要的是，这种定量的分析方法，或许能够给股票价格的长时间预测带来某些启发。

4.37 “隐身衣”——现实的童话[①]

人类是伟大而富于创造的生物，想象力是我们社会不断前进的源泉。从古至今，无数如童话般美好的“臆想”，经过几代人不懈努力成为现实。从登上月球到电脑网络，从核能发电到苹果手机，科学技术渗透到生活的每一个角落。便捷而丰富多彩的世界来源于人类对未来的美好憧憬，而科学是实现梦想的最好手段。千里眼、顺风耳已毫不稀奇，借助科学这一工具，每个人都可以拥有“神”的力量。

在漫漫历史长河中，有一种跨越千年仍为人类所觊觎的能力叫做隐身。最早的隐身概念基本属于光学领域，通俗来讲就是你能看见别人，然而他们看不见你。稍微学过一点物理的同学都知道光路可逆定律。你之所以能看到这个世界，主要是因为光照在物体上被反射后为你的眼睛所接收。光是沿直线传播的，因此你和你所看到的物体必然是一个线段的两个端点。这种对称性保证了光能入你眼也能入他眼。你看到了他，他也能看到你。

一叶障目与掩耳盗铃是我们从小听过的寓言故事。大抵是讲一个楚国人读《淮南子》，了解到螳螂捕蝉之前一般都藏于叶子后面借此隐形，于是找了一片树叶放在眼前，便认为自己已然遁形匿踪可以为所欲为。这可能是我国最早的关于隐形的记载。西方的炼金术也喜欢开发此种功能。比如法国炼金大师尼古拉斯声称自己炼制的贤者之石，不仅能点石成金，还兼具使服用者隐形的效用。林林总总许多记载，让隐形成为了某种强大且具有神秘主义色彩的能力，活跃于各类耳熟能详的影视作品中。

就在最近，研究表明隐形已不再是一个童话，可以通过科学手段实现。想象哈利波特中的隐身衣即将面世，实在让人感到振奋。2006年科学家莱因哈特和潘德利分别建立了不同的光学隐身衣理论[②③]。其中莱因哈特的理论较为艰深，在此不做过多介绍，有兴趣的同学可以查阅有关书籍。潘德利的理论相比起来更加“物理”，因此为广大科研工作者所采用。

---

① 此文作者为沈翔瀛，撰写此文时是我课题组的硕士生。

② U. Leonhardt. *Science*, 2006(312):1777.

③ J. B. Pendry, D. Schurig, D. R. Smith. *Science*, 2006(312):1780.。

假设光在一个均匀介质中沿直线传播。让我们把空间想象成一个果冻。它很柔软,可以通过施加捏、挤、压等各种动作来使之形变。若光仍然在果冻内沿直线传播,但是由于其通过的介质扭曲形变,那么在我们看来这条直线也是扭曲的。假设我们使介质的扭曲不是如此随意,而是经过设计:可以使光按照我们的意愿行经一种特殊的线路,比如画一条弧线绕过我们想要观察的物体(光照不到物体,就不会发生反射。不反射眼睛就无法接收,接收不到就看不见,看不见就隐身了),那么隐身衣就制备成功了。

现在我们面临的问题是:坐标从规整的直角坐标系改变成扭曲的新坐标后,光传播的形式是否也会相应改变。如果光的行为方式不再是直线,那么前面的良苦设计就无用武之地。所幸的是,19 世纪麦克斯韦提出的一套描述光的行为的电磁学方程组在坐标变换下具有不变形式。这就保证了我们设想的成功实施。所有波必须经由介质传播(光可以看作一种波),介质的性质分布将会影响其传播行为,比如海市蜃楼等现象就是由于空气密度分布不均匀导致的。对比均匀的分布被称为各向同性,这种不均匀的分布叫做各向异性。介质主要有两个参量会影响光的传播,一个叫介电常数,一个叫磁导率。一种导电材料放在电场中会被诱导出电荷,从而自身形成一个电场来削弱外场的影响。所谓介电常数就是这种削弱作用的量度。磁导率表征了物体磁性的大小。想要让光线弯折,可以根据我们希望隐身的物体所具有的不同形状,设计出一种介电常数和磁导率特殊分布的材料介质把物体包裹起来,就如同为它加装一件“隐身衣”。

这样的隐身衣该如何实现呢? 2010 年黄吉平老师提出了一种可行的方法(见图 4.37.1)①。由于各向异性的材料很难直接制作,可以考虑先以某种材料作为载体,然后用不同形状、不同性质的纳米颗粒镶嵌到载

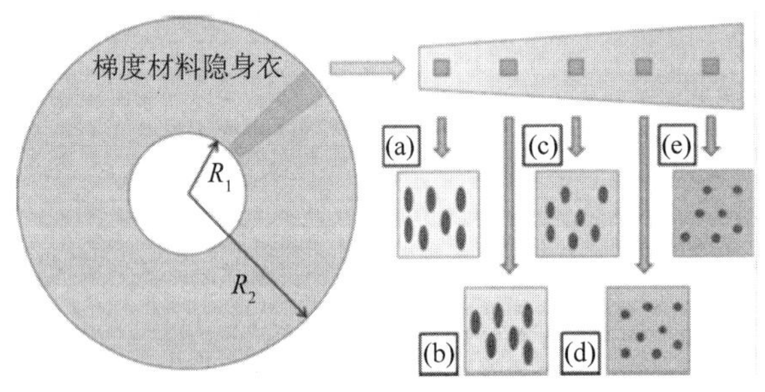

图 4.37.1　梯度材料隐身衣设计示意图

① J. Y. Li, Y. Gao, J. P. Huang. *J. Appl. Phys.*, 2010(108):074504.

体上。镶嵌颗粒的大小、几何形状、物理性质等因素通过有效介质理论可以决定整个复合材料的性质。通过这种手段，可以用不同的各向同性的材料合成一块各向异性的复合材料。由于镶嵌颗粒的可调控性，可以按照希望的性质分布来制作介质材料以实现隐身的效果。

科学家们并不局限于光学隐身衣的制作。对于电磁场作用下的光成立的物理规律可以推广到物理学的其他场作用下，比如声场、热场、扩散场等①~⑨。2008 年，黄吉平老师的课题组率先将隐身衣的潘德利原理推广到热传导领域⑩。为了能让热流线绕过物体，需要扭曲热传导空间。对比电磁场中的介电常数和磁导率，热传导系数决定了热传导的规律。仿照电磁场的理论，通过改变热传导系数的分布，制造热传导性质各向异性的材料，可以得到热传导隐身衣的理论模型。之后哈佛大学的纳瑞亚那教授课题组制造出热隐身装置，从实验上验证了这一理论⑪。

除却上述操纵光的坐标变换方法外，我们还试图通过改变介质折射率的方式来调节光路。让光线从介质射出时的出射光与入射光在法线同一侧的现象被称为负折射⑫。我们利用可由磁场调控的软物质材料铁磁流体(一种由铁磁颗粒和水组成的混合物，外加磁场后颗粒会由随机的分散排列成链，从而导致系统的宏观性质发生改变)制造出负折射率可变的介质，从而拓展了光学调节的范围，为隐身衣提供了新的思路⑬。

制造完美的隐身衣虽然尚须时日，但已不再是梦想。该领域自 2006 年至今，方兴未艾，成果卓著。有很多国家的科研工作者投身于此，希望能够实现人类想要隐形的夙愿。待到隐身衣真正面世之后，必然掀起一场技术和文化上的革命，让我们一起期待这一天的到来。

---

① D. Schurig, J. B. Pendry, D. R. Smith. *Opt. Express*, 2006(14):9794.
② D. Schurig, J. J. Mock, B. J Justice, *et al.*. *Science*, 2006(314):977.
③ U. Leonhardt, T. Tyc. *Science*, 2009(323):110.
④ U. Leonhardt. *New J. Phys.*, 2006(8):118.
⑤ H. Chen, B. Wu, B. Zhang, *et al.*. *Phys. Rev. Lett.*, 2007(99):063903.
⑥ W. Cai, U. K. Chettiar, A. V. Kildishev, *et al.*. *Nat. Photonics*, 2007(1):224.
⑦ Z. Ruan, M. Yan, C. W. Neff, M. Qiu. *Phys. Rev. Lett.*, 2007(99):113903.
⑧ M. Yan, Z. Ruan, M. Qiu. *Phys. Rev. Lett.*, 2007(99):233901.
⑨ H. Y. Chen, C. T. Chan. *Appl. Phys. Lett.*, 2007(91):183518.
⑩ C. Z. Fan, Y. Gao, J. P. Huang. *Appl. Phys. Lett.*, 2008(92):251907.
⑪ S. Narayana, Y. Sato. *Phys. Rev. Lett.*, 2012(108):214303.
⑫ V. G. Veselago. *Sov. Phys. Usp.*, 1968(10):509.
⑬ Y. Gao, J. P. Huang, Y. M. Liu, *et al.*. *Phys. Rev. Lett.*, 2010(104):034501.

4.38 纳米系统内分子的新奇特性[①]

水是人体细胞的重要成分，水的含量约占成人体重的60%～70%，可以说水是生命的溶剂，它们在细胞膜通道的进进出出实现了细胞的许多功能。那么水分子是怎样进出细胞的呢？20世纪50年代，科学家发现细胞膜存在着某种只让水分子通过的通道，即水通道。但是水通道究竟是什么却不得而知，直到20世纪80年代美国科学家Agre研究不同细胞膜蛋白，他发现一种被称为水通道蛋白的细胞膜蛋白就是寻找已久的水通道。

Agre因在细胞膜水通道蛋白的研究与另一位科学家分享2003年诺贝尔化学奖。既然水分子通过水通道对生命体有重要作用，那么如何获得水分子通过水通道的性质呢？碳元素是生命体基本组成元素，自然界存在一种由碳原子组成的管道即纳米碳管。以纳米管道为载体，借助分子动力学模拟手段，为研究水分子等物质在纳米管道中的性质提供了便利。

水分子在水通道的流通性质有很多值得研究的地方。科学界一个感兴趣的问题是哪些因素可以导致水分子在水通道内“开”与“关”的效应？科学研究发现通过挤压纳米管道以及在纳米管道周围放置虚拟电荷，可以实现纳米水通道的开关效应[②③]。为了使纳米水通道开关效应更有实际应用价值，借助偶极分子电场分布情况，我们设计一种基于偶极分子导致的纳米水通道的开关效应[④]，设计图如图4.38.1所示。我们发现当偶极分子(LiF)距纳米管道中心比较小时，偶极分子在纳米管道内产生的电场强度较大，水分子不能通过纳米水通道；只有当偶极分子距纳米水通道比较远时，水分子才能通过纳米管道。

研究水分子在纳米管道中的流通特性，还有很多潜在应用价值。比如污水处理、海水淡化等。为了实现上述目的，就需要提高水分子在纳米管道的输运能力。我们借助于梯度电场可以实现比较好的效果[⑤]，如图4.38.2所示。

---

① 此文作者为孟现文，撰写此文时是我课题组的博士生。

② R. Z. Wan, J. Y. Li, H. J. Lu and H. P. Fang. *J. Am. Chem. Soc.*, 2005(127):7166.

③ J. Y. Li, X. J. Gong, H. J. Lu, H. P. Fang and R. H. Zhou. *PNAS*, 2007(104):3687.

④ X. W. Meng, Y. Wang, Y. J. Zhao and J. P. Huang. *The Journal of Physical Chemistry B*, 2011(115):4768.

⑤ Y. Wang, Y. J. Zhao and J. P. Huang. *The Journal of Physical Chemistry B*, 2011(115):13275.

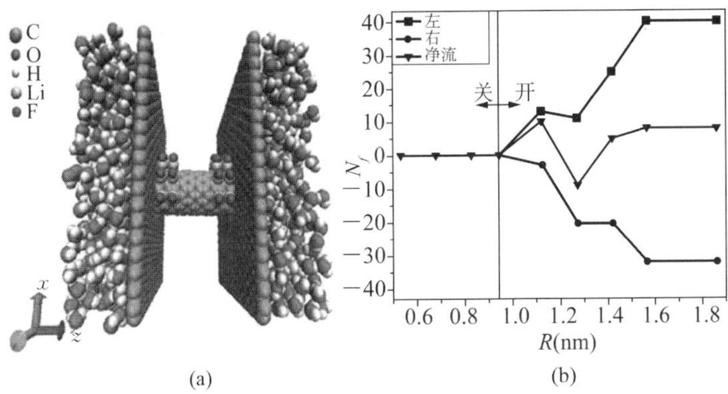

图 4.38.1 (a)极性分子导致纳米水通道开关示意图;(b)水分子在纳米管道流过数目(N_f)与极性分子(LiF)距纳米管道中心距离 R 之间的函数关系

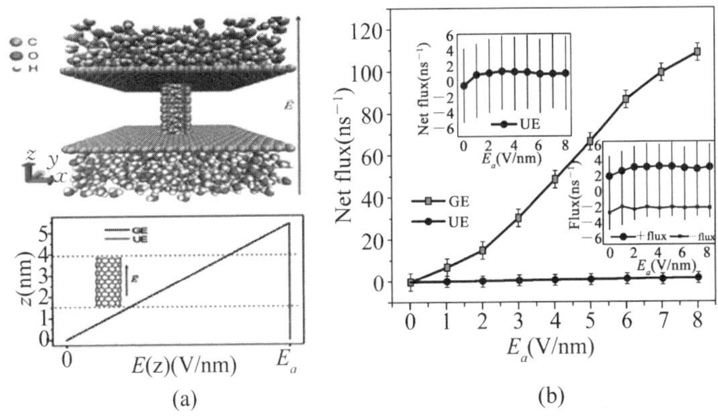

图 4.38.2 (a)在纳米水通道加均匀电场(UE)和梯度电场(GE)示意图;(b)通过纳米管道水分子净流量(Net flux)与所加均匀电场(UE)和梯度电场(GE)的函数关系

在模拟过程中,我们发现在纳米水通道两端如果施加均匀电场,水分子在纳米孔道中受到的净外电场为零,所以很难使水分子通过纳米水通道存在净流量。但是一旦在纳米水通道之间加上梯度电场,纳米管道内水分子净外电场力变为非零,水分子单向通过纳米水通道的能力得到提高,会增加 1～2 个数量级。这对海水净化方面有很重要的意义。

另外,研究受限情况下水分子的特性还有助于设计分子器件。有的生物大分子片段带电荷,如何探测生物大分子的电性呢?由于带电大分子片段在纳米尺度,很难用常规方法测量电荷的电性。但是受限于纳米管道的水分子的特性可以为解决该问题提供一种方法[①]。

纳米尺度下受限水分子等小分子展示出多种多样的奇异特性，这些特性有的可以解释部分生命活动现象，有的可以在分子器件中具有潜在应用价值，这值得进一步细究。

4.39 “反向行为”——是好是坏?[②]

关于股市有个笑话：有僧人下山路过股市，恰逢熊市众人垂头丧气，僧人默念佛号曰“我不入地狱，谁入地狱”，于是买入股票；又一日下山恰逢牛市，僧人看着股票上涨中疯狂的人们，大声劝诫众生不可犯了贪念，于是抛出股票。结果可想而知，这位僧人恰好完成了一次完美的抄底，在最低点买入、在最高点卖出。其实不仅仅是股票市场，在人类社会中有许多类似的场景：到了五一、十一假期，大家纷纷出去游玩，结果把高速公路堵成停车场，反而是在家里呆着的人过得更加惬意；又或者时尚界某新款样式大为流行，各大厂商一窝蜂引进仿制，反而陷入了过度竞争中。所以，如何在潮流中保持冷静，逆势选择反方向的行为，往往是一个很有趣也很诱人的话题。股神巴菲特曾经说过“在别人贪婪时恐惧”，反过来说恐怕在别人恐惧时贪婪也是不错的选择。在真实的世界里，就有着一群这样的人，他们或主动或被动，或有意识或无意识地践行着反向的行为。那么，对于一个系统来讲，反向行为会带来怎样的结果？怎样的反向行为才是值得鼓励的？复旦大学的黄吉平课题组就对这个话题进行了研究[③]。

他们设计了一个市场导向资源分配系统(MDRAG：market-directed resource-allocation system)[④]来研究这个问题。在这个系统中有两个房间(见图4.39.1)，房间1中放着一袋数量为M_1的钱币，房间2中放着一袋数量为M_2的钱币，两个房间的钱币的比值称为资源比。有一群游戏参与者(N_n)要独立选择他们进入到哪个房间，但是他们不知道房间里具体有多少钱，也不知道两个房间钱币的比值。当他们进入房间后，房间内的钱

① Y. Wang, Y. J. Zhao and J. P. Huang. *Chinese Physics B*, 2012(21):076102.

② 此文作者为梁源，撰写此文时是我课题组的博士生。

③ Y. Liang, K. N. An, G. Yang and J. P. Huang. *Physical Review E*, 2013(87):012809.

④ W. Wang, Y. Chen and J. P. Huang. *PNAS*, 2009(106):8423.

币会被进到该房间的人平分，每人平均分得钱币多的那个房间里的人被认为获胜。以往的研究发现，在这个资源分配系统里，当 M_1 和 M_2 差别不大时，人们最后会自觉地分配在两个房间，使最终两个房间的平均资源相等。在这个对反向行为者的研究中，一些新的反向行为者(N_c)加入，他们并不考虑太多，是每次需要选取一部分正常的游戏参与者，然后按照这些游戏参与者中选的人少的房间进入。

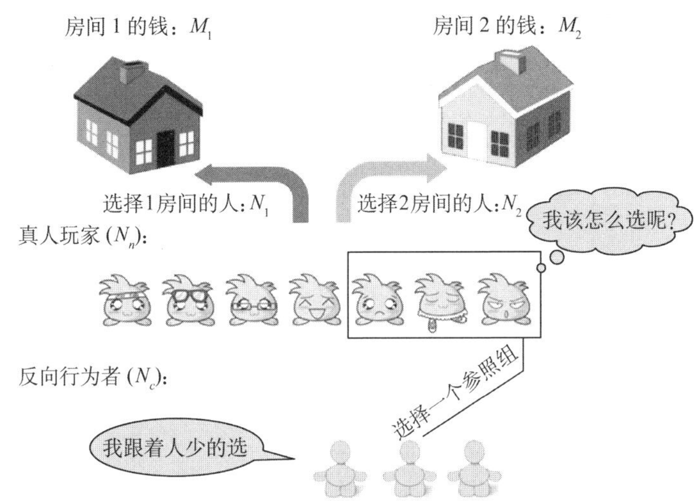

图 4.39.1　加入了反向行为者的市场导向资源分配系统示意图

以这个模型为基础，这个研究组进行了两次真人参与的实验，第一次实验有 88 个参与者，第二次实验有 83 个参与者。他们让这些真人扮演常规的游戏参与者，而“偷偷”地让计算机生成不同比例的反向操作者。实验后为了解释实验结果，又用计算机单独进行不同人数和参数的模拟。

在这样的资源分配问题中，如果最终进入两个房间的人数比例 N_1/N_2 和两个房间的钱数比例 M_1/M_2 不一致，那么就会出现一个房间里人均获利较大，获利较少的人就会心理不平衡，希望下一次选择正确、多赚一点；如果最终进入两个房间的人数比例和两个房间的钱数比例相同，那么此时每个人平均分到的钱是一样多。对于整体系统来说，如果大家人均获利一样多，系统整体的分配效率被认为越高。经过实验测试，发现在多次重复后，最终系统会演化到两个房间人均分配一样多的情况。可是加入反向行为者后，资源还会不会那么有效呢？利用实验和计算机模拟的结果，可以得出一个很有趣的结论。这里用几个指标衡量系统效率，最后发现当两个房间钱数比例差异不太大时，加入反向行为会让系统的分配效率更高；但是如果两个房间钱数比例差异悬殊，加入反向行为人会导致系统分配效率变低。

所以，在不同的环境和条件下，反向行为会分别显现出积极作用和消极作用，它是一把“双刃剑”，需要很好地把握。这给市场的管理者也提了个醒，反向行为并不需要绝对的鼓励或者控制，如果细致观察系统大势，把握时机，就可以在特定时间引入一定规模的反向行为，更好地让资源充分利用。

总 结

本书分别从研究目的、科研选题、研究方法和科学普及4个方面，介绍了色彩缤纷的科研世界。总的来讲，针对有志于未来从事科研工作的同学（或有兴趣了解科研世界的同学），我建议大家：

明确研究目的——远离功利；
做好科研选题——学会交叉；
讲究研究方法——勤于思考；
注重科学普及——适当宣传。

图书在版编目(CIP)数据

奇妙的科研世界/黄吉平著. —上海:复旦大学出版社,2014.8
(复旦光华青少年文库)
ISBN 978-7-309-10766-1

Ⅰ. 奇…　Ⅱ. 黄…　Ⅲ. 科学研究-青少年读物　Ⅳ. G3-49

中国版本图书馆 CIP 数据核字(2014)第 132316 号

奇妙的科研世界
黄吉平　著
责任编辑/梁　玲

复旦大学出版社有限公司出版发行
上海市国权路 579 号　邮编:200433
网址:fupnet@fudanpress.com　http://www.fudanpress.com
门市零售:86-21-65642857　团体订购:86-21-65118853
外埠邮购:86-21-65109143
上海华教印务有限公司

开本 890×1240　1/32　印张 8.625　字数 276 千
2014 年 8 月第 1 版第 1 次印刷

ISBN 978-7-309-10766-1/G·1377
定价:25.00 元